Moderne nichtparametrische Verfahren der Risikoanalyse

Helge Toutenburg

Moderne nicht-parametrische Verfahren der Risikoanalyse

Eine anwendungsorientierte Einführung für Mediziner, Soziologen und Statistiker

Mit 34 Abbildungen

Springer-Verlag Berlin Heidelberg GmbH

Professor Dr. Dr. Helge Toutenburg
Universität München
Institut für Statistik und
Wissenschaftstheorie
Akademiestraße 1
D-8000 München 40

ISBN 978-3-7908-0592-5   ISBN 978-3-642-58246-2 (eBook)
DOI 10.1007/978-3-642-58246-2

Vorwort

Das vorliegende Buch entstand auf Anregung von Anwendern und Studenten und stellt eine Erweiterung und Vertiefung meines Vorlesungsskripts „Medizinische Statistik" für den Studiengang Diplom-Statistik im Sommersemester 1991 an der Universität München dar.

Ein wesentliches Ziel ist die Information über Modelle, Studientypen und spezifische Verfahren der nichtparametrischen Statistik, die sich insbesondere mit Raten, Adjustierung von Raten, nichtzufälligem Datenverlust (Zensierung) und der Modellierung von zeitabhängigen Verläufen befassen.

Semiparametrische und parametrische Ansätze zur Einbeziehung von prognostischen Faktoren stellen grundlegende Erweiterungen der Gedanken der klassischen Regression dar. Mit der komplexen Modellanalyse von Kontingenztafeln über Wilk's G^2, Logit- und Logistische Regression, Residualanalyse bis hin zur Risikomodellierung bei Lebensdauerdaten soll ein theoretisch fundierter, mit zahlreichen Beispielen untersetzter Überblick über moderne Verfahren dieses Zweiges der Statistik gegeben werden.

In dankenswerter Weise hat Herr Oberarzt Dr. Winfried Walther (Zahnärztliche Akademie Karlsruhe) aktuelle Datensätze über Risikofaktoren und Verlaufsdaten von Konuskronen zur Verfügung gestellt. Herr Christian Heumann hat zahlreiche Algorithmen programmiert sowie Beispiele gerechnet und kontrolliert. Herr Harald Huber hat mit großer Sorgfalt dieses Buchmanuskript geschrieben.

Die jetzt vorliegende Fassung erfüllt sicherlich nicht alle Wünsche, was Vollständigkeit und stärkere Behandlung von Beispielen aus der Soziologie oder anderen Bereichen wie etwa der Volkswirtschaft angeht. Dies liegt aber zum großen Teil darin begründet, daß die behandelten Methoden dort erst begrenzt eingesetzt werden und somit solide Datensätze kaum zugänglich sind.

Angesichts des Fehlens eines Buches mit vergleichbarem Inhalt auf dem deutschen Markt habe ich mich trotzdem entschlossen, das Buch in der jetzt vorliegenden Fassung zu publizieren — also unter momentanem Verzicht auf die Einbindung weiterer hochaktueller Stoffgebiete wie etwa Datenverlust durch Noncompliance und die notwendige Adjustierung durch Follow–up–Studien, Bindungseffekte durch Mehrfachbeobachtungen an einer Person oder Adjustierung von unvollständigen Kontingenztafeln in Abhängigkeit vom Fehlend–Mechanismus.

An alle Leser und Nutzer des Buches wende ich mich mit der Bitte, mich über Fehler oder andere Unzulänglichkeiten zu informieren.

Helge Toutenburg   München, im Oktober 1991

V

Inhaltsverzeichnis

Kapitel 1

Einführung

1.1 Spezifikation medizinischer Daten und Datenerhebung

Das Ziel kontrollierter klinischer Studien besteht generell darin, durch Beobachtung von Patientengruppen Aussagen über den Verlauf von Krankheiten zu gewinnen, um durch gezielte therapeutische Maßnahmen in einem vorgegebenen Sinn lindernd auf die Krankheit einwirken zu können. Der Patient ist Träger der beobachteten Merkmale und liefert im Verlauf der Beobachtung einen Datenvektor, der im allgemeinen zeitabhängig ist.

Medizinische Daten sind sehr häufig rangskaliert (Intensitätsstufen einer Dosierung, Heilungsfortschritt, Blutkörpersenkungsgeschwindigkeit). Auf Rangskalen sind Addition/Subtraktion und damit arithmetische Mittelwerte nicht definiert, so daß Entwicklungen mit Trend durch zusätzliche Koordinatensysteme (Scores) modelliert werden müssen. Das Skalenniveau (metrisch, rang- oder nominalskaliert) wird direkt durch das Meßprinzip bestimmt. In der Medizin ist häufig keine direkte, sondern nur eine indirekte Messung möglich. Bei der indirekten Messung wird eine Ersatzgröße gemessen und ein logischer Schluß auf die tatsächlich interessierende Variable abgeleitet. So wird von der im Serum gemessenen Transaminasenkonzentration auf die Ausdehnung des Herzinfarkts geschlossen. Allgemein wird aus der Messung der Wirkung eines Medikaments ein Rückschluß auf die Gesundung des Patienten vorgenommen. Bei der indirekten Messung beobachtet man also eine tatsächliche Wirkung plus einen zusätzlichen zufälligen Effekt und hat abzuschätzen, wie groß der tatsächliche Effekt ist.

Die indirekte Messung führt zu einer metrischen Skala, wenn

— die indirekte Messung metrisch erfolgt,

— die interessierende Größe metrisch ist,

— ein eindeutiger Zusammenhang zwischen beiden Skalen besteht.

Diese Situation ist selten in der Medizin.

Auch bei direkten Messungen haben wir häufig keine metrische Skala (z.B. Beobachtung der Häufigkeit von Anfällen wie Angina Pectoris oder Epilepsie). Wir haben also zwischen fundamentalen und abgeleiteten Skalen zu unterscheiden. Eine abgeleitete Skala ist definiert als Funktion von anderen Meßskalen. In der Herzdiagnostik wird z.B. der Quotient aus Anspannungszeit und Austreibungszeit beobachtet. Selbst wenn beide Variablen normalverteilt sind, so ist der Quotient Cauchy–verteilt (hier existieren weder Erwartungswert noch Varianz), so daß keines der üblichen parametrischen Verfahren anwendbar ist. Ein weiteres Problem in der Medizin ist der Informationsverlust durch Bindungen. Um Bindungen zu vermeiden, müßte man die empirische Skala so stark unterteilen, daß exakt gleiche Meßwerte an zwei Patienten so gut wie ausgeschlossen sind. Anders ausgedrückt bedeutet dies, daß zu grobe Skalen (die zu Bindungen führen) von vornherein gegen statistische Verfahren sprechen, die stetige Verteilungen voraussetzen.

Die klassischen statistischen Methoden (parametrisch) setzen voraus, daß

— die Verteilungsform in der Grundgesamtheit bekannt

— und die Verteilung mit einer mathematischen Funktion exakt zu beschreiben ist.

Die Skala muß also metrisch sein, um eine Normalverteilung zu erzeugen. Das Patientengut ist jedoch häufig inhomogen, so daß die Verteilungen breiter werden. Selbst wenn Merkmale an einzelnen Patienten normalverteilt sind, führt die Inhomogenität des Klientels dazu, daß die Normalverteilung in eine t–Verteilung übergeht. Damit ist ein Effizienzverlust der parametrischen Verfahren verbunden.

Insgesamt ergeben sich folgende Schlußfolgerungen (Wolf, 1980):

— klinisch–medizinische Daten sind häufig nicht metrisch,

— es überwiegt die indirekte Messung,

— die Verteilungen sind meist nicht symmetrisch,

— es liegen Mischverteilungen vor (bedingt durch Inhomogenitäten im Patientengut).

Ein anderes Problem ist die Zersplitterung des Wissens auf unterschiedliche Fachleute (Klinikarzt, Laborarzt, Biometriker), wodurch es zu Fehleinschätzungen (Fehleichungen) von Skalen kommen kann. Damit ist in der Medizin die Ausrichtung auf parametrische Modelle und Methoden häufig unrealistisch, so daß in natürlicher Weise nichtparametrische Methoden heranzuziehen sind.

1.2 Indikation für nichtparametrisches Vorgehen

Die Indikation für nichtparametrische (verteilungsfreie) Verfahren ist gegeben:

1. bei stetigen (intervallskalierten oder metrischen) Merkmalen, deren Verteilung

   - unbekannt ist oder
   - von der Normalverteilung abweicht und auch nicht durch $N(\mu,\sigma^2)$ approximiert werden kann (z.B. zu geringer Stichprobenumfang),

2. bei nominal - oder rangskalierten Daten.

Bei der Transformation stetiger Merkmale in die gröberen Skalen durch Klassenbildung oder Rangordnung geht Information verloren. Die Nutzung der Rang– oder Nominalskala und der entsprechenden nichtparametrischen Methoden bietet jedoch eine Reihe von Vorteilen:

1. sie erfordern schwache Vorausetzungen über die Populationen, von denen Daten erhoben werden,

2. sie sind häufig leichter anzuwenden, als die jeweils entsprechenden parametrischen Verfahren,

3. sie sind leichter verständlich und damit nutzerfreundlich,

4. sie sind selbst bei vorliegender Normalverteilung nur geringfügig ineffizienter (die Effizienz erreicht häufig 90% entsprechender parametrischer Verfahren),

5. sie sind als Schnellverfahren zur Hypothesenfindung und -prüfung anwendbar,

6. die Datenerfassung in niedrigeren Skalen ist leichter und damit billiger sowie weniger fehleranfällig.

Beispiel: Es sollen die Mittelwerte zweier unabhängiger Stichproben verglichen werden, Stichprobe 1, $x_1, x_2, \ldots, x_n$ mit X $\sim$ N(μ_x,σ_x^2) und Stichprobe 2, $y_1, y_2, \ldots, y_m$ mit Y $\sim$ N(μ_y,σ_y^2). Die Stichprobenmomente lauten

$$\overline{x} = \frac{1}{n} \sum_{i=1}^{n} x_i \quad , \quad s_x^2 = \frac{1}{n-1} \sum_{i=1}^{n} (x_i - \overline{x})^2 \, ,$$

$$\overline{y} = \frac{1}{n} \sum_{i=1}^{m} y_i \quad , \quad s_y^2 = \frac{1}{m-1} \sum_{i=1}^{m} (y_i - \overline{y})^2 \, .$$

Geprüft werden soll die Hypothese

$$H_0 \quad : \quad \mu_x = \mu_y$$
$$\text{gegen} \quad H_1 \quad : \quad \mu_x \neq \mu_y.$$

Unter der Annahme $\sigma_x^2 = \sigma_y^2$ – sonst wird eine Korrektur nötig – lautet die Teststatistik:

$$t_{n+m-2} \;=\; \frac{|\bar{x} - \bar{y}|}{\sqrt{\left(\frac{n+m}{n \cdot m}\right)\left(\frac{\sum_{i=1}^{n}(x_i-\bar{x})^2 + \sum_{i=1}^{m}(y_i-\bar{y})^2}{n+m-2}\right)}}$$

Die Nullhypothese H_0 ist abzulehnen, wenn $|t| \geq t_{1-\frac{\alpha}{2}}$.

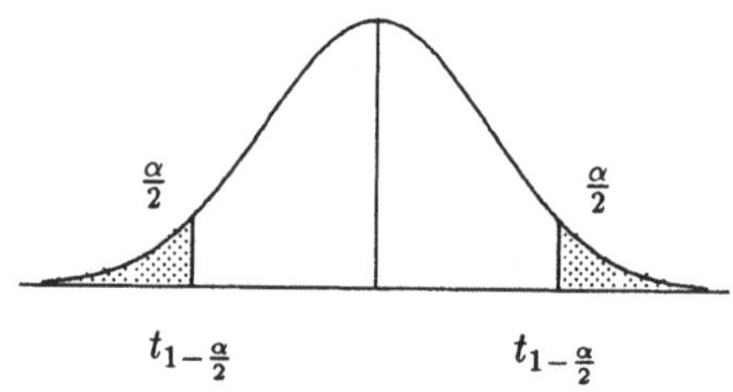

Abbildung 1.1: Kritische Region bei zweiseitiger Fragestellung

Testentscheidung	Wirklichkeit	
	H_0 wahr	H_0 falsch
H_0 ablehnen	Fehler 1. Art	richtige Entscheidung
H_0 nicht ablehnen	richtige Entscheidung	Fehler 2. Art

Risiko I: P (H_0 ablehnen | H_0 wahr) = α
Risiko II: P (H_0 nicht ablehnen | H_0 falsch) = β
Teststärke = P (H_0 ablehnen | H_0 falsch) = 1 - β

Bei vorgegebenem α (z.B. 5%) ist die Teststärke (Trennschärfe, power) ein Gütemerkmal eines Testverfahrens im Vergleich zu anderen Tests. Die Trennschärfe ist dabei proportional zum Stichprobenumfang n.

Im obigen Beispiel wäre als nichtparametrisches Gegenstück zum t-Test der U-Test von Wilcoxon–Mann–Whitney durchzuführen: Bei diesem Test sind die Stichprobenwerte $x_1, x_2, \ldots, x_n, y_1, y_2, \ldots, y_m$ in eine gemeinsame aufsteigende Rangfolge zu ordnen und die Rangsummen für beide Stichproben zu bilden. Die Nullhypothese lautet hier $H_0 : P(X>Y)=\frac{1}{2}$, wobei X und Y zwei beliebige Werte der jeweiligen Population sind.

	X	Y	Y	X	...	
Rang	1	2	3	4	...	n+m

Es bezeichnen dann

$$R_x \quad : \quad \text{Rangsumme der x-Werte,}$$
$$R_y \quad : \quad \text{Rangsumme der y-Werte.}$$

Als Teststatistik ergibt sich

$$U = min(U_x, U_y)$$
$$\text{mit} \quad U_x = mn + \frac{n(n+1)}{2} - R_x$$
$$\text{und} \quad U_y = mn + \frac{m(m+1)}{2} - R_y.$$

Der Test führt zur Ablehnung von H_0, wenn gilt:

$$U \leq U_{(m;n;\alpha)} \quad . \tag{1.1}$$

m	\multicolumn{9}{c}{n}								
	2	3	4	5	6	7	8	9	10
4	-	0	1						
5	0	1	2	4					
6	0	2	3	5	7				
7	0	2	4	6	8	11			
8	1	3	5	8	10	13	15		
9	1	4	6	9	12	15	18	21	
10	1	4	7	11	14	17	20	24	27

Tabelle 1.1: Kritische Werte für den Test ($\alpha = 0.05$; einseitige Fragestellung; $\alpha = 0.10$, zweiseitige Fragestellung) (Milton, 1964).

Eine Auswahl kritischer Werte ist in Tabelle 1.1 enthalten. Für m und $n \geq 8$ kann die Näherung

$$u = \frac{U - \frac{m \cdot n}{2}}{\sqrt{\frac{m \cdot n (m+n+1)}{12}}} \sim N(0,1) \tag{1.2}$$

benutzt werden. Für $|u| \geq u_{1-\frac{\alpha}{2}}$ wird H_0 abgelehnt.
Treten in den zusammengefaßten und der Größe nach geordneten Stichproben $\{(x_1, \ldots, x_n), (y_1, \ldots, y_m)\}$ Meßwerte mehrfach auf — liegen also Bindungen (ties) vor — so wird den Mehrfachbeobachtungen jeweils der Mittelwert der Rangplätze zugeordnet. Die korrigierte Formel für den U–Test lautet ($m+n = S$)

$$u = \frac{U - \frac{m \cdot n}{2}}{\sqrt{\left[\frac{m \cdot n}{S(S-1)}\right] \left[\frac{S^3 - S}{12} - \sum_{i=1}^{r} \frac{t_i^3 - t_i}{12}\right]}} \quad . \tag{1.3}$$

Dabei bezeichnet r die Anzahl von Gruppen gleicher Meßwerte (Zahl der Bindungen) und t_i die Anzahl der gleichen Meßwerte in der i-ten Gruppe.

Beispiel 1.1: S. Toutenburg (1977) ermittelte bei zwei Zahnärzten (X und Y) die Arbeitszeiten für Inlays. Geprüft werden soll die Hypothese H_0: Beide Zahnärzte benötigen im Mittel die gleiche Arbeitszeit für ein Inlay.

Zahnarzt X	Zahnarzt Y
67.0	62.5
57.0	31.5
33.5	31.5
37.0	53.0
75.0	50.5
60.0	62.5
43.5	40.0
56.0	19.5
65.5	
54.0	
59.5	
$n = 11$	$m = 8$
$\overline{x} = 55.27$	$\overline{y} = 43.88$
$s_x = 12.74$	$s_y = 15.75$

Tabelle 1.2: Arbeitszeitwerte für Inlays

Bei formaler Annahme unabhängiger Normalverteilungen wird $H_0 : \mu_x = \mu_y$ nach Überprüfung der Varianzhomogenität ($\sigma_x = \sigma_y$)

$$F_{10,7} = \frac{12.74^2}{15.75^2} = 0.65 < 3.15 = F_{0.95;10,7}$$

mittels t–Test geprüft:

$$t_{17} = \frac{\mid 55.27 - 43.88 \mid}{14.06} \sqrt{\frac{11 \cdot 8}{11 + 8}} = 1.74 < 2.11 = t_{0.95;17}$$

Die Nullhypothese wäre nicht abzulehnen.

Bei dem geringen Stichprobenumfang ($n = 11$, $m = 8$) erscheint die Annahme von Normalverteilungen in beiden Stichproben zweifelhaft. Überdies sind Zeitmessungen häufig nicht symmetrisch verteilt. Damit bietet sich für unser Problem das nichtparametrische Vorgehen, also der U–Test an.

Wir bilden die zusammengefaßte, der Größe nach geordnete Stichprobe (Tabelle 1.3) und bestimmen die Rangsummen.

Wir haben $r = 2$ Gruppen gleicher Meßwerte:

$$\text{Gruppe 1:} \quad 31.5 \quad , \quad t_1 = 2 \, ,$$
$$\text{Gruppe 2:} \quad 62.5 \quad , \quad t_2 = 2 \, .$$

Meßwert	19.5	31.5	31.5	33.5	37.0	40.0	43.5	50.5	53.0
Zahnarzt	Y	Y	Y	X	X	Y	X	Y	Y
Rang	1	2.5	2.5	4	5	6	7	8	9

54.0	56.0	57.0	59.5	60.0	62.5	62.5	65.5	67.0	75.0
X	X	X	X	X	Y	Y	X	X	X
10	11	12	13	14	15.5	15.5	17	18	19

Tabelle 1.3: Rangtabelle zu Tabelle 1.2

Das Korrekturglied wird damit

$$\sum_{i=1}^{2} \frac{t_i^3 - t_i}{12} = 2 \cdot \frac{2^3 - 2}{12} = 1 \ .$$

Die Rangsummen sind

$$R_x = 4 + 5 + \cdots + 19 = 130 \ ,$$
$$R_y = 1 + 2.5 + \cdots + 15.5 = 60 \ .$$

Die unkorrigierte Teststatistik wird

$$U = \min(U_x, U_y) = \min(24, 64) = 24 \ .$$

Mit $S = n + m = 17$ erhalten wir schließlich für die korrigierte Teststatistik (1.3) den Wert

$$u = \frac{24 - 44}{\sqrt{\left[\frac{88}{19 \cdot 18}\right] \left[\frac{19^3 - 19}{12} - 1\right]}} = -1.65 \ ,$$

der deutlich für die Nichtablehnung der Nullhypothese $H_0 : P(X > Y) = \frac{1}{2}$ spricht (zweiseitig).

Relative Effizienz
Um verschiedene Testverfahren vergleichen zu können, definiert man die sogenannte relative Effizienz (zu gegebener Teststärke $1 - \beta$) als:

$$E_n = \frac{n_1 \quad \text{für Testverfahren 1}}{n_2 \quad \text{für Testverfahren 2}}$$

bzw. hier

$$E_n = \frac{n_1 \quad \text{für parametrischen Test}}{n_2 \quad \text{für nichtparametrischen Test}} \ .$$

Für den Vergleich von U-Test und t-Test gilt

$$E_n = \frac{n_1(t - Test)}{n_2(U - Test)} = 0.95 \ .$$

Falls der U–Test z.B. $n_2 = 100$ Meßwerte benötigt, um die vorgegebene Trennschärfe zu erreichen, würde der t-Test nur 95% des Stichprobenumfangs, also $n_1 = 95$ Werte benötigen.

Der t-Test erfordert jedoch folgende Voraussetzungen

1. Unabhängigkeit der Stichproben (Zufallsstichproben),

2. metrische Skalierung,

3. normalverteilte Grundgesamtheiten,

4. Gleichheit der Varianzen.

Der U-Test setzt dagegen nur die Unabhängigkeit der Stichproben voraus.

In der Praxis sind nichtparametrische Tests generell in folgenden Fällen anzuwenden:

1. Zur überschlagsmäßigen Beurteilung der Signifikanz von Unterschieden in Merkmalen metrischer Meßreihen mit folgenden Ergebnissen

   - deutliche Signifikanz, d.h. der Einsatz stärkerer Tests erübrigt sich, da bereits der schwächere Test Signifikanz zeigt,

   - deutliche Nichtsignifikanz (gleiche Argumentation),

   - schwache Signifikanztendenz, d.h. weitere Tests sind nötig.

2. Signifikanzprüfung von Vorversuchen.

3. Bei hinreichend großem n (> 100), da hier auch ein schwächerer Test wirken muß.

Falls die relative Effizienz eines Tests gegenüber einem anderen Test kleiner als 1 ist, kann folgendes abgeleitet werden:

   - bei festgehaltenem Stichprobenumfang n wird der Fehler 2. Art größer, d.h. es wird länger als nötig an der Nullhypothese festgehalten (konservativer Test),

   - zur Ablehnung „schwacher" Nullhypothesen sind größere Stichprobenumfänge nötig.

Bemerkung 1.1 *Bei $n < 15$ sind nichtparametrische Tests häufig wirksamer als parametrische Tests, da sich die Verteilung noch nicht so deutlich in ihrer parametrischen Gestalt herausgebildet hat.*

1.3 Motivierende Beispiele

Bei nichtparametrischen Verfahren zum Vergleich von Populationen wird immer die Unabhängigkeit der Stichproben vorausgesetzt. Als wichtiges Anwendungsgebiet ergibt sich die Prüfung der Repräsentativität von Substichproben, d.h. H_0 lautet: „Die Substichprobe ist eine zufällige (repräsentative) Auswahl der Grundgesamtheit".

Beispiel 1.2: Prothetische Versorgung mit Konuskronen (Heners, Walther, Toutenburg, 1990).
290 Patienten wurden mit Konuskronen versorgt (Gruppe 1). Nach 5 Jahren waren noch 126 Patienten in der Kontrollgruppe. Es soll geprüft werden, ob der Ausfall von Patienten zu einem signifikantem Schichtungseffekt führt.

	Gruppe1 Grundgesamtheit	Gruppe2 Stichprobe (5Jahre)
Männer	132	63
Frauen	158	63
	290	126

Die Formulierung von H_0 lautet: Die Substichprobe ist repräsentativ für die Grundgesamtheit, d.h. sie besitzt die gleiche Struktur bezüglich

- Geschlechtsausprägung,

- Pfeilerzähne (Zahnnummern) in den Konstruktionen,

- Verteilung auf Altersgruppen,

- Pfeileranzahl in den Konstruktionen.

Als Prüfgröße wählen wir die χ^2–Statistik von Pearson für einen Homogenitätstest

$$\chi^2_{(m-1)(k-1)} = n \left[\sum_{i=1}^{m} \sum_{j=1}^{k} \frac{n_{ij}^2}{n_{i+} n_{+j}} - 1 \right] . \tag{1.4}$$

Das verwendete Modell ist die **Kontingenztafel**:

	A_1	A_2	$\ldots$	A_k	
B_1	n_{11}	n_{12}	$\ldots$	n_{1k}	n_{1+}
$\vdots$					
B_m	n_{m1}	n_{m2}	$\ldots$	n_{mk}	n_{m+}
	n_{+1}	n_{+2}	$\ldots$	n_{+k}	n

Den Spezialfall der Vierfeldertafel wird man antreffen, wenn zwei dichotome Merkmale auf Unabhängigkeit überprüft werden sollen. In der Medizin ist dies z.B. der

Fall, wenn zwei Behandlungen verglichen werden und man sich für den Anteil der Erfolge/Mißerfolge interessiert.

Beispiel 1.3: Es sollen zwei Medikamente, Operationsmethoden oder Heilverfahren A und B verglichen werden.

	gestorben	nicht gestorben	behandelt
A	15	85	100
B	4	76	80
	19	161	180

Es stellt sich nun die Frage, ob B wirksamer ist als A oder ob die Abweichung zufällig ist.

Die Nullhypothese lautet also „beide Stichproben stammen aus der gleichen Grundgesamtheit mit Sterberate π" und die Alternative „die Stichproben stammen aus verschiedenen Grundgesamtheiten mit Sterberaten π_A und π_B".

Beispiel 1.4: Fortsetzung von Beispiel 1.2. Man erhält folgende Vierfeldertafel

	Gruppe 1	Gruppe 2	Randsumme
Frauen	158	63	221
Männer	132	63	195
Randsumme	290	126	416

und als Testgröße die spezielle Form der χ^2–Statistik (1.4) für Vierfeldertafeln

$$\chi_1^2 = \frac{n(n_{11}n_{22} - n_{12}n_{21})^2}{n_{1+}n_{2+}n_{+1}n_{+2}}, \tag{1.5}$$

also $\chi_1^2 = \dfrac{416(158 \cdot 63 - 132 \cdot 63)^2}{290 \cdot 126 \cdot 195 \cdot 221} = 0.71 < \chi_{1;0.95}^2 = 3.84.$

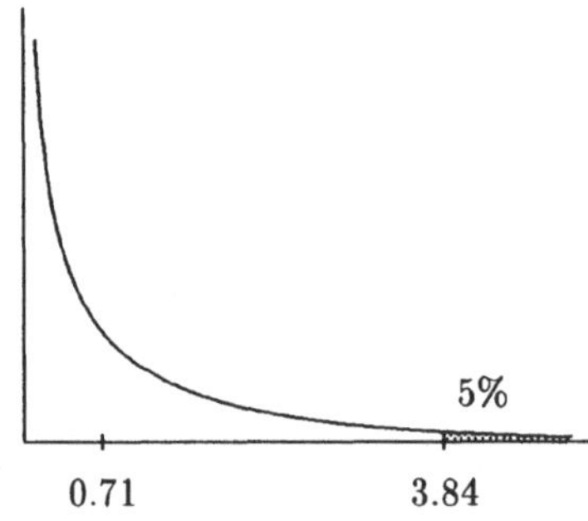

Abbildung 1.2: Dichte der χ_1^2–Verteilung

Die Hypothese, daß die beiden Gruppen den gleichen Frauen- bzw. Männeranteil haben, kann nicht abgelehnt werden. Dies bedeutet also, daß man Gruppe 2 als repräsentativ für Gruppe 1 bezüglich der Geschlechterverteilung ansehen kann. Für den Wert der Testgröße von 0.71 ergibt sich deutliche Nicht-Signifikanz. Für den Fall, daß eine Variable nur 2 Ausprägungen hat, vereinfacht sich die Teststatistik (1.4) zur Formel von Brandt–Snedecor für $k \times 2$–Tafeln

$$\chi^2_{k-1} = \frac{n^2}{x(n-x)} \left[\frac{x_1^2}{n_1} + \cdots + \frac{x_k^2}{n_k} - \frac{x^2}{n} \right] . \qquad (1.6)$$

Klassen des 2. Merkmals	Spaltungsziffern des 1.Merkmals		Summe
	A	Nicht–A	
1	x_1	$n_1 - x_1$	n_1
2	x_2	$n_2 - x_2$	n_2
$\vdots$	$\vdots$	$\vdots$	$\vdots$
k	x_k	$n_k - x_k$	n_k
Summe	x	$n - x$	n

Tabelle 1.4: $k \times 2$–Tafel

Betrachtet man jetzt die Hypothese, daß die beiden Gruppen bezüglich der Verteilung der Konuskronen pro Konstruktion homogen sind, so ergibt sich folgende 7×2–Tafel:

Anzahl/Konstruktion	Gruppe 1	in %	Gruppe 2	in %
1	15	4.4	8	5.4
2	100	29.1	43	29.1
3	94	27.3	36	24.3
4	79	23.0	36	24.3
5	31	9.0	14	9.5
6	15	4.4	6	4.0
7	10	2.9	5	3.4
	344	100	148	100

Die Testgröße (1.6) ergibt sich zu: $\chi^2_6 = 0.8 < \chi^2_{6;0.95} = 12.6$, so daß die Nullhypothese (deutlich) nicht abgelehnt wird. Auch bezüglich dieses Merkmals ist die Gruppe 2 repräsentativ für die Grundgesamtheit (Gruppe 1). Für die Altersgruppen gilt dies ebenso:

Jahrgang	Gruppe 1	in %	Gruppe 2	in %
1890-99	2	0.7	1	0.8
1900-09	20	6.9	9	7.1
1910-19	47	16.2	25	20.0
1920-29	102	35.2	47	37.3
1930-39	55	19.0	21	16.7
1940-49	55	19.0	21	16.7
1950-59	9	3.1	2	1.6
	290	100	126	100

Die Testgröße (1.6) ergibt: $\chi_6^2 = 2.07 < \chi_{6;0.95}^2 = 12.6$, so daß die Nullhypothese wiederum (deutlich) nicht abgelehnt wird. Als letztes werden die Gruppen bezüglich ihrer morphologischen Homogenität verglichen. Hier soll überprüft werden, ob sich Unterschiede in der Zahl der Pfeilerzähne in Unterkiefer (UK) bzw. Oberkiefer(OK) ergeben. Dabei werden die Zähne wie folgt numeriert: Front(Schneide)-Zähne von 1 bis 3, Prämolaren von 4 bis 5 und Molaren von 6 bis 8. Für die beiden Gruppen wurden diese Häufigkeiten festgestellt:

Pfeilerzähne		Gruppe 1	Gruppe 2
OK	1	73	31
	2	69	31
	3	202	91
	4	88	37
	5	70	26
	6	35	14
	7	75	32
	8	7	4
UK	1	18	9
	2	32	14
	3	187	73
	4	140	62
	5	86	39
	6	10	4
	7	21	10
	8	17	9

Für die einzelnen Fragestellungen ergibt sich:

- OK: $\chi_7^2 = 0.86$

- UK: $\chi_7^2 = 1.08$.

In keinem der beiden Fälle wird der kritische Wert $\chi_{7;0.95}^2 = 14.1$ überschritten, somit ist H_0 nicht abzulehnen. Die beiden Gruppen unterscheiden sich also nicht bezüglich der betrachteten Merkmale, so daß Gruppe 2 repräsentativ für Gruppe 1 (die Grundgesamtheit) ist. Der Datenverlust hat somit zu keinem nachweisbaren Schichtungseffekt geführt.

Beispiel 1.5: Optimierung der Mundhygiene bei Patienten mit herausnehmbarem Zahnersatz und stark reduziertem Parodont (W. Walther, 1990).
Vor der Behandlung mit Konuskronenkonstruktionen werden der Lockerungsgrad der Pfeilerzähne und die Mundhygiene (Plaqueindex) dokumentiert. Die Patienten werden nach Abschluß der Behandlung in der Mundpflege unterwiesen, wobei eine Gruppe (Gruppe 1) Putztechnik A und die andere Gruppe von Patienten (Gruppe 2) Putztechnik B erlernt. In einer Nachuntersuchung nach drei Monaten werden Lockerungsgrad und Plaqueindex überprüft.

Als erstes wird für die Gruppe 1 der Lockerungsgrad (LG) bei der Voruntersuchung (VU) und der Nachuntersuchung (NU) verglichen. Die Hypothese lautet, daß der Lockerungsgrad in der VU und der NU gleich ist (homogen). Ließe sich feststellen, daß der Lockerungsgrad von VU zu NU signifikant abnimmt, könnte man davon ausgehen, daß die Putztechnik A zu einer signifikanten Festigung beigetragen hat.

Gruppe 1:

LG	VU	NU	
0	0	1	1
1	2	4	6
2	4	5	9
3	12	8	20
4	1	1	2
	19	19	38

Für die Testgröße folgt: $\quad \chi_4^2 = 2.58 < 9.49 = \chi_{4;0.95}^2\quad$, d.h. die Nullhypothese wird nicht abgelehnt.

Bemerkung 1.2 *Voraussetzung für die Anwendung der χ^2-Statistik von Pearson sind ein Stichprobenumfang von $n > 20$ und erwartete Klassenbesetzungen von mindestens $n_{ij} = 3$. Die zweite Voraussetzung ist hier verletzt.*

Neben der Anwendung von Korrekturformeln bietet sich an, Klassen zusammenzufassen. Wird der Lockerungsgrad zu Gruppen zusammengefaßt, ergibt sich für den gruppierten Effekt:

LG	VU	NU	
0 bis 2	6	10	16
3 bis 4	13	9	22
	19	19	38

Für die Testgröße ergibt sich dann: $\quad \chi_1^2 = 1.73 < 3.84 = \chi_{1;0.95}^2\quad$ – wiederum ist die Nullhypothese nicht abzulehnen.

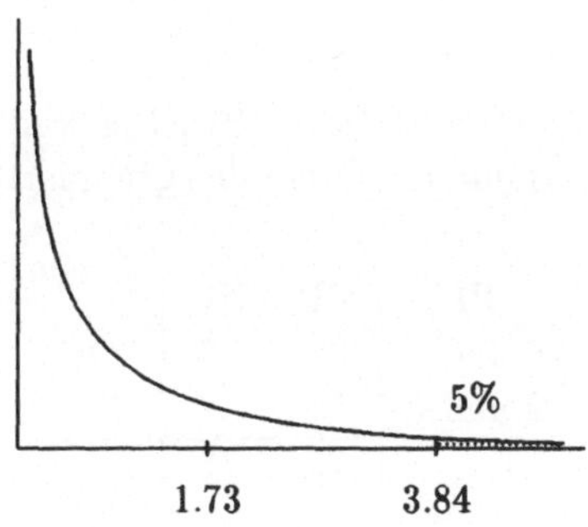

Abbildung 1.3: Testwert und kritischer Wert

Für die Gruppe 2 (Putztechnik B) ergaben sich folgende Werte:

13

LG	VU	NU	
0	1	2	3
1	3	5	8
2	6	5	11
3	8	6	14
4	1	1	2
	19	19	38

Als Testgröße folgt: $\chi_4^2 = 1.21 < 9.49$, d.h. die Nullhypothese wird nicht abgelehnt, die Abnahme des Lockerungsgrades ist zufällig. Für den gruppierten Effekt erhält man:

LG	VU	NU	
0 bis 2	10	12	22
3 bis 4	9	7	16
	19	19	38

Auch hier wird die Nulhypothese bei einer Testgröße von $\chi_1^2 = 0.43$ nicht abgelehnt. Als Ergebnis können wir festhalten, daß sowohl Putztechnik A als auch Putztechnik B zu einer Abnahme des Lockerungsgrades beitragen, die jedoch statistisch nicht signifikant ist.

Als nächstes wird der Plaqueindex (PI - als Maß für den Zustand der Zahnoberflächen und damit als Gradmesser der Mundhygiene) betrachtet. Dabei wird dieser Index auf einer Rangskala von 0 bis 3 aufgetragen, wobei ein höherer Wert für einen schlechteren Zustand steht.

Für die Gruppe 1 (Putztechnik A) gilt nun:

PI	VU	NU	
0	4	19	23
1	16	40	56
2	30	16	46
3	26	1	27
	76	76	152

Als Testgröße erhält man: $\chi_3^2 = 47.48 > 7.81$. Die Nullhypothese ist abzulehnen (hochsignifikant). Gleiches ergibt sich, wenn der gruppierte Index betrachtet wird:

PI	VU	NU	
0 und 1	20	59	79
2 und 3	56	17	73
	76	76	152

Hier gilt: $\chi_1^2 = 40.09 > 3.84$; auch dieses Ergebnis ist hochsignifikant. In beiden Fällen ergibt sich eine (hoch-) signifikante Abnahme des Plaqueindex bzw. eine signifikante Verbesserung der Mundhygiene.

Für die Gruppe 2 (Putztechnik B) gilt:

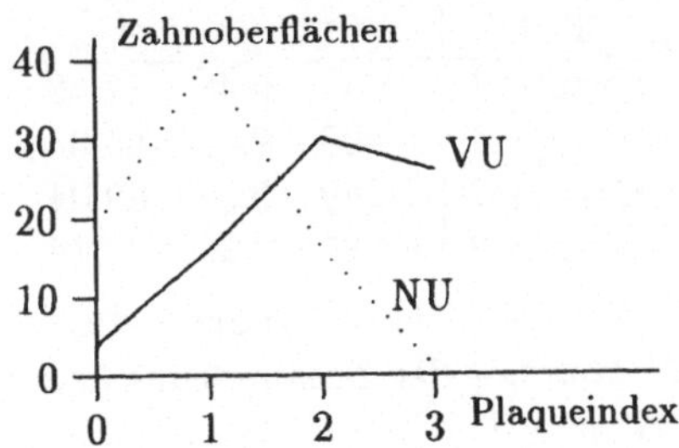

Abbildung 1.4: Vergleich von VU und NU (Gruppe 1)

PI	VU	NU	
0	6	44	50
1	20	30	50
2	37	2	39
3	13	0	13
	76	76	152

PI	VU	NU	
0 und 1	26	74	100
2 und 3	50	2	52
	76	6	152

Als Testgröße ergibt sich $\chi_3^2 = 75.29$ bzw. $\chi_1^2 = 67.35$, was in beiden Fällen zur Ablehnung der Nullhypothese führt. Nachdem für beide Gruppen festgestellt werden kann, daß der Plaqueindex von Voruntersuchung zu Nachuntersuchung signifikant abnimmt, soll jetzt untersucht werden, bei welcher Gruppe sich eine stärkere Abnahme ergibt, d.h. welche Putztechnik besser ist.

Für diesen Vergleich bestimmt man den sogenannten Kontingenzkoeffizienten C, definiert als

$$C = \sqrt{\frac{\chi^2}{n + \chi^2}}. \tag{1.7}$$

Für C gilt

$$0 \leq C \leq C_{max} = \sqrt{\frac{k-1}{k}} < 1 , \tag{1.8}$$

- bei völliger Unabhängigkeit ist C = 0,

- bei völliger Abhängigkeit ist C = C_{max},

- für k×2-Tafeln ist $C_{max} = \sqrt{\frac{1}{2}} = 0.707$.

Weiter definiert man als von der Dimension k unabhängiges Maß

$$C_\% = \frac{C}{C_{max}} \cdot 100. \tag{1.9}$$

Faßt man die einzelnen Testergebnisse in einer Tabelle zusammen, erhält man:

Test	χ^2	C	$C_\%$
Gruppe 1	47.47	0.48	67.89
Gruppe 1	40.08	0.46	65.06
Gruppe 2	75.29	0.58	82.04
Gruppe 2	67.35	0.55	77.79

Dies bedeutet, daß sich die Mundhygiene in Gruppe 2 stärker verbessert, Putztechnik B also wirkungsvoller sein könnte (der Zusammenhang zwischen Plaqueindex und Putztechnik ist deutlicher).

Zur Modellierung dieses Sachverhalts sollen jeweils die Trends in den beiden Gruppen geschätzt werden. Hierzu wird ein Koordinatensystem eingeführt, um die Berechnung einer Regression zu ermöglichen (sog. Scores). Es wird VU = -1 und NU = 1 gesetzt, so daß deren Summe 0 ergibt. Die Plaqueindizes werden analog kodiert: 0 zu -3, 1 zu 0, 2 zu 1 und 3 zu 2 – in der Summe ebenfalls gleich 0 (Rechenerleichterung). Mit diesen Scores erhält man folgendes Schema:

Gruppe 1:

y-Score	x-Score -1	x-Score 1	n_{i+}	$n_{i+}y_i$	$n_{i+}y_i^2$
-3	4	19	23	-69	207
0	16	40	56	0	0
1	30	16	46	46	46
2	26	1	27	54	108
n_{+j}	76	76	152	31	361
$n_{+j}x_j$	-76	76	0		
$n_{+j}x_j^2$	76	76	152		

Berechnet man jetzt die Regressionskoeffizienten

$$b_{yx} = \frac{\sum\limits_{i,j} n_{ij}x_j y_i - n\overline{x}\,\overline{y}}{\sum\limits_{j} n_{+j}x_j^2 - \frac{1}{n}\left(\sum\limits_{j} n_{+j}x_j\right)^2}$$

$$\text{bzw.} \quad b_{xy} = \frac{\sum\limits_{i,j} n_{ij}x_j y_i - n\overline{x}\,\overline{y}}{\sum\limits_{i} n_{i+}y_i^2 - \frac{1}{n}\left(\sum\limits_{i} n_{i+}y_i\right)^2}\,,$$

so erhält man mit $\sum\limits_{i,j} n_{ij}x_j y_i = -109$ und den anderen Werten aus obiger Tabelle die Schätzungen der Trends

$$b_{yx} = -0.71 \quad \text{und} \quad b_{xy} = -0.307\,.$$

Für die Varianz der Regressionskoeffizienten ergibt sich unter H_0

$$V(b_{yx}) = \frac{\sum n_{i+}y_i^2 - \frac{1}{n}(\sum n_{i+}y_i)^2}{n\left[\sum n_{+j}x_j^2 - \frac{1}{n}(\sum n_{+j}x_j)^2\right]} = \frac{354.68}{152\cdot 152} = 0.015$$

$$\text{bzw.} \quad V(b_{xy}) = \frac{\sum n_{+j}x_j^2 - \frac{1}{n}(\sum n_{+j}x_j)^2}{n\left[\sum n_{i+}y_i^2 - \frac{1}{n}(\sum n_{i+}y_i)^2\right]} = \frac{152}{152\cdot 354.68} = 0.0028\,.$$

Um die Hypothese H_0 „kein linearer Trend" zu überprüfen, wird als Testgröße

$$\left.\begin{array}{ccccccc}
\chi_1^2 & = & \frac{b_{yx}^2}{V(b_{yx})} & = & \frac{0.717^2}{0.015} & = & 33.49 \\[2mm]
\text{oder} \quad \chi_1^2 & = & \frac{b_{xy}^2}{V(b_{xy})} & = & \frac{0.307^2}{0.0028} & = & 33.49
\end{array}\right\} > \chi_{1;0.95}^2 = 3.84$$

berechnet. Da die Nullhypothese abgelehnt werden muß, verläuft die in Gruppe 1 bobachtete Abnahme des Plaqueindex also linear. Für die Gruppe 2 erhält man $b_{yx} = -0.809$ und $V(b_{yx}) = 0.021$ und damit $\chi_1^2 = 31.17$. Somit muß auch hier die Nullhypotese, daß kein linearer Trend vorliegt, abgelehnt werden. Der für Gruppe 2 beobachtete Abfall ist sogar größer als in Gruppe 1 – -0.809 gegenüber -0.717 –, so daß sich die Frage stellt, ob der Trend in Gruppe 2 signifikant stärker ist als in Gruppe 1. Als Testgröße berechnet man unter Verwendung der Normalapproximation

$$u = \frac{|b_{yx}^{(1)} - b_{yx}^{(2)}|}{\sqrt{V(b_{yx}^{(1)}) + V(b_{yx}^{(2)})}}$$

$$u = \frac{|-0.717 + 0.809|}{\sqrt{0.015 + 0.021}}$$

$$= 0.48 < 1.96 = u_{0.95},$$

d.h. H_0 : „beide Trends sind gleich" kann nicht abgelehnt werden.

Für eine alternative Analyse der Veränderung des Plaquindex von Vor– zu Nachuntersuchung wird jetzt der Median betrachtet. Mittelwerte können nicht gebildet werden, da es sich um ein rangskaliertes Merkmal handelt. Weiter wird eine Einteilung nach Zahnflächen in 4 Klassen – labial, distal, lingual und mesial – vorgenommen. Bei klassifizierten Daten ist nur der Eingriffsspielraum des Medians feststellbar. Bei der VU werden z.B. in der Klasse lab n=38 Werte beobachtet, d.h. der Median liegt zwischen dem 19. und 20. Wert.

	VU				NU			
	lab	dis	lin	mes	lab	dis	lin	mes
0					x			
1	x					x	x	x
2		x	x	x				
3								

Hier ist eine Bewegung der Mediane, also eine Verbesserung der Mundhygiene optisch feststellbar.
Zusammenfassend läßt sich feststellen, daß sowohl Putztechnik A als auch Putztechnik B zu jeweils signifikanten Verbesserungen der Mundhygiene (Zähne insgesamt und Zahnflächen separat) führen, daß jedoch der beobachtete stärkere Effekt bei Putztechnik B statistisch nicht signifikant ist.

Beispiel 1.6: Nachfrage nach neuen Technologien.
Das Ziel einer Studie sei die Abschätzung des Interesses für die Nachfrage von Breitband–Kommunikationstechnik, ausgedrückt in Nachfrage nach Glasfaser–Netzanschlüssen, gegliedert nach Standorten, und daraus die Abschätzung des erwarteten quantitativen Nachfragevolumens in unterschiedlich strukturierten Standorten.

Die Nachfrageneigung ist ein unbekannter Parameter der Grundgesamtheit "Gemeinden in der BRD", die durch verschiedene prognostische Faktoren (Indikatoren) wie Berufs– und Branchenidentifikation und Dichtewerte der Beschäftigten strukturiert ist. Diese Struktur erfaßt man durch Gemeindetypen und erhält als Ergebnis z.B. folgende Kontingenztafel:

Gemeinde- typ	Interesse an neuer Technologie	
	ja	nein
I	n_{11}	n_{12}
II	n_{21}	n_{22}
III	n_{31}	n_{32}
IV	n_{41}	n_{42}

Kapitel 2

Kontingenztafeln

In diesem Abschnitt wollen wir uns näher mit Kontingenztafeln und den
zugehörigen Tests beschäftigen. Speziell werden wir sog. two-way-
Kontingenztafeln (zweifache Klassifikation) betrachten. Allgemein wird eine
bivariate Beziehung durch die gemeinsame Verteilung der beiden zufälligen
Variablen beschrieben. Aus dieser gemeinsamen Verteilung folgen die beiden Randverteilungen unmittelbar durch Integration (Summation) über jeweils eine der beiden Variablen. Ebenfalls aus der gemeinsamen Verteilung
können bedingte Verteilungen abgeleitet werden. Im Falle der Unabhängigkeit
der betrachteten Variablen vereinfachen sich diese Verteilungen.

Definition 2.1 *Kontingenztafeln*: Seien X und Y zwei kategoriale Responsevariablen, wobei die Beobachtungen von X zu I Klassen (Levels) und die von
Y zu J Klassen (Levels) zuzuordnen sind. Werden nun Objekte mit den Merkmalen X und Y beobachtet, ergeben sich I×J mögliche Kombinationen von
Klassifikationen. Die Ergebnisse (X;Y) einer Stichprobe vom Umfang n werden in eine I×J-(Kontingenz)-Tafel eingetragen. (X;Y) sind Realisationen aus
der gemeinsamen zweidimensionalen Verteilung:

$$P(X = i, Y = j) \quad = \quad \pi_{ij}. \tag{2.1}$$

Die Menge $\{\pi_{ij}\}$ bildet die gemeinsame Verteilung von X und Y. Die Randverteilungen erhält man durch zeilen- bzw. spaltenweises Aufsummieren:

		Y				Randverteilung
		1	2	...	J	von X
	1	π_{11}	π_{12}	...	π_{1J}	π_{1+}
	2	π_{21}	π_{22}	...	π_{2J}	π_{2+}
X	$\vdots$	$\vdots$				$\vdots$
	I	π_{I1}	π_{I2}	...	π_{IJ}	π_{I+}
Randverteilung von Y		π_{+1}	π_{+2}	...	π_{+J}	

$$\pi_{+j} \quad = \quad \sum_{i=1}^{I} \pi_{ij} \quad , \quad j = 1, \ldots, J \, ,$$

$$\pi_{i+} \; = \; \sum_{j=1}^{J} \pi_{ij} \;\; , \quad i = 1, \ldots, I \, ,$$

$$\sum_{i=1}^{I} \pi_{i+} \; = \; \sum_{j=1}^{J} \pi_{+j} = 1.$$

In vielen Kontingenztafeln ist X, die erklärende Variable, fest und nur Y, die Responsevariable, zufällig. In einem solchen Fall interessiert dann weniger die gemeinsame Verteilung, sondern mehr die bedingte Verteilung, d.h. mit welcher Wahrscheinlichkeit ein Objekt für Y in Klasse j fällt, wenn X=i festgelegt ist. $P(Y = j | X = i) = \pi_{j/i}$ ist die bedingte Wahrscheinlichkeit und $\{\pi_{1|i}, \pi_{2/i}, \ldots, \pi_{J/i}\}$ mit $\sum_{j=1}^{J} \pi_{j/i} = 1$ die bedingte Verteilung von Y gegeben X=i.

Ziel vieler Studien ist der Vergleich der bedingten Verteilungen von Y für verschiedene i-Stufen (Levels) von X.

2.1 Rangskalierung

Ist die Responsevariable ordinalskaliert, läßt sich also eine Rangordnung der Kategorien festlegen, so kann man die kumulativen Verteilungen bilden:

$$F_{j/i} = \sum_{\tilde{j} \leq j} \pi_{\tilde{j}/i} \qquad j = 1, 2, \ldots, J \, . \tag{2.2}$$

Falls für zwei Zeilen h und i mit h≠i der Tafel gilt

$$F_{j/h} \leq F_{j/i} \qquad j = 1, 2, \ldots, J, \tag{2.3}$$

dann bedeutet dies, daß die bedingte Verteilung der Zeile h stochastisch größer ist als die Verteilung der Zeile i. Die Zeile h hat somit mehr Chancen als die Zeile i, Beobachtungen am oberen Rand der ordinalen Skala zu erhalten.

Abbildung 2.1: Vergleich zweier Verteilungen

2.2 Unabhängigkeit

Betrachtet man den Fall, daß sowohl X als auch Y zufällige Responsevariablen sind, die gemeinsame Verteilung also den Zusammenhang der beiden Variablen beschreibt, dann gilt für die bedingte Verteilung $Y|X$:

$$\pi_{j/i} = \frac{\pi_{ij}}{\pi_{i+}} \qquad \forall i, j. \tag{2.4}$$

Definition 2.2 Zwei Variable X und Y heißen unabhängig, falls alle gemeinsamen Wahrscheinlichkeiten gleich dem Produkt der Randwahrscheinlichkeiten sind:

$$\pi_{ij} = \pi_{i+}\pi_{+j} \qquad \forall i, j. \tag{2.5}$$

Aus der Unabhängigkeit folgt:

$$\pi_{j/i} = \frac{\pi_{ij}}{\pi_{i+}} = \frac{\pi_{i+}\pi_{+j}}{\pi_{i+}} = \pi_{+j}. \tag{2.6}$$

Die bedingte Verteilung ist gleich der Randverteilung und somit unabhängig von i.

Definition 2.3 Wenn Y Responsevariable und X erklärende Variable ist, dann heißen X und Y unabhängig, wenn

$$\pi_{j/1} = \pi_{j/2} = \ldots = \pi_{j/I} \qquad \forall j \tag{2.7}$$

gilt.

Beispiel 2.1: 2×2-Tafel:

X	Y 1	2	
1	π_{11} $(\pi_{1/1})$	π_{12} $(\pi_{2/1})$	π_{1+} (1)
2	π_{21} $(\pi_{1/2})$	π_{22} $(\pi_{2/2})$	π_{2+} (1)
	π_{+1}	π_{+2}	1

ohne Klammern : gemeinsame Verteilung
mit Klammern: bedingte Verteilung

In der Stichprobenversion sei $\{p_{ij}\}$ die gemeinsame Stichprobenverteilung. Dann gelten mit den Zellhäufigkeiten n_{ij} und $n = \sum_{i=1}^{I} \sum_{j=1}^{J} n_{ij}$ folgende Beziehungen:

21

$$p_{ij} = \frac{n_{ij}}{n} ,$$

$$p_{j/i} = \frac{p_{ij}}{p_{i+}} = \frac{n_{ij}}{n_{i+}}, \quad p_{i/j} = \frac{p_{ij}}{p_{+j}} = \frac{n_{ij}}{n_{+j}} ,$$

$$p_{i+} = \frac{\sum_{j=1}^{J} n_{ij}}{n}, \quad p_{+j} = \frac{\sum_{i=1}^{I} n_{ij}}{n} , \qquad (2.8)$$

$$n_{i+} = \sum_{j=1}^{J} n_{ij} = np_{i+}, \quad n_{+j} = \sum_{i=1}^{I} n_{ij} = np_{+j} .$$

2.3   Methoden zum Vergleich von Anteilen

Zunächst werde vorausgesetzt, daß Y eine binäre Responsevariable sei, d.h. Y nimmt nur die Werte 0 oder 1 an und die Realisationen von X lassen sich zu I Gruppen ordnen. Wenn die Zeile i festgehalten wird, so ist $\pi_{1/i}$ die Wahrscheinlichkeit für Response (Y=1). Bezeichne $\pi_{2/i}$ die Wahrscheinlichkeit für Nichtresponse (Y=0), dann ist

$$(\pi_{1/i}; \pi_{2/i}) = (\pi_{1/i}, (1 - \pi_{1/i})) \qquad (2.9)$$

die bedingte Verteilung der binären Responsevariablen Y unter der Bedingung X=i.

Man kann nun zwei Zeilen i und h z.B. dadurch vergleichen, daß man die Differenz der Anteile für Response bzw. Nichtresponse bestimmt:

$$\begin{aligned}
\text{Response:} \quad & \pi_{1/h} - \pi_{1/i} \quad \text{bzw.} \\
\text{Nichtresponse:} \quad & \pi_{2/h} - \pi_{2/i} = (1 - \pi_{1/h}) - (1 - \pi_{1/i}) \\
& = -(\pi_{1/h} - \pi_{1/i}) .
\end{aligned}$$

Die Differenzen sind absolut gleich groß, weisen jedoch entgegengesetztes Vorzeichen auf. Weiter gilt:

$$-1.0 \leq \pi_{1/h} - \pi_{1/i} \leq +1.0 . \qquad (2.10)$$

Die Differenz ist dann gleich Null, wenn die beiden Zeilen i und h identische bedingte Verteilungen besitzen. Hieraus läßt sich folgern, daß die Responsevariable Y unabhängig von der Zeilenklassifikation ist, wenn gilt:

$$\pi_{1/h} - \pi_{1/i} = 0 \qquad \forall (h;i) \quad i,h = 1,2,\ldots,I \quad i \neq h . \qquad (2.11)$$

Betrachtet man allgemeiner eine Responsevariable Y mit J Kategorien, dann sind X und Y unabhängig, wenn gilt

$$\pi_{j/h} - \pi_{j/i} = 0 \qquad \forall j \quad , \forall (h;i) \quad i,h = 1,2,\ldots,I \quad i \neq h . \qquad (2.12)$$

2.3.1 Relatives Risiko

Beim Vergleich von Anteilen ist stets zu beachten, daß eine Differenz in den Anteilen nicht skalenunabhängig ist. Z.B. kann eine Differenz eine größere Bedeutung haben, wenn beide Anteile in der Nähe von 0 oder 1 sind, als wenn sie nahe bei $\frac{1}{2}$ liegen.

Beispiel 2.2: Es sollen 2 Medikamente bezüglich negativer Nebenwirkungen verglichen werden.

1. Differenz von 0.010 (1%) und 0.001 (0.1%) ist gleich 0.009,

2. Differenz von 0.510 und 0.501 ist ebenfalls gleich 0.009.

Die Differenz in 1. ist aussagekräftiger (weil relativ größer), deshalb scheint der Quotient der beiden Anteile geeigneter:

$$
1. \quad \frac{\pi_{1/h}}{\pi_{1/i}} = 10
$$

$$
2. \quad \frac{\pi_{1/h}}{\pi_{1/i}} = 1.018 \,.
$$

Definition 2.4 Der Quotient $\frac{\pi_{1/h}}{\pi_{1/i}}$ heißt relatives Risiko für Response der Kategorie h in Relation zu Kategorie i.

Für 2×2-Tafeln lautet das relative Risiko (für Response):

$$
0 \leq \frac{\pi_{1/1}}{\pi_{1/2}} < \infty. \tag{2.13}
$$

Das relative Risiko ist eine nichtnegative Zahl. Ein relatives Risiko von 1 entspricht dann der Unabhängigkeit. Für Nichtresponse ist das relative Risiko

$$
\frac{\pi_{2/1}}{\pi_{2/2}} = \frac{1 - \pi_{1/1}}{1 - \pi_{1/2}} \,. \tag{2.14}
$$

Definition 2.5 Der Odds (odds (engl.): Unterschiede, ungleiche Dinge) ist definiert als das Verhältnis der Wahrscheinlichkeiten für Response bzw. Nichtresponse innerhalb einer Kategorie von X.
Für 2×2-Tafeln wird der Odds in Zeile 1:

$$
\Omega_1 = \frac{\pi_{1/1}}{\pi_{2/1}} \,. \tag{2.15}
$$

Innerhalb Zeile 2 ist der Odds entsprechend:

$$
\Omega_2 = \frac{\pi_{1/2}}{\pi_{2/2}} \,. \tag{2.16}
$$

Hinweis: Für gemeinsame Verteilungen lautet die Definition:

$$
\Omega_i = \frac{\pi_{i1}}{\pi_{i2}} \qquad i = 1, 2 \,. \tag{2.17}
$$

Generell gilt, daß $\Omega_i \geq 0$ ist. Ist $\Omega_i > 1$, so bedeutet dies, daß Response wahrscheinlicher ist als Nichtresponse. Ist z.B. $\Omega_1 = 4$, dann ist in der ersten Zeile der Response 4-mal wahrscheinlicher als der Nichtresponse. Für $\Omega_1 = \Omega_2$ sind die *innerhalb-der-Zeilen-bedingten-Verteilungen* unabhängig. Dies bedeutet, daß die beiden Variablen unabhängig sind. Es gilt:

$$X, Y \quad unabhängig \quad \leftrightarrow \quad \Omega_1 = \Omega_2 \; . \tag{2.18}$$

2.3.2 Odds-Ratio

Definition 2.6 Als **Odds-Ratio** ist folgender Quotient definiert:

$$\theta \;\; = \;\; \frac{\Omega_1}{\Omega_2} \tag{2.19}$$

bzw. bei gemeinsamer Verteilung

$$\theta \;\; = \;\; \frac{\pi_{11}\pi_{22}}{\pi_{12}\pi_{21}}. \tag{2.20}$$

θ heißt auch Kreuzproduktverhältnis oder Kontingenzkoeffizient. Es gilt:

$$X, Y \quad unabhängig \quad \Leftrightarrow \quad \theta = 1 \; . \tag{2.21}$$

Wenn alle Zellwahrscheinlichkeiten größer als Null sind, so folgt aus $1 < \theta < \infty$, daß die Objekte der ersten Zeile mehr zu Response neigen als die Objekte der zweiten Zeile, also ist $\pi_{1/1} > \pi_{1/2}$. Für $0 < \theta < 1$ gilt $\pi_{1/1} < \pi_{1/2}$ (umgekehrte Interpretation).
Wichtig: Der Odds-Ratio bleibt beim Vertauschen von Zeilen und Spalten unverändert, d.h. es ist egal, ob X oder Y die Responsevariable ist. Für $\theta_1 = 0.25$ ist der Odds des Response in Zeile 1 0.25-mal so hoch wie in Zeile 2 – bzw. für $\theta_2 = 4$ ist der Odds des Response in Zeile 2 4-mal so hoch wie in Zeile 1. Beim Vertauschen nur der Zeilen (oder nur der Spalten) geht θ in $\frac{1}{\theta}$ über.

Statt θ wird oft auch $\ln(\theta)$ betrachtet, da dann der Odds symmetrisch um Null ist. Es gilt dann:

$$X, Y \quad unabhängig \quad \Leftrightarrow \quad ln(\theta) = 0. \tag{2.22}$$

Eine Vertauschung der Zeilen (oder Spalten) kehrt dann nur das Vorzeichen um.

Die Stichprobenversion des Odds-Ratio für die 2×2-Tafel

		Y	
X	1	2	
1	n_{11}	n_{12}	n_{1+}
2	n_{21}	n_{22}	n_{2+}
	n_{+1}	n_{+2}	n

hat die Gestalt:

$$\hat{\theta} = \frac{n_{11} n_{22}}{n_{12} n_{21}}. \qquad (2.23)$$

Multiplikation einer Zeile mit einer Konstanten c>0 liefert

$$\tilde{n}_{11} = c \cdot n_{11}$$
$$\tilde{n}_{12} = c \cdot n_{12}$$
$$\text{und} \quad \tilde{\theta} = \theta.$$

Analoges gilt bei Spaltenmultiplikation, so daß der Odds-Ratio zeilen- und spaltenweise skaleninvariant ist.

Für die Stichprobenversion der Differenz der Anteile

$$\pi_{1/h} - \pi_{1/i} = \frac{\pi_{h1}}{\pi_{h+}} - \frac{\pi_{i1}}{\pi_{i+}}$$

gilt in der 2×2-Tafel:

$$\hat{\pi}_{1/1} - \hat{\pi}_{1/2} = \frac{n_{11}}{n_{1+}} - \frac{n_{21}}{n_{2+}}$$
$$= \frac{c \cdot n_{11}}{c \cdot n_{1+}} - \frac{c \cdot n_{21}}{c \cdot n_{2+}},$$

d.h. dieses Maß ist invariant gegenüber Multiplikation *beider* Zeilen (Spalten) mit c. Das gleiche gilt für das relative Risiko:

$$\frac{\hat{\pi}_{1/1}}{\hat{\pi}_{1/2}} = \frac{\frac{\hat{\pi}_{11}}{\hat{\pi}_{1+}}}{\frac{\hat{\pi}_{21}}{\hat{\pi}_{2+}}} = \frac{n_{11} n_{2+}}{n_{1+} n_{21}}. \qquad (2.24)$$

Aus der Invarianz des Odds-Ratio gegenüber Multiplikation beider Zeilen (Spalten) mit einer Konstanten folgt

$$\hat{\theta} = \frac{n_{11} n_{22} c}{n_{12} n_{21} c} = \frac{n_{11} n_{22}}{n_{12} n_{21}}. \qquad (2.25)$$

D.h. $\hat{\theta}$ bleibt unverändert, wenn wir überproportional große (oder kleine) Stichproben von den Kategorien einer Variablen ziehen.

Beispiel 2.3: Es wird untersucht, ob eine Infektion durch eine vorherige Impfung vermieden werden kann. Hierzu bezeichne X Impfung bzw. keine Impfung und Y Infektion bzw. keine Infektion. Wir betrachten folgende Stichprobensituation:

1. zufällige Auswahl von 100 Patienten mit Infektion und 100 Patienten ohne Infektion, die dann darauf untersucht werden, ob vorher geimpft wurde oder nicht.

2. zufällige Auswahl von 150 Patienten mit und nur 50 ohne Infektion.

	Impfung	
	nein	ja
Infektion	$\mathbf{a}\, n_{11}$	$\mathbf{b}\, n_{12}$
keine Inf.	$\mathbf{a}\, n_{21}$	$\mathbf{b}\, n_{22}$

Mit a=1.5 und b=0.5 erhält man also den Fall 2. Für den Odds-Ratio gilt

$$\hat{\theta} = \frac{\mathbf{a}n_{11}\mathbf{b}n_{22}}{\mathbf{a}n_{12}\mathbf{b}n_{21}} = \frac{n_{11}n_{22}}{n_{12}n_{21}} \tag{2.26}$$

Beispiel 2.4: (Agresti, 1990, S.17)
Bei Patienten, die Aspirin genommen hatten, scheint die Zahl der tödlichen Herzattacken geringer zu sein. Führt nun Aspirin tatsächlich zu einer Reduktion der Sterblichkeit (reduction of mortality) ?

	Herzattacken		
	tödlich	mittel	keine
Placebo	18	171	10845
Aspirin	5	99	10933

Tabelle 2.1: Einfluß von Aspirin auf die Schwere der Herzattacken

Zunächst werden die mittleren und tödlichen Herzattacken zu einer Kategorie zusammengefaßt, um eine 2×2-Tafel zu erhalten:

	1	2	gesamt
Placebo	189	10845	11034
Aspirin	104	10933	11037
	293	21778	22071

Es ergeben sich folgende Anteile für Response (Herzattacken)

$$\hat{\pi}_{Placebo} \;=\; \hat{\pi}_{1/1} = \frac{n_{11}}{n_{1+}} = \frac{189}{11034} = 0.0171 \;, \tag{2.27}$$

$$\hat{\pi}_{Aspirin} \;=\; \hat{\pi}_{1/2} = \frac{n_{21}}{n_{2+}} = \frac{104}{11037} = 0.0094 \;. \tag{2.28}$$

Die Differenz der Anteile ergibt $\hat{\pi}_{1/1} - \hat{\pi}_{1/2} = 0.0077$ und das relative Risiko lautet:
$\frac{\hat{\pi}_{1/1}}{\hat{\pi}_{1/2}} = \frac{0.0171}{0.0094} = 1.82$, so daß das Risiko für Herzattacken bei Placebogabe 1.82-mal höher ist als bei Aspiringabe.
Der Odds-Ratio wird

$$\theta = \frac{\frac{\pi_{1/1}}{\pi_{2/1}}}{\frac{\pi_{1/2}}{\pi_{2/2}}} = \frac{\frac{189}{10845}}{\frac{104}{10933}} = 1.83 \;. \tag{2.29}$$

2.3.3 Beziehung zwischen Odds-Ratio und dem relativen Risiko

Es gilt:

$$
\theta = \frac{\frac{\pi_{1/1}}{\pi_{2/1}}}{\frac{\pi_{1/2}}{\pi_{2/2}}}
$$

$$
= \frac{\pi_{1/1}}{\pi_{1/2}} \cdot \frac{\pi_{2/2}}{\pi_{2/1}}
$$

$$
= \frac{\pi_{1/1}}{\pi_{1/2}} \left(\frac{1 - \pi_{1/2}}{1 - \pi_{1/1}} \right) . \tag{2.30}
$$

$$
\tag{2.31}
$$

Falls die Wahrscheinlichkeit P(Response) klein ist (wie im Beispiel), liegen Odds-Ratio und relatives Risiko dicht beieinander. In diesem Fall kann der Odds-Ratio als grober Indikator für das relative Risiko verwendet werden.

2.3.4 Der Odds-Ratio für I×J-Tafeln

Allgemein lassen sich aus einer beliebigen I×J-Tafel durch Herausnehmen von jeweils 2 verschiedenen Zeilen und 2 verschiedenen Spalten 2×2-Tafeln bilden. Dabei gibt es $\frac{1}{2}$ I(I-1) = $\binom{I}{2}$ Paare von Zeilen und $\frac{1}{2}$ J(J-1) = $\binom{J}{2}$ Paare von Spalten, so daß in einer I×J-Tafel insgesamt $\binom{I}{2} \cdot \binom{J}{2}$ 2×2-Tafeln enthalten sind. Die Gesamtmenge aller 2×2-Tafeln enthält aber zum Teil redundante Informationen, deshalb betrachten wir nur benachbarte 2×2-Tafeln mit den lokalen Odds-Ratios

$$
\theta_{ij} = \frac{\pi_{i,j}\pi_{i+1,j+1}}{\pi_{i,j+1}\pi_{i+1,j}} \qquad i = 1, 2, \ldots, I-1; \quad j = 1, 2, \ldots, J-1. \tag{2.32}
$$

Diese (I-1)(J-1) Odds-Ratios bestimmen bereits alle $\binom{I}{2} \cdot \binom{J}{2}$ Odds-Ratios aus allen Paaren der Zeilen und allen Paaren der Spalten.

Beispiel 2.5: Einfluß von Aspirin auf die Schwere von Herzattacken:

	Herzattacken		
	tödlich	mittel	keine
Placebo	18	171	10845
Aspirin	5	99	10933

Hier gilt:

$$
\theta_{12} = \frac{18 \cdot 99}{5 \cdot 171},
$$

$$
\theta_{23} = \frac{171 \cdot 10933}{99 \cdot 10845},
$$

$$
\text{und} \quad \theta_{13} = \frac{18 \cdot 10933}{5 \cdot 10845} = \theta_{12} \cdot \theta_{23}.
$$

Somit ergibt sich das Problem, wie die minimale Menge von Odds-Ratios zu bestimmen ist.

Die minimale Menge von Odds-Ratios läßt sich nicht eindeutig bestimmen, da z.B. eine andere Basismenge

$$\theta_{ij} = \frac{\pi_{ij}\pi_{IJ}}{\pi_{Ij}\pi_{iJ}} \qquad i = 1, 2, \dots, I-1 \quad j = 1, 2, \dots, J-1 \tag{2.33}$$

ebenfalls mit (I-1)(J-1) separaten Informationen den Zusammenhang in einer I×J-Tafel beschreibt.

2.3.5 Analyse von ordinalen Zusammenhängen (Rangdaten)

Bei der Betrachtung von rangskalierten Merkmalen ergibt sich als typische Frage: *wächst Y, wenn X wächst?*, d.h. existiert ein monotoner Zusammenhang? Liegt eine zweidimensionale Stichprobe (x_i, y_i) , $i = 1, \dots, n$ einer stetigen, nicht normalverteilten zweidimensionalen Verteilung (X, Y) oder von rangskalierten Daten vor, so wird deren korrelativer Zusammenhang ϱ_s durch den Rangkorrelationskoeffizienten r_s von Spearman geschätzt.

Definition 2.7 Der Rangkorrelationskoeffizient nach Spearman ist definiert als

$$r_s = \frac{\sum_{i=1}^{n}(R_i - \overline{R_X})(S_i - \overline{S_Y})}{\sqrt{\sum_{i=1}^{n}(R_i - \overline{R_X})^2 \sum_{i=1}^{n}(S_i - \overline{S_Y})^2}} , \tag{2.34}$$

wobei R_i die Rangplätze des Merkmals X und S_i die des Merkmals Y bezeichnen. Weiter gilt $\overline{R_X} = \frac{n+1}{2} = \overline{S_Y}$ und

$$-1 \le r_s \le 1. \tag{2.35}$$

r_s nimmt den Wert 1 an, wenn X und Y die gleiche Rangordnung besitzen bzw. -1, wenn diese entgegengesetzt ist.

Falls keine Bindungen vorliegen, vereinfacht sich r_s zu:

$$r_s = 1 - \frac{6 \sum_{i=1}^{n}(R_i - S_i)^2}{n(n^2 - 1)} . \tag{2.36}$$

Die Prüfung des Rangkorrelationskoeffizienten, d.h. der Hypothese $H_0 : \varrho_s = 0$ erfolgt für $n \le 30$ nach dem exakten Test unter Verwendung der kritischen Werte aus Tabelle 2.2. Für $\mid r_s \mid > \mid r_s \mid_\alpha$ (Tabelle 2.2) wird H_0 abgelehnt (einseitiger Test).

Für $n > 30$ wird mit einer Näherung durch die Normalverteilung gearbeitet. Die Prüfgröße lautet

$$\mid u \mid = \mid r_s \mid \sqrt{n-1} .$$

H_0 wird abgelehnt, wenn $\mid u \mid > u_{1-\alpha}$ (einseitig zum Niveau α bzw. zweiseitig zum Niveau $\alpha/2$).

Beispiel 2.6: Zwei Prüfer untersuchen $n = 5$ Studienbewerber im Fach Zahnmedizin auf ihre Fähigkeit, in der Prothetik auftretende Farbnuancen zu erkennen. Sie ordnen die Studienbewerber in eine Rangfolge (Werte x_i: Bewertung durch Prüfer X, Werte y_i: Bewertung durch Prüfer Y).

Bewerber	Farbunterscheidung		Differenz	$(R_i - S_i)^2$
Nr.	x_i	y_i	$R_i - S_i$	
1	4	3	1	1
2	5	4	1	1
3	3	5	-2	4
4	2	1	1	1
5	1	2	-1	1
Summe				8

Von Interesse ist die Frage, ob beide Prüfer zu übereinstimmenden Aussagen kamen und damit die Studenten gerecht bewertet wurden. Da keine gleichen Ränge auftreten, verwenden wir Formel (2.36) und erhalten

$$r_s = 1 - \frac{6 \cdot 8}{5 \cdot (25 - 1)} = 0.6 \ .$$

Die beiden Rangfolgen stehen in einem positiven korrelativen Zusammenhang, dessen Signifikanz wegen $|\, r_s\, | = 0.6 < 0.8 = |\, r_s\, |_{0.05}$ (Tabelle 2.2) jedoch nicht gesichert ist. Die Bewertung durch beide Prüfer zeigt also keine signifikante Übereinstimmung, $H_0 : \varrho_s = 0$ wird nicht abgelehnt.

In der Praxis werden stetige Merkmale häufig durch Klassenbildung nur in ordinaler Struktur dokumentiert. Dies kann z.B. dann angemessen sein, wenn die Originalbeobachtungen fehlerbehaftet sind, so daß man sich auf Genauigkeiten im Rahmen einer von–bis–Spanne beschränkt.
Für Kontingenztafeln mit ordinalem Niveau in X und Y wird eine Übereinstimmung (Monotonie) zwischen X und Y durch das Verhältnis der konkordanten und diskonkordanten Objektpaare abgeschätzt.

Definition 2.8 Ein Objektpaar heißt konkordant, falls das Objekt mit höherem X-Rang auch bei Y höher bewertet wird, bzw. diskonkordant, falls das Objekt mit dem höheren X-Rang einen niedrigeren Y-Rang hat. Ein Paar heißt gebunden (tied), falls die X-Ränge und/oder die Y-Ränge gleich sind.

Beispiel 2.7: (Agresti, 1990, S.21) Bedingt ein höheres Einkommen auch eine höhere Zufriedenheit mit der Arbeit (job-satisfaction)?
Y sei die Zufriedenheit und X das Einkommen. Es werde nun ein Paar von Personen betrachtet, die erste Person sei aus X<6000 und Y=sehr unzufrieden, die zweite aus X=6-15000 und Y=unzufrieden. Dann ist dieses Paar konkordant, da der X-Rang und der Y-Rang bei der zweiten Person höher sind. Alle 20 Personen bilden konkordante Paare mit den 38 Personen der zweiten Mermalskombination, so daß sich 20 × 38 = 760 konkordante Paare ergeben. Die 20 Personen der ersten Zelle bilden konkordante Paare mit den Zellen (38 + 104 + 125 + 28 + 81 + 113 + 18 + 54 + 92).

	Signifikanzniveau α	
n	0.050	0.100
4	0.8000	0.8000
5	0.8000	0.7000
6	0.7714	0.6000
7	0.6786	0.5357
8	0.5952	0.4762
9	0.5833	0.4667
10	0.5515	0.4424
15	0.4429	0.3500
20	0.3789	0.2977
25	0.3362	0.2646
30	0.3059	0.2400

Tabelle 2.2: Kritische Werte $\mid r_s \mid$ für den Rangkorrelationskoeffizienten von Spearman

Einkommen	sehr unzufrieden	unzufrieden	zufrieden	sehr zufrieden	
<6000	20	24	80	82	206
6-15000	22	38	104	125	289
15-25000	13	28	81	113	235
> 25000	7	18	54	92	171
	62	108	319	412	901

Tabelle 2.3: Einkommen und Zufriedenheit im Beruf

Die Gesamtzahl konkordanter Paare lautet nun

$$
\begin{aligned}
\mathbf{C} &= 20 \cdot (38 + 104 + \ldots + 92) \\
&\quad + 24 \cdot (104 + 125 + \ldots + 92) \\
&\quad \vdots \\
&\quad + 81 \cdot (92) \\
&= 109520 \, .
\end{aligned}
$$

Die Gesamtzahl diskonkordanter Paare wird

$$
\begin{aligned}
\mathbf{D} &= 24 \cdot (22 + 13 + 7) \\
&\quad + 80 \cdot (22 + 38 + \ldots + 18) \\
&\quad \vdots \\
&\quad + 113 \cdot (7 + 18 + 54) \\
&= 84915 \, .
\end{aligned}
$$

Da $\mathbf{C} > \mathbf{D}$ ist, deutet dies auf eine positive Tendenz hin (positiver Zusammenhang), d.h. mit dem Einkommen steigt die Zufriedenheit im Beruf.

Sei allgemein $(\pi_{ij})_{\substack{i=1,\ldots,I \\ j=1,\ldots,J}}$ die gemeinsame Wahrscheinlichkeitsverteilung zweier ordinaler Variablen X und Y, dann gilt für ein Paar von Beobachtungen :

$$\pi_C^{ij} = 2\sum_{i=1}^{I}\sum_{j=1}^{J}\pi_{ij}\left(\sum_{h>i}\sum_{k>j}\pi_{hk}\right) , \qquad (2.37)$$

$$\pi_D^{ij} = 2\sum_{i=1}^{I}\sum_{j=1}^{J}\pi_{ij}\left(\sum_{h>i}\sum_{k<j}\pi_{hk}\right) . \qquad (2.38)$$

Dies sind die Wahrscheinlichkeiten für Konkordanz bzw. Diskordanz zu den Beobachtungen (X=i) und (Y=j). Die Assoziation zwischen (X=i) und (Y=j) ist positiv (gleichgerichtet), falls $\pi_C^{ij} - \pi_D^{ij} > 0$ bzw. negativ, falls $\pi_C^{ij} - \pi_D^{ij} < 0$.

Um ein globales Maß für den Zusammenhang zu erhalten, bildet man π_C bzw. π_D über alle Paare (i,j). Falls diese Paare „untied" für beide Variablen sind, ist $\frac{\pi_C}{\pi_C + \pi_D}$ die Wahrscheinlichkeit für Konkordanz und $\frac{\pi_D}{\pi_C + \pi_D}$ die Wahrscheinlichkeit für Diskonkordanz.

Die Stichprobenversion lautet (mit den Zahlen aus dem Beispiel):

$$\hat{\pi}_C = \frac{C}{C+D} = \frac{109520}{194435} = 0.5633 , \qquad (2.39)$$

$$\hat{\pi}_D = \frac{D}{C+D} = \frac{84915}{194435} = 0.4367 . \qquad (2.40)$$

Von allen konkordanten und diskonkordanten Paaren sind also 56% konkordant.

Bildet man die Differenz dieser beiden Wahrscheinlichkeiten, erhält man das Assoziationsmaß γ:

$$\gamma = \frac{\pi_C}{\pi_C + \pi_D} - \frac{\pi_D}{\pi_C + \pi_D} = \frac{\pi_C - \pi_D}{\pi_C + \pi_D} \qquad (2.41)$$

In der Stichprobenversion erhalten wir $\hat{\gamma} = \frac{C-D}{C+D}$ und es gilt $-1 \le \hat{\gamma} \le 1$. Es ist $\gamma = 1$ für $\pi_D = 0$ bzw. $\gamma = -1$ für $\pi_C = 0$, also $|\gamma| = 1$, falls ein monotoner – negativ oder positiv gerichteter – Zusammenhang besteht. Dabei bedeutet positiv eine Zunahme beider Variablen und negativ eine Abnahme einer Variablen bei Zunahme der anderen Variablen auf der jeweiligen Ordinalskala. Für unser Beispiel ergibt sich $\hat{\gamma} = 0.1265$, also wieder ein Hinweis auf eine positive Tendenz.

2.4 Untersuchung von Zweifachklassifikationen

Variablen in nominaler oder ordinaler Skalierung wollen wir als kategoriale Variablen bezeichnen. In den meisten Fällen setzen die statistischen Verfahren bei kategorialen Variablen eine Multinomial- oder eine Poissonverteilung voraus. Wir wollen hier diese beiden Stichprobenmodelle unterscheiden. Generell beobachten wir also die Häufigkeiten n_i $i = 1, 2, \ldots, N$ in den N Zellen einer Kontingenztafel einer einzelnen kategorialen Variablen oder in $N = I \times J$ Zellen einer zweifachen Klassifikation.

Als Voraussetzung haben wir, daß die n_i zufällige Variable sind mit einer Verteilung im R^+ und Erwartungswerten $E(n_i) = m_i$, die wir als erwartete Häufigkeiten bezeichnen.

2.4.1 Die Poisson-Stichprobe

Die Poissonverteilung gilt für Prozesse (wie Response auf eine medizinische Behandlung), bei denen die mittlere Anzahl der Ereignisse das Ergebnis einer sehr großen Zahl von Ereignismöglichkeiten und einer sehr kleinen Ereigniswahrscheinlichkeit ist (Sachs, 1974, S.142). Die Poissonverteilung kann als Grenzverteilung der Binomialverteilung $b(n; p)$ interpretiert werden, wenn $\lambda = n \cdot p$ festgehalten wird und n beliebig wächst. Für jede der N Zellen einer Kontingenztafel $\{n_i\}$ gelte

$$P(n_i) = \frac{e^{-m_i} m_i^{n_i}}{n_i!} \qquad n_i = 0, 1, 2, \ldots \quad i = 1, \ldots, N \ . \qquad (2.42)$$

Dies ist die Wahrscheinlichkeitsfunktion der Poissonverteilung mit Parameter m_i. Es gilt $Var(n_i) = E(n_i) = m_i$.

Das Poisson-Modell für die gesamte Kontingenztafel — also für $\{n_i\}$ — setzt die Unabhängigkeit der n_i voraus. Mit der Unabhängigkeit ergibt sich die gemeinsame Verteilung für $\{n_i\}$ als das Produkt der Verteilungen der n_i in den N Zellen. Der gesamte Stichprobenumfang $n = \sum_{i=1}^{N} n_i$ ist ebenfalls poissonverteilt mit $E(n) = \sum_{i=1}^{N} m_i$ (Additionssatz für unabhängige poissonverteilte Zufallsvariable).

Das Poisson-Modell findet Anwendung, wenn seltene Ereignisse unabhängig über disjunkte Klassen verteilt sind.

Beispiel 2.8:

- Anzahl der spontanen Fehlgeburten in den Kliniken einer Stadt,

- Anzahl der Pfeilerverluste durch Extraktion, gegliedert nach den Altersjahrgängen der Patienten.

Bemerkung 2.1 *Bei der Poissonverteilung ist die Gesamtzahl* $n = \sum_{i=1}^{N} n_i$ *zufällig. Somit sind die* n_i, *falls* n *fest gewählt wird, nicht mehr unabhängig.*

Sei $n = \sum_{i=1}^{N} n_i$ als fest angenommen, dann ist die bedingte Wahrscheinlichkeit einer Kontingenztafel $\{n_i\}$, die diese Nebenbedingung erfüllt:

$$P(n_i \text{ Beob. in Zelle i }, i = 1, 2, \ldots, N \mid \sum_{i=1}^{N} n_i = n)$$

$$= \frac{P(n_i \text{ Beob. in Zelle i }, i = 1, 2, \ldots, N)}{P(\sum_{i=1}^{N} n_i = n)}$$

$$= \frac{\prod_{i=1}^{N} e^{-m_i} \frac{m_i^{n_i}}{n_i!}}{\exp(-\sum_{j=1}^{N} m_j) \frac{(\sum_{j=1}^{N} m_j)^n}{n!}}$$

$$= \left(\frac{n!}{\prod_{i=1}^{N} n_i!}\right) \cdot \prod_{i=1}^{N} \pi_i^{n_i} \tag{2.43}$$

$$mit \quad \pi_i = \frac{m_i}{\sum_{i=1}^{N} m_i}.$$

Für N=2 Zellen gelangt man zur Binomialverteilung. Für die Multinomialverteilung $(n_1, n_2, \ldots, n_N)$ ist die Randverteilung bezüglich n_i eine Binomialverteilung mit $E(n_i) = n\pi_i$ und $Var(n_i) = n\pi_i(1 - \pi_i)$.

2.4.2 Die unabhängige multinomiale Stichprobe

Im folgenden nehmen wir an, daß Beobachtungen einer kategorialen Variablen Y zu verschiedenen Stufen einer erklärenden Variable X vorliegen. In Zelle (X=i,Y=j) werden n_{ij} Besetzungen beobachtet. Weiter sei $n_{i+} = \sum_{j=1}^{J} n_{ij}$. Diese n_{i+} Beobachtungen von Y bei festem i seien unabhängig mit der Verteilung $(\pi_{1/i}, \pi_{2/i}, \ldots, \pi_{J/i})$. Dann sind die Zellbesetzungen in der i-ten Zeile multinomialverteilt mit

$$\left(\frac{n_{i+}!}{\prod_{j=1}^{J} n_{ij}!}\right) \cdot \prod_{j=1}^{J} \pi_{j/i}^{n_{ij}}. \tag{2.44}$$

Falls darüberhinaus auch die Stichproben über i unabhängig sind, ist die gemeinsame Verteilung der n_{ij} in der I×J-Tafel das Produkt der I Multinomialverteilungen (2.44). Wir bezeichnen dies mit *Produkt-Multinomial-Stichprobenschema* oder *unabhängige multinomiale Stichprobe.*

Beispiel 2.9: Schwere der Unfälle von Kindern

		Unfall		
		schwer	leicht	
Schulweg	ja	n_{11}	n_{12}	
	nein	n_{21}	n_{22}	
				n

1. Sei n die Gesamtanzahl der Unfälle von Kindern in einem Jahr - d.h. n ist zufällig. Somit sind nach dem Poissonschema die n_{ij} und auch n poissonverteilt.

2. Werden dagegen z.B. n=100 Unfälle aus der Statistik herausgegriffen und nach dem Schulweg (ja/nein) klassifiziert, dann liegt ein Multinomialschema vor.

3. Greift man je 50 schwere bzw. leichte Unfälle heraus und klassifiziert sie separat nach dem Schulweg (ja/nein), so kommt man zu 2 unabhängigen Binomialverteilungen.

2.4.3 Likelihood–Funktion und Maximum–Likelihood–Schätzungen

Gegeben seien die beobachteten Zellbesetzungen $\{n_i, i = 1, 2, \ldots, N\}$. Die Likelihoodfunktion ist dann definiert als die Wahrscheinlichkeit für die Beobachtung $\{n_i, i = 1, 2, \ldots, N\}$ bei gegebenem Stichprobenmodell. Diese Funktion hängt im allgemeinen von einem unbekannten Parameter θ ab - hier z.B. $\theta = \{\pi_{j/i}\}$. Die Maximum-Likelihood-Schätzung für diesen Parametervektor ist der Wert, für den die Likelihoodfunktion bei den beobachteten Daten ihr Maximum annimmt.

Betrachten wir z.B. die Schätzung der Kategorie-Wahrscheinlichkeiten $\{\pi_i\}$ beim Multinomial-Stichprobenschema. Die gemeinsame Verteilung der $\{n_i\}$ lautet (vgl. (2.44) und die Schreibweise $\{\pi_i\}$, $i = 1, \ldots, N$, statt $\pi_{j/i}$)

$$\frac{n!}{\prod_{i=1}^{N} n_i!} \underbrace{\prod_{i=1}^{N} \pi_i^{n_i}}_{\text{Kern}} . \tag{2.45}$$

Sie ist somit proportional zum Kern des Likelihood . Der Kern enthält alle unbekannten Parameter des Modells. Die Maximierung der Verteilung ist also äquivalent zur Maximierung des Kerns der Likelihoodfunktion:

$$L = \ln(Kern) = \sum_{i=1}^{N} n_i \ln(\pi_i) \rightarrow \max_{\pi_i} . \tag{2.46}$$

Mit den Nebenbdingungen $\pi_i \geq 0, \quad i = 1, 2, \ldots, N, \sum_{i=1}^{N} \pi_i = 1$ folgt $\pi_N = 1 - \sum_{i=1}^{N-1} \pi_i$ und somit

$$\frac{\partial \pi_N}{\partial \pi_i} = -1 \quad , \quad i = 1, 2, \ldots, N - 1 \,, \tag{2.47}$$

$$\frac{\partial \ln \pi_N}{\partial \pi_i} = \frac{1}{\pi_N} \cdot \frac{\partial \pi_N}{\partial \pi_i} = \frac{-1}{\pi_N} \quad , \quad i = 1, 2, \ldots, N - 1 \,, \tag{2.48}$$

$$\frac{\partial L}{\partial \pi_i} = \frac{n_i}{\pi_i} - \frac{n_N}{\pi_N} = 0 \quad , \quad i = 1, 2, \ldots, N - 1. \tag{2.49}$$

Daraus erhalten wir

$$\frac{\hat{\pi}_i}{\hat{\pi}_N} = \frac{n_i}{n_N} \quad i = 1, 2, \ldots, N - 1, \tag{2.50}$$

$$\text{also} \quad \hat{\pi}_i = \hat{\pi}_N \frac{n_i}{n_N}. \tag{2.51}$$

$$\text{Nun gilt:} \quad \sum_{i=1}^{N} \hat{\pi}_i = 1 = \frac{\hat{\pi}_N \sum_{i=1}^{N} n_i}{n_N} \tag{2.52}$$

Daraus erhalten wir die Lösungen

$$\hat{\pi}_N = \frac{n_N}{n} = p_N \,, \tag{2.53}$$

$$\hat{\pi}_i = \frac{n_i}{n} = p_i \quad i = 1, 2, \ldots, N - 1. \tag{2.54}$$

Die Maximum-Likelihoodschätzungen sind die Anteile (relativen Häufigkeiten) p_i.

Für Kontingenztafeln gilt bei unabhängigem X und Y:

$$\pi_{ij} = \pi_{i+} \pi_{+j}. \tag{2.55}$$

Die ML-Schätzungen unter dieser Bedingung lauten dann

$$\hat{\pi}_{ij} = p_{i+} p_{+j} = \frac{n_{i+} n_{+j}}{n^2} \tag{2.56}$$

mit den erwarteten Zellhäufigkeiten

$$\hat{m}_{ij} = n \hat{\pi}_{ij} = \frac{n_{i+} n_{+j}}{n}. \tag{2.57}$$

Generell gilt, daß die ML-Schätzungen für Poisson-, Multinomial- und Produkt-Multinomial-Stichproben wegen der Ähnlichkeit der Likelihoodfunktionen identisch sind (sofern keine zusätzlichen Bedingungen gestellt werden).

2.5 Tests für die Güte der Anpassung

Ziel der Kontingenzanalyse ist zu überprüfen, ob die beobachteten und die bei einem spezifizierten Modell erwarteten Zellhäufigkeiten übereinstimmen. Die χ^2-Statistik (1.4) von Pearson vergleicht z.B. die beobachteten und die bei Unabhängigkeit von X und Y gemäß (2.57) erwarteten Zellbesetzungen.

2.5.1 Prüfen einer spezifizierten Multinomialverteilung (theoretische Verteilung)

Wir wollen zunächst eine durch $\{\pi_{i0}\}$ vorgegebene Multinomialverteilung mit der beobachteten Verteilung $\{n_i\}$ für N Klassen vergleichen.

Die Hypothese für dieses Problem lautet:

$$H_0 : \pi_i = \pi_{i0} \qquad i = 1, 2, \ldots, N \quad , \tag{2.58}$$

wobei für die π_i gilt:

$$\sum_{i=1}^{N} \pi_i = 1. \tag{2.59}$$

Die unter H_0 erwarteten Zellhäufigkeiten lauten

$$m_i = n\pi_{i0} \qquad i = 1, 2, \ldots, N. \tag{2.60}$$

Als Testgröße wählt man Pearson's χ^2 und es gilt:

$$\chi^2 = \sum_{i=1}^{N} \frac{(n_i - m_i)^2}{m_i} \underset{\text{approx.}}{\sim} \chi^2_{N-1} . \tag{2.61}$$

Dies läßt sich wie folgt begründen: Bei einer Multinomialverteilung $(n_i, i = 1, 2, \ldots, N)$ ist jedes n_i nach einer Binomialverteilung $b(n, \pi_i)$ verteilt, so daß für großes n der Vektor $p = \left(\frac{n_1}{n}, \ldots, \frac{n_{N-1}}{n}\right)$ aus N-1 unabhängigen Komponenten normalverteilt ist. Sei $\pi_0 = (\pi_{1_0}, \ldots, \pi_{N-1_0})$, dann gilt nach dem zentralen Grenzwertsatz

$$\sqrt{n}\,(p - \pi_0) \underset{n \to \infty}{\to} N(0, \Sigma_0) \tag{2.62}$$

und somit

$$n\,(p - \pi_0)^{\mathsf{T}} \Sigma_0^{-1} \,(p - \pi_0) \to \chi^2_{N-1} . \tag{2.63}$$

Die asymptotische Kovarianzmatrix hat die Gestalt

$$\Sigma_0 = \text{Diag}(\pi_0) - \pi_0 \pi_0' , \tag{2.64}$$

so daß ihre Inverse sich schreiben läßt als

$$\Sigma_0^{-1} = \frac{1}{\pi_{N0}} 1\ 1' + \text{Diag}\left(\frac{1}{\pi_{10}}, \ldots, \frac{1}{\pi_{N-1,0}}\right) . \tag{2.65}$$

Die Übereinstimmung von (2.62) und (2.63) zeigt man durch direkte Kalkulation. Wir demonstrieren dies für den Fall $N = 3$. Hier gilt unter Verwendung der Relation $\pi_1 + \pi_2 + \pi_3 = 1$

$$\Sigma_0 = \begin{pmatrix} \pi_1 & 0 \\ 0 & \pi_2 \end{pmatrix} - \begin{pmatrix} \pi_1^2 & \pi_1\pi_2 \\ \pi_1\pi_2 & \pi_2^2 \end{pmatrix} ,$$

$$\Sigma_0^{-1} = \begin{pmatrix} \pi_1(1-\pi_1) & -\pi_1\pi_2 \\ -\pi_1\pi_2 & \pi_2(1-\pi_2) \end{pmatrix}^{-1}$$

$$= \frac{1}{\pi_1\pi_2\pi_3} \begin{pmatrix} \pi_2(1-\pi_2) & \pi_1\pi_2 \\ \pi_1\pi_2 & \pi_1(1-\pi_1) \end{pmatrix}$$

$$= \begin{pmatrix} \frac{1}{\pi_1}+\frac{1}{\pi_3} & \frac{1}{\pi_3} \\ \frac{1}{\pi_3} & \frac{1}{\pi_2}+\frac{1}{\pi_3} \end{pmatrix} .$$

Damit wird (2.63) zu

$$n\left(\frac{n_1}{n}-\frac{m_1}{n}, \frac{n_2}{n}-\frac{m_2}{n}\right) \begin{pmatrix} \frac{n}{m_1}+\frac{n}{m_3} & \frac{n}{m_3} \\ \frac{n}{m_3} & \frac{n}{m_2}+\frac{n}{m_3} \end{pmatrix} \begin{pmatrix} \frac{n_1}{n}-\frac{m_1}{n} \\ \frac{n_2}{n}-\frac{m_2}{n} \end{pmatrix}$$

$$= \frac{(n_1-m_1)^2}{m_1} + \frac{(n_2-m_2)^2}{m_2} + \frac{1}{m_3}\left[(n_1-m_1)+(n_2-m_2)\right]^2 = \sum_{i=1}^{3} \frac{(n_i-m_i)^2}{m_i} .$$

2.5.2 Güte der Anpassung bei geschätzten erwarteten Häufigkeiten

Werden für die unbekannten Parameter die ML-Schätzer eingesetzt, bleiben Testgröße und Testverteilung gleich, lediglich die Zahl der Freiheitsgrade reduziert sich um die Zahl der geschätzten Parameter.

Die Verteilung der Teststatistik besitzt — wenn t Parameter zu schätzen sind — (N-1)-t Freiheitsgrade.

Beispiel 2.10: (Agresti, 1990, S.46) In einer Untersuchung soll überprüft werden, ob die Wahrscheinlichkeit für eine sekundäre Infektion davon abhängt, ob bereits eine Primärinfektion aufgetreten ist.

$$H_0 : P(\text{primär}) = P(\text{sekundär}|\text{primär}) \tag{2.66}$$

		sekundäre Infektion	
primäre	ja	30	63
Infektion	nein	0	63

Diese Tafel besitzt eine sogenannte strukturelle Nullzelle, da die Kombination „keine Primärinfektion aber Sekundärinfektion" nicht vorkommen kann. Aus der Tafel

π_{11}	π_{12}
$-$	π_{22}

erhält man dann für H_0 (2.66) die äquivalente Darstellung

$$H_0 : \pi_{11} + \pi_{12} = \frac{\pi_{11}}{\pi_{11} + \pi_{12}} . \tag{2.67}$$

Hieraus ergibt sich für π_{11} die Gleichung $\pi_{11} = (\pi_{11} + \pi_{12})^2$.

Bezeichne $\pi = \pi_{11} + \pi_{12}$ die Wahrscheinlichkeit für eine Primärinfektion, dann erhalten wir folgende Tabelle:

primär	sekundär ja nein	
ja	π^2 $\pi(1-\pi)$	π
nein	$-$ $1-\pi$	$1-\pi$

Wir schreiben die Nullhypothese (2.67) als

$$\mathbf{H_0} : \pi = P(\text{sek.}|\text{prim.}) = \underbrace{\frac{P(\text{sek. und prim.})}{P(\text{primär})}}_{=\pi}. \tag{2.68}$$

Daraus erhalten wir $P(\text{sek. } \mathbf{und} \text{ prim.}) = \pi^2$. Das rechte obere Element in der Tabelle ist nun so zu wählen, daß die Summe der beiden Elemente π ergibt, d.h. als $\pi - \pi^2 = \pi(1-\pi)$. Der Kern des Likelihood $\mathbf{K}$ lautet dann

$$\mathbf{K} = \left(\pi^2\right)^{n_{11}} \left(\pi\left(1-\pi\right)\right)^{n_{12}} \left(1-\pi\right)^{n_{22}}. \tag{2.69}$$

Daraus folgt für die Likelihoodfunktion

$$\begin{aligned}
L = \ln \mathbf{K} &= n_{11} \ln \pi^2 + n_{12} \ln\left(\pi(1-\pi)\right) + n_{22} \ln(1-\pi)\,, \\
\frac{\partial L}{\partial \pi} &= 2\frac{n_{11}}{\pi} + \frac{n_{12}(1-2\pi)}{\pi(1-\pi)} - \frac{n_{22}}{1-\pi}\,, \tag{2.70}
\end{aligned}$$

also die ML-Schätzung

$$\hat{\pi} = \frac{2n_{11} + n_{12}}{2n_{11} + 2n_{12} + n_{22}}. \tag{2.71}$$

In obigem Beispiel ergibt sich $\hat{\pi} = 0.494$ und für die geschätzten erwarteten Häufigkeiten die Tafel

primäre		sekundäre Infektion	
		ja nein	
primäre	ja	38.1 39.0	
Infektion	nein	0 78.9	
			156

Als Wert der Testgröße (2.61) erhalten wir dann: $\chi^2 = \frac{(30-38.1)^2}{38.1} + \frac{(63-39)^2}{39} + \frac{(63-78.9)^2}{78.9} = 19.7$. Bei 1 Freiheitsgrad – df $= $ (N-1)-1 – lautet die kritische Schranke $\chi^2_{1;0.95} = 3.84$, so daß die Nullhypothese abzulehnen ist. D.h. es gilt $P(\text{primär}) \neq P(\text{sekundär}|\text{primär})$, eine Primärinfektion wirkt somit immunisierend und senkt $P(\text{sekundär})$.

2.5.3 Prüfen auf Unabhängigkeit

In Zweifach-Kontingenztafeln mit multinomialem Stichprobenschema sind $\mathbf{H_0}$: „X und Y sind statistisch unabhängig" und $\mathbf{H_0}$: $\pi_{ij} = \pi_{i+}\pi_{+j} \quad \forall i,j$

äquivalent. Als Teststatistik erhalten wir Perason's χ^2 in der Gestalt

$$\chi^2 = \sum_{\substack{i=1,2,\dots,I \\ j=1,2,\dots,J}} \frac{(n_{ij} - m_{ij})^2}{m_{ij}} \, , \tag{2.72}$$

wobei $m_{ij} = n\pi_{ij} = n\pi_{i+}\pi_{+j}$ (erwartete Zellhäufigkeit unter H_0) unbekannt ist. Mit der Schätzung $\hat{m}_{ij} = np_{i+}p_{+j}$ erhalten wir

$$\chi^2 = \sum_{\substack{i=1,2,\dots,I \\ j=1,2,\dots,J}} \frac{(n_{ij} - \hat{m}_{ij})^2}{\hat{m}_{ij}} . \tag{2.73}$$

Für die Freiheitsgrade gilt bei $I \times J$ Kategorien: Bei einer Randbedingung $\sum \pi_{ij} = 1$ hat die theoretische Verteilung (Population) $I \times J$-1 Freiheitsgrade. Die erwarteten Häufigkeiten $\hat{m}_{ij}$ enthalten dagegen $I+J$ Parameter π_{i+} und π_{+j}, die geschätzt werden müssen. Mit den Nebenbedingungen $\sum \pi_{i+} = \sum \pi_{+j} = 1$ sind dann jeweils nur (I-1) bzw. (J-1) Parameter zu schätzen. Allgemein erhalten wir die Freiheitsgrade als Differenz der Freiheitsgrade der Population und der Anzahl der geschätzten Parameter. Hier gilt also $(I \times J$-1$)$ - (I-1) - (J-1) = (I-1)(J-1).

2.5.4 Likelihood–Quotienten–Test

Der Likelihood-Quotienten-Test – LQT – ist eine generelle Methode zum Prüfen von H_0 gegen H_1, wenn der Parameterraum von H_0 im Parameterraum von H_1 enthalten ist (nested hypotheses). Die grundlegende Idee ist, $\max_{H_0} L$ und $\max_{H_1 \vee H_0} L$ mit den Parameterräumen $\omega \subseteq \Omega$ zu betrachten. Als Teststatistik erhält man

$$\Lambda = \frac{\max_\omega L}{\max_\Omega L} \leq 1, \tag{2.74}$$

wobei gilt (Wilks, 1938):

$$\mathbf{G}^2 = -2\ln\Lambda \xrightarrow[n\to\infty]{} \chi^2_{df} \tag{2.75}$$

mit df = dim(Ω) - dim(ω).

Beim Multinomial-Stichprobenschema in einer Kontingenztafel ist der Kern des Likelihood

$$\mathbf{K} = \prod_{i=1}^{I} \prod_{j=1}^{J} \pi_{ij}^{n_{ij}} \, , \tag{2.76}$$

wobei die Nebenbedingungen lauten:

$$\pi_{ij} \geq 0 \quad \text{und} \quad \sum_{i=1}^{I} \sum_{j=1}^{J} \pi_{ij} = 1 \ . \tag{2.77}$$

Unter der Nullhypothese $H_0 : \pi_{ij} = \pi_{i+}\pi_{+j}$ wird $\mathbf{K}$ maximal für $\hat{\pi}_{i+} = \frac{n_{i+}}{n}$, $\hat{\pi}_{+j} = \frac{n_{+j}}{n}$ und $\hat{\pi}_{ij} = \frac{n_{i+}n_{+j}}{n^2}$. Unter $H_0 \vee H_1$ wird $\mathbf{K}$ maximal für $\hat{\pi}_{ij} = \frac{n_{ij}}{n}$. Wir erhalten

$$\Lambda = \frac{\prod_{i=1}^{I} \prod_{j=1}^{J} (n_{i+}n_{+j})^{n_{ij}}}{n^n \prod_{i=1}^{I} \prod_{j=1}^{J} n_{ij}^{n_{ij}}} \ . \tag{2.78}$$

Für Wilks's G^2 folgt

$$\mathbf{G}^2 = -2 \ln \Lambda = 2 \sum_{i=1}^{I} \sum_{j=1}^{J} n_{ij} \ln \left(\frac{n_{ij}}{\hat{m}_{ij}} \right) \tag{2.79}$$

mit $\hat{m}_{ij} = \frac{n_{i+}n_{+j}}{n}$ (Schätzung unter H_0). Falls H_0 wahr ist, wird Λ groß, d.h. nahe bei 1, und G^2 klein. H_0 ist also abzulehnen, wenn G^2 größer ist als das Quantil $\chi^2_{1-\alpha;(I-1)(J-1)}$.

Beispiel 2.11: Für das Beispiel 2.7 „Job-Satisfaction" erhält man unter H_0 : „Unabhängigkeit" z.B. für die erste Zelle $\hat{m}_{11} = \frac{n_{1+}n_{+1}}{n} = \frac{205 \cdot 62}{901} = 14.2$. Insgesamt erhält man $\chi^2 = 11.99$ und $G^2 = 12.03$ bei $(4-1)(4-1) = 9$ Freiheitsgraden. Der kritische Wert zum 5%-Niveau lautet $\chi^2_{9;0.95} = 16.9$, d.h. die Hypothese der Unabhängigkeit ist nicht abzulehnen. Eine Abhängigkeit zwischen Einkommen und Job-Satisfaction ist statistisch nicht gesichert.

2.6 Differenziertere Untersuchung von $I \times J-$Tafeln

Die Schätzungen $\hat{m}_{ij} = \frac{n_{i+}n_{+j}}{n}$ in χ^2 und G^2 hängen von den Zeilen- und Spaltenrandsummen ab, aber nicht von der Anordnung der Zeilen und Spalten. χ^2 und G^2 verändern sich nicht, falls Permutationen von Zeilen (oder Spalten) betrachtet werden. Die Zeilen und Spalten werden als nominale Variable behandelt. Ist zumindest eine dieser Variablen ordinal skaliert, so verschenken wir Information, da bei ordinalen Variablen schärfere Tests existieren.

Definition 2.9 Partioniertes χ^2: sei $Z_i \sim N(0,1)$ und somit $Z_i^2 \sim \chi_1^2$ $i=1,2,\ldots,m$. Falls die Z_i unabhängig sind, gilt $\chi_m^2 = \chi_1^2 + \cdots + \chi_1^2 = Z_1^2 + \cdots + Z_m^2$. Umgekehrt ist stets eine Partitionierung von χ_m^2 in unabhängige Komponenten $\chi_{m_1}^2 + \chi_{m_2}^2$ mit $m_1 + m_2 = m$ möglich.

Im folgenden wollen wir dies auf Kontingenztafeln anwenden, um verschiedene Effekte herauszuarbeiten, z.B. Zusammenhangsnachweise über bestimmte Gruppierungen.

Zunächst werden wir $2 \times J$-Tafeln betrachten (d.h. $I=2$). Hier erhalten wir

$$\mathbf{G}^2 = -2\ln\Lambda = 2\sum_{i=1}^{2}\sum_{j=1}^{J} n_{ij}\ln\left(\frac{n_{ij}}{\hat{m}_{ij}}\right). \qquad (2.80)$$

Ziel ist es, eine Zerlegung von G^2 in J-1 unabhängige χ_1^2-Größen $\tilde{G}_k^2$ für J-1 Vierfeldertafeln zu finden. G^2 ließe sich dann zerlegen als

$$\mathbf{G}^2 = \sum_{k=1}^{J-1} \tilde{G}_k^2, \qquad \tilde{G}_k^2 \sim \chi_1^2 \quad (k=1,\ldots,J-1). \qquad (2.81)$$

Wir betrachten folgende Aufspaltung, bei der G^2 als Summe von unabhängigen Statistiken für 2×2-Tafeln dargestellt wird:

	Spalte			Spalte				Spalte	
	1	2		1+2	3			1+2+$\cdots$+J-1	J
1	n_{11}	n_{12}		$n_{11}+n_{12}$	n_{13}	$\cdots$		$n_{11}+\cdots+n_{1J-1}$	n_{1J}
2	n_{21}	n_{22}		$n_{21}+n_{22}$	n_{23}			$n_{21}+\cdots+n_{2J-1}$	n_{2J}

Diese Kombination sichert, daß die einzelnen Komponenten unabhängig sind und in der Summe G^2 ergeben. Es läßt sich zeigen, daß z.B folgende Aufteilung keine unabhängigen Komponenten liefert: Es werden die J-1 2×2-Tafeln als Kombination einer der ersten J-1 Spalten jeweils mit der J-ten Spalte gebildet. Die Summe dieser Komponenten ist auch nicht gleich G^2.

Die oben genannte Partitionierung läßt sich leicht auf $I \times J$-Tafeln verallgemeinern:

	Spalte			Spalte				Spalte	
	1	2		1+2	3			1+2+$\cdots$+J-1	J
1	n_{11}	n_{12}		$n_{11}+n_{12}$	n_{13}	$\cdots$		$n_{11}+\cdots+n_{1J-1}$	n_{1J}
$\vdots$	$\vdots$	$\vdots$		$\vdots$	$\vdots$			$\vdots$	$\vdots$
I	n_{I1}	n_{I2}		$n_{I1}+n_{I2}$	n_{I3}			$n_{I1}+\cdots+n_{IJ-1}$	n_{IJ}

wobei jede dieser Subtafeln I-1 Freiheitsgrade besitzt.

Eine andere Partition mit dem gleichen Effekt, d.h. Unabhängigkeit der Komponenten und Summe der $\tilde{G}_k^2$ gleich G^2, ist (Lancaster, 1949):

$$\begin{array}{c|c} \sum_{a<i}\sum_{b<j} n_{ab} & \sum_{a<i} n_{aj} \\ \hline \sum_{b<j} n_{ib} & n_{ij} \end{array} \qquad (2.82)$$

mit $i=2,3,\ldots,I$ und $j=2,3,\ldots,J$.

Beispiel 2.12: Wendet man die Zerlegung (2.82) auf eine 3×3-Tafel an, erhält man die folgenden vier 2×2-Tafeln:

$$
\begin{array}{c|c}
n_{11} & n_{12} \\ \hline
n_{21} & n_{22}
\end{array}
\qquad
\begin{array}{c|c}
n_{11}+n_{12} & n_{13} \\ \hline
n_{21}+n_{22} & n_{22}
\end{array}
\qquad
\begin{array}{c|c}
n_{11}+n_{21} & n_{12}+n_{22} \\ \hline
n_{31} & n_{32}
\end{array}
\qquad
\begin{array}{c|c}
n_{11}+n_{12} & n_{13}+n_{23} \\
+\,n_{21}+n_{22} & \\ \hline
n_{31}+n_{32} & n_{33}
\end{array}
$$

$$
\text{i=2, j=2} \qquad\qquad \text{i=2, j=3} \qquad\qquad \text{i=3, j=2} \qquad\qquad \text{i=3, j=3}
$$

Für die Zerlegung (2.81) wird das $\tilde{G}^2_{(i)}$ gesucht, das den größten Anteil an G^2 besitzt. Diese Aufspaltung ist für signifikante Werte von G^2 interessant, weil man so Haupteffekte feststellen kann. Wir werden dies für das folgende Beispiel demonstrieren.

Beispiel 2.13:

In einer Studie (zitiert in Toutenburg et al. 1991, S.131) wird untersucht, inwieweit Rauchen die Zahnsteinbildung beeinflußt. Beide Variablen sind ordinalskaliert.

	Zahnstein			
	kein	supragingival	subgingival	
Nichtraucher	284	236	48	568
schwacher R.	606	983	209	1798
starker R.	1028	1871	425	3324
	1918	3090	682	5690

Tabelle 2.4: Rauchen und Zahnsteinbildung

Bemerkung 2.2 *Generell gilt, daß für G^2 exakte Partionierungen existieren, während für die entsprechenden χ^2-Werte i.a. nicht gilt $\chi^2 = \sum_k (\chi_1^2)_k$. χ^2-Tests zeigen lediglich, ob ein Zusammenhang existiert. Bei Signifikanz sind dann im allgemeinen ohnehin detailliertere Untersuchungen über die Natur (Richtung, Hauptkomponenten etc.) des Zusammenhangs nötig.*

Betrachten wir folgende Situation:

Nullhypothese H_0: X und Y sind unabhängig

Alternative H_1: X und Y sind nicht unabhängig.

Eine generelle Methode für die Prüfung von H_0 gegen H_1 ist mit dem Likelihood-Quotienten-Test gegeben. Aus der Konstruktion dieses Tests folgt, daß H_0 abzulehnen ist für kleine Werte von Λ bzw. große Werte von G^2 ($\geq \chi^2_{df;1-\alpha}$).

Sind X und Y multinomialverteilt, so gilt unter H_0:

$$
\pi_{ij} = \pi_{i+}\pi_{+j} , \tag{2.83}
$$

$$
\hat{\pi}_{i+} = \frac{n_{i+}}{n} ,
$$

$$
\hat{\pi}_{+j} = \frac{n_{+j}}{n} , \tag{2.84}
$$

$$
\hat{m}_{ij} = n\hat{\pi}_{ij} = \frac{n_{i+}n_{+j}}{n} , \tag{2.85}
$$

wobei $\hat{m}_{ij}$ die unter H_0 erwarteten Zellhäufigkeiten sind. Damit wird

$$G^2 = -2\ln\Lambda = 2\sum_{i=1}^{I}\sum_{j=1}^{J} n_{ij}\ln\left(\frac{n_{ij}}{\hat{m}_{ij}}\right) \longrightarrow \chi^2 \qquad (2.86)$$

mit den Freiheitsgraden (I-1)(J-1). Für Pearson's χ^2 gilt:

$$\chi^2 = n\left(\sum_{i=1}^{I}\sum_{j=1}^{J}\frac{n_{ij}^2}{n_{i+}n_{+j}} - 1\right) \sim \chi^2_{(I-1)(J-1)}\,. \qquad (2.87)$$

Sowohl Wilk's G^2 als auch Pearson's χ^2 sind als Teststatistik für die Nullhypothese H_0: '"X und Y sind unabhängig"' geeignet. Beide Größen sind invariant gegenüber Vertauschung von Zeilen und Spalten, d.h. eine ordinale Struktur wird nicht berücksichtigt.

Im folgenden werden wir deshalb nach folgendem Schema vorgehen:

1. Als Arbeitshypothese formulieren wir: X und Y sind abhängig.

2. Daraus ergibt sich als statistische Hypothese H_0: X und Y sind unabhängig.

3. Somit ist der Fall für uns interessant, wenn H_0 abzulehnen ist.

4. Nach Ablehnung von H_0 ist eine Analyse der Abhängigkeitsstruktur vorzunehmen.

5. Hierfür betrachten wir G^2 als Summe unabhängiger Effekte. (Die Abhängigkeiten in einer I×J-Tafel sind multiplikativ. Wegen der generellen Regel $\ln(AB) = \ln A + \ln B$ enthält G^2 die Effekte als additive Elemente.)

Für Zerlegungen von G^2 wollen wir die soeben eingeführten Möglichkeiten betrachten, die eine ordinale Struktur berücksichtigen.

Beispiel 2.14: Forstetzung des Beispiels 2.13: Rauchen und Zahnsteinbildung.

	Zahnstein			
Rauchintensität	keiner	supraging.	subging.	
Nichtraucher	284	236	48	568
	(191.5)	(308.5)	(68.1)	
schwacher	606	983	209	1798
Raucher	(606)	(976.4)	(215.5)	
starker	1028	1871	425	3324
Raucher	(1120.5)	(1805.1)	(398.4)	
	1918	3090	682	5690

(In Klammern: Unter H_0 erwartete Besetzungen $\hat{m}_{ij} = \frac{n_{i+}n_{+j}}{n}$.)

Unter H_0: X und Y unabhängig $\implies \chi_4^2 = 79.72 > 9.49 = \chi_{4;0.95}^2$ bzw. $G^2 =$ 76.23. Da H_0 abzulehnen ist, zwischen X und Y also Abhängigkeiten bestehen, wird eine Zerlegung der Tafel durchgeführt, um diesen Zusammenhang genauer zu untersuchen.

	Spalte	
1	2	
284	236	520
606	983	1589
1028	1871	2899
1918	3090	5008

	Spalte	
1+2	3	
520	48	568
1589	209	1798
2899	425	3324
5008	682	5690

$$\implies \hat{m}_{ij} = \frac{n_{i+}n_{+j}}{n}$$

199.2	320.9
608.6	980.4
1110.3	1788.7

499.9	68.1
1582.5	215.5
2925.6	398.4

$\Rightarrow G^2 = 66.62 + 9.61 = 76.23$ (df $= 4 = 2 + 2$). Somit erhalten wir als Haupteffekt kein Zahnstein / supragingivaler Zahnstein.

Alternativ kann auch bei der Rauchintensität nach einem Haupteffekt gesucht werden. Die entsprechende Rechnung liefert dann $G^2 = 47.93 + 28.30$, somit ergibt sich der Haupteffekt Nichtraucher / schwache Raucher. Eine weitere Alternative ergibt sich wie folgt:

	Zeile	
2	3	
606	1028	1634
983	1871	2854
209	425	634
1798	3324	5122

	Zeile	
2+3	1	
1634	284	1918
2854	236	3082
634	48	682
5122	568	5680

Hier ergibt sich $G^2 = 4.63 + 71.59$. Der bisher stärkste Haupteffekt lautet also Nichtraucher / Raucher.

Die Zerlegung in 2×2-Tafeln liefert (nach Beispiel 2.12) $G^2 = 43.21 + 4.72 + 23.41 + 4.89 = 76.23$.

Die erste Vierfeldertafel mit den Klassen Nichtraucher / schwache Raucher sowie kein / supragingivaler Zahnstein liefert also – in Übereinstimmung mit den obigen Resultaten – den stärksten Effekt.

2.6.1 Modellierung des ordinalen Zusammenhangs

Sind X und Y ordinalskaliert, dann interessiert man sich dafür, ob Y wächst (fällt), wenn X wächst. Dabei handelt es sich um keinen numerischen Zusammenhang, da zwischen den Kategorien kein Abstand definiert ist. Ein Zusammenhang entspricht hier einer Monotonie, d.h. mit wachsendem X ist Y monoton zunehmend (oder abnehmend). Als Maß für die Stärke des Zusammenhangs betrachten wir γ (2.41), das auf der Anzahl der diskordanten bzw. konkordanten Paare basiert.

Für unser Beispiel Rauchen/Zahnstein erhalten wir:

		Zahnstein		
		1	2	3
	1	284	236	48
Rauchen	2	606	983	209
	3	1028	1871	425

$$C = 284(983 + 209 + 1871 + 425) + \ldots + 983(425) = 2949367 \ ,$$
$$D = 236(606 + 1028) + \ldots + 209(1028 + 1871) = 2217463 \ .$$

Für das Zusammenhangsmaß Gamma ergibt sich als Schätzwert

$$\hat{\gamma} = \frac{C - D}{C + D} = \frac{731904}{5166830} = 0.00142. \tag{2.88}$$

Dies bedeutet, daß nur ein sehr schwacher monotoner Zusammenhang zwischen Rauchen und Zahnsteinbildung besteht.

Allgemein und für das Zahnsteinbeispiel im speziellen betrachten wir nun folgende Argumentation:

1. H_0: X und Y unabhängig – hier interessieren wir uns dafür, ob H_0 abgelehnt wird. Im Beispiel ist $\chi^2 = 79.72$, also wird H_0 abgelehnt.

2. Besteht ein signifikanter Zusammenhang, bilden wir eine Zerlegung von G^2. Im Beispiel erhalten wir zahlreiche signifikante gruppierte Effekte, für die wir eine Wertung und Interpretation vornehmen.

3. Wenn ein signifikanter Zusammenhang besteht, interessieren wir uns für

   (a) monotonen Zusammenhang – im Beispiel ist $\hat{\gamma}=0.00142$, es liegt also nur ein sehr schwacher monotoner Zusammenhang vor

   (b) linearen Zusammenhang (Trend).

Um einen linearen Trend modellmäßig darstellen zu können, müssen wir den Merkmalen ein Koordinatensystem zuweisen (Scores). Besetzen wir die Scores im Zahnsteinbeispiel mit -1,0 und 1, so erhalten wir

X Y (Rauchen)	Zahnstein -1	0	1	n_{i+}	$n_{i+}y$	$n_{i+}y^2$
-1	284	236	48	568	-568	568
0	606	983	209	1798	0	0
1	1028	1871	425	3324	3324	3324
n_{+j}	1918	3090	682	5690	2756	3892
$n_{+j}x$	-1918	0	682	-1236		
$n_{+j}x^2$	1918	0	682	2600		

Mit diesen Scores als Koordinatensystem können wir jetzt den Regressionskoeffizienten (Trend) bestimmen:

$$b_{yx} = \frac{\sum_{i=1}^{I} \sum_{j=1}^{J} n_{ij} x_j y_i - n\overline{x}\,\overline{y}}{\sum_{j=1}^{J} n_{+j} x_j^2 - \frac{\left(\sum_{j=1}^{J} n_{+j} x_j\right)^2}{\sum_{j=1}^{J} n_{+j}}} \qquad (2.89)$$

Im Beispiel ergibt sich: $n\overline{x} = \sum_{i=1}^{I} \sum_{j=1}^{J} n_{ij} x_j = \sum_{j=1}^{J} n_{+j} x_j = -1236 \implies$
$\overline{x} = -0.217$ und $\overline{y} = \frac{2756}{5690} = 0.484$.
Die Berechnung von $\sum_{i=1}^{I} \sum_{j=1}^{J} n_{ij} x_j y_i$ erfolgt nach der Tabelle:

y_i	x_j	n_{ij}	$n_{ij} x_j y_i$
-1	-1	284	284
0	-1	606	0
1	-1	1028	- 1028
-1	0	236	0
0	0	983	0
1	0	1871	0
-1	1	48	-48
0	1	209	0
1	1	425	425
			$\sum = -367$

Somit erhalten wir:

$$\sum_{i=1}^{I} \sum_{j=1}^{J} n_{ij} x_j y_i - n\overline{x}\,\overline{y} = -367 - 5690(-0.217 \cdot 0.484)$$

$$= 231.67$$

$$\sum_{j=1}^{n} n_{+j} x_j^2 = 2600 - \frac{(-1236)^2}{5690} = 2331.52$$

$$\sum_{i=1}^{n} n_{i+} y_i^2 = 3892 - \frac{2756^2}{5690} = 2557.11$$

$$\implies b_{yx} = \frac{\sum_{i=1}^{n} x_i y_i}{\sum_{i=1}^{n} x_i^2} = \frac{231.67}{2331.52} = 0.099 \, ,$$

$$b_{xy} = \frac{\sum_{i=1}^{n} x_i y_i}{\sum_{i=1}^{n} y_i^2} = \frac{231.67}{2557.11} = 0.091$$

Die Varianz der Regressionskoeffizienten lautet

$$V(b_{yx}) = \frac{\sum n_{i+} y_i^2 - \frac{1}{n} \left(\sum n_{i+} y_i\right)^2}{n \left[\sum n_{+j} x_j^2 - \frac{1}{n} \left(\sum n_{+j} x_j\right)^2\right]} = \frac{2557.11}{5690 \cdot 2331.52} = 0.00019 \, ,$$

$$V(b_{xy}) = \frac{2331.52}{5690 \cdot 2557.11} = 0.00016 \, .$$

Der Prüfwert zu H_0: $b_{yx} = b_{xy} = 0$ ergibt

$$\chi_1^2 \;=\; \frac{b_{yx}^2}{V(b_{yx})} = \frac{b_{xy}^2}{V(b_{xy})} = 51.58 > 3.84 \;,$$

also einen hochsignifikanten Wert für den Trend.

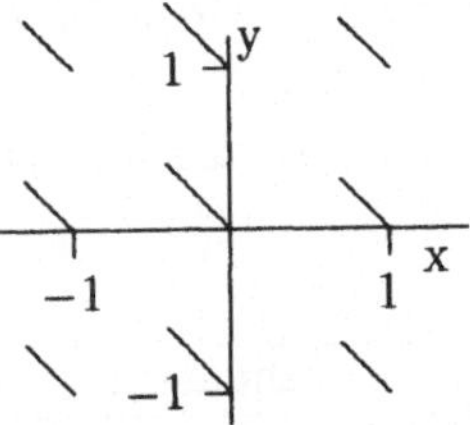

Abbildung 2.2: Besetzung der 3×3–Tafel im Score–Koordinatensystem

Mit diesem Ergebnis ist also sowohl in X-Richtung als auch in Y-Richtung nach der Regression ein Anstieg zu erwarten. Trotzdem ist eine durchgängige Regression nicht sehr sinnvoll, wie die weitere Analyse zeigt.

Varianzanalytische Prüfung der Regression

Ursache	SQ	df	Wert
Regression	$\frac{b_{yx}^2}{V(b_{yx})}$	1	51.58
Abweichung von der Regression		3	2505.53
Rest	s_y^2	4	2557.11

In diesem Beispiel wird also die Abweichung der Zellhäufigkeiten n_{ij} von der Proportionalität (d.h. von H_0) nur zu 2% durch die Existenz der linearen Regression erklärt. Dies kann durch starke Asymmetrie in der Tafel bedingt sein.

Prüfen quadratischer Tafeln auf Symmetrie

Allgemein wird eine I×I-Tafel als symmetrisch bezeichnet, wenn $n_{ij} = n_{ji}$ gilt. Wir formulieren als Hypothese H_0: '"die Tafel ist symmetrisch"' und erhalten als Testgröße:

$$\chi_{I(I-1)\frac{1}{2}}^2 = \sum_{j=1}^{I-1} \sum_{i>j} \frac{(n_{ij} - n_{ji})^2}{n_{ij} + n_{ji}}. \tag{2.90}$$

Im Beispiel erhalten wir (I=3)

$$\chi_3^2 = \frac{(n_{21}-n_{12})^2}{n_{12}+n_{21}} + \frac{(n_{31}-n_{13})^2}{n_{13}+n_{31}} + \frac{(n_{23}-n_{32})^2}{n_{32}+n_{23}}$$

$$= \frac{(606-236)^2}{606+236} + \frac{(1028-48)^2}{1028+48} + \frac{(1871-209)^2}{1871+209}$$

$$= 2383.16 \; ,$$

also keinen Hinweis auf Symmetrie. Deshalb werden wir die Trendanalyse in zusammengefaßten Tafeln fortsetzen.

In der vorangegangenen G^2-Analyse fanden wir als größten Effekt Nichtraucher/Raucher:

	Zahnstein			
NR	284	236	48	568
R	1634	2854	634	5122
	1918	3090	682	5690

Für diese Tafel gilt:

$$C = 284(2854 + 634) + 236 \cdot 634 = 1140216$$
$$D = 236 \cdot 1634 + 48(1634 + 2854) = 601048$$
$$\Longrightarrow \hat{\gamma} = \frac{C-D}{C+D} = \frac{539168}{1741264} = 0.310,$$

d.h. nach Zusammenfassung der starken und schwachen Raucher erhalten wir einen stärkeren Hinweis auf einen monotonen Zusammenhang als vorher. Werden jetzt Scores gebildet, folgt für die Regression:

Y	X			n_{i+}	$n_{i+}y$	$n_{i+}y^2$
	-1	0	1			
-1	284	236	48	568	-568	568
1	1634	2854	634	5122	5122	5122
n_{+j}	1918	3090	682	5690	4554	5690
$n_{+j}x$	-1918	0	682	-1236		
$n_{+j}x^2$	1918	0	682	2600		

$$\bar{x} = \frac{1}{n} \sum_{i=1}^{I} n_{+j}x_j = \frac{-1236}{5690}$$
$$= -0.217$$
$$\bar{y} = \frac{4554}{5690} = 0.800$$

y_i	x_j	n_{ij}	$n_{ij}x_jy_i$
-1	-1	284	284
1	-1	1634	-1634
-1	0	236	0
1	0	2854	0
-1	1	48	-48
1	1	634	634
			$\sum = -764$

$$\sum_{i=1}^{I}\sum_{j=1}^{J}(x_j - \overline{x})(y_i - \overline{y}) = -764 - 5690\frac{-1236 \cdot 4554}{5690 \cdot 5690}$$

$$= 225.23$$

$$\sum_{j=1}^{n}(x_j - \overline{x})^2 = 2331.51 \quad , \quad \sum_{i=1}^{n}(y_i - \overline{y})^2 = 2045.29$$

$$b_{yx} = 0.097$$

$$b_{xy} = 0.110$$

$$V(b_{yx}) = 0.000154$$

$$V(b_{xy}) = 0.000202$$

$$\Longrightarrow \chi_1^2 = \frac{b_{yx}^2}{V(b_{yx})} = \frac{b_{xy}^2}{V(b_{xy})} = 61.1 \; ,$$

d.h. Signifikanz des Trends..

Aus der bisherigen Analyse folgt, daß für die letzte Spalte des Merkmals Zahnstein wegen der schwachen Besetzung kein Effekt nachweisbar ist, deshalb werden die Spalten sub- und supragingivaler Zahnstein und die Zeilen schwacher und starker Raucher zusammengefaßt, so daß eine 2 × 2–Tafel entsteht:

	Zahnstein		
	nein	ja	
NR	284	284	568
R	1634	3488	5122
	1918	3772	5690

Für χ_1^2 berechnen wir dann 74.95, für C = 284· 3488 = 990592 und für D = 284·1634 = 464056. Für $\hat{\gamma}$ erhalten wir mit $\frac{526536}{1454648} = 0.362$ den bisher größten Wert.

Beim Übergang zu Scores ergibt sich weiter:

y_i	x_j	n_{ij}	$n_{ij}x_jy_i$
-1	-1	284	284
1	-1	1634	-1634
-1	1	284	-284
1	1	3488	3488
			$\sum = 1854$

Y	X		n_{i+}	$n_{i+}y$	$n_{i+}y^2$
	-1	1			
-1	284	284	568	-568	568
1	1634	3488	5122	5122	5122
n_{+j}	1918	3772	5690	4554	5690
$n_{+j}x$	-1918	3772	1854		
$n_{+j}x^2$	1918	3772	5690		

$$\overline{x} = \frac{1854}{5690} = 0.3258$$

$$\overline{y} = \frac{4554}{5690} = 0.800$$

$$\sum_{i=1}^{n}(x_i - \overline{x})(y_i - \overline{y}) = 1854 - \frac{1854 \cdot 4554}{5690} = 370.15$$

$$\sum_{j=1}^{n}(x_j - \overline{x})^2 = 5085.90$$

$$\sum_{i=1}^{n}(y_i - \overline{y})^2 = 2045.20$$

$$b_{yx} = 0.073$$

$$b_{xy} = 0.180$$

$$V(b_{yx}) = 0.00007068$$

$$V(b_{xy}) = 0.000437$$

$$\chi_1^2 = 74.1$$

Somit haben wir den bisher größten Regressionskoeffizienten im Modell

$$\text{Zahnstein} = \alpha + \beta \text{Rauchen}$$

und eine höhere Signifikanz gegenüber dem 2×3-Modell.

Übersicht der Zahnstein-Rauchen-Analyse:

Modell	χ^2	p-Wert	df	C	C%	$\hat{\gamma}$	b_{xy}	χ_1^2
3×3	79.72	<0.001	4	0.115	14.09	0.00142	0.091	51.2
2×3	75.17	<0.001	2	0.111	15.7	0.309	0.110	59.9
2×2	74.95	<0.001	1	0.111	15.7	**0.362**	**0.180**	**74.1**

Die Ergebnisse in der letzten Zeile sprechen also deutlich für das 2×2-Modell, das für die beiden dichotomen ordinalen Merkmale Zahnstein (ja/nein) und Rauchen (ja/nein) den stärksten monotonen und linearen Zusammenhang signalisiert.

Kapitel 3

Modelle für binäre Responsevariablen

3.1 Generalisierte lineare Modelle

Die bisherige Analyse des Zusammenhangs zwischen zwei kategorialen Variablen erlaubte bei Signifikanz eine Modellierung über ein willkürliches Koordinatensystem (Scores) und damit den Nachweis eines linearen Trends. Die Analyse des Risikos von Behandlungen erfordert differenziertere Modelle, die insbesondere prognostische Faktoren und Wechselwirkungen berücksichtigen können. Dazu werden nun allgemeine Modellklassen betrachtet, wobei wir uns in diesem Kapitel auf den Spezialfall einer binären Responsevariablen beschränken und Modelle für den Einfluß von Kovariablen auf den Response bereitstellen. Diese Modelle sind Spezialfälle der generalisierten linearen Modelle (GLM), die aus 3 Komponenten aufgebaut sind (Nelder, Wedderburn, 1972)

- *zufällige Komponente*, die die Wahrscheinlichkeitsverteilung der Responsevariablen spezifiziert

- *systematische Komponente*, die eine lineare Funktion der erklärenden Variablen spezifiziert, welche als Prediktor benutzt wird

- *Linkfunktion*, die eine funktionale Beziehung zwischen der systematischen Komponente und dem Erwartungswert der zufälligen Komponente beschreibt.

Die drei Komponenten werden wie folgt spezifiziert:

1. Die zufällige Komponente Y besteht aus N unabhängigen Beobachtungen $Y = (Y_1, Y_2, \ldots, Y_N)$ einer Verteilung der natürlichen Exponentialfamilie (vgl. Fahrmeir und Hamerle, 1984, S.42) Somit besitzt jede Beobachtung Y_i als Verteilungsdichte:

$$f(y_i; \theta_i) = a(\theta_i)\, b(y_i) \exp(y_i Q(\theta_i)) \tag{3.1}$$

Bemerkung 3.1 *Der Parameter θ_i kann mit $i=1,2,\ldots,N$ variieren und zwar in Abhängigkeit von den Werten der erklärenden Variablen, die über die systematische Komponente auf y_i wirken.*

Spezielle Verteilungen sind die Poisson–, die Binomial– und die Multinomialverteilung.

$Q(\theta_i)$ heißt der *natürliche Parameter* der Verteilung.

Falls die y_i unabhängig sind, ist die gemeinsame Verteilung ebenfalls Mitglied der Exponentialfamilie.

Bemerkung 3.2 *Eine allgemeinere Parametrisierung erlaubt auch, Skalen- oder Störungsparameter aufzunehmen.*

2. Die systematische Komponente stellt eine Relation eines Vektors $\eta = (\eta_1, \eta_2, \ldots, \eta_N)$ zu einer Menge erklärender Variablen durch ein lineares Modell

$$\eta = X\beta \tag{3.2}$$

her, wobei η als linearer Prediktor, $X \in \mathbf{M}(N \times p)$ als Matrix der erklärenden Variablen und β als Parametervektor bezeichnet werden.

3. Die Linkfunktion verbindet die systematische und die zufällige Komponente (bzw. deren Erwartungswert). Sei $\mu_i = E(y_i)$, dann ist μ_i durch $\eta_i = g(\mu_i)$ mit η_i verknüpft. Dabei ist g eine beliebige monotone und differenzierbare Funktion:

$$g(\mu_i) = \sum_{j=1}^{p} \beta_j x_{ij} \qquad i = 1, 2, \ldots, N \ . \tag{3.3}$$

Spezialfälle

(i) $g(\mu) = \mu$ heißt identischer Link $\Rightarrow \eta_i = \mu_i$.

(ii) $g(\mu) = Q(\theta_i)$ heißt kanonischer (natürlicher) Link
$\Rightarrow Q(\theta_i) = \sum_{j=1}^{p} \beta_j x_{ij}$.

3.2   GLM für binären Response

3.2.1   Logit–Modelle

Sei Y ein dichotomes Merkmal, d.h. Y nimmt nur zwei Merkmalsausprägungen an (z.B. Erfolg/Mißerfolg oder krank/nicht krank). Die Response-Variable Y läßt sich also stets in der Form (Y=0, Y=1) kodieren. Y ist binomialverteilt mit P(Y=1)=π und P(Y=0)=$1 - \pi$. Wird Y bei N Patienten realisiert, so erhalten wir N verschiedene unabhängige Verteilungen mit $P(Y_i{=}1){=}\pi_i$ bzw. $P(Y_i{=}0){=}1-\pi_i$ für $i = 1, 2, \ldots, N$:

$$
\begin{aligned}
f(y_i; \pi_i) &= \pi_i^{y_i}(1-\pi_i)^{1-y_i} \\
&= (1-\pi_i)\left(\frac{\pi_i}{1-\pi_i}\right)^{y_i} \\
&= (1-\pi_i)\exp\left(y_i \ln\left(\frac{\pi_i}{1-\pi_i}\right)\right).
\end{aligned}
$$

Der natürliche Parameter ist dann $Q(\pi_i) = \ln\left(\frac{\pi_i}{1-\pi_i}\right)$, der sogenannte log Odds des Response 1, und wird als Logit von π_i bezeichnet.
Ein GLM mit dem *Logit–Link* heißt Logitmodell. Das Modell lautet dann:

$$
\ln\left(\frac{\pi_i}{1-\pi_i}\right) = X\beta \ . \tag{3.4}
$$

Die Patienten werden nach X-Ausprägungen gruppiert, so daß bei festem X_j von N_j Patienten n_j mit Response (Y=1) und N_j-n_j mit Nichtrespone (Y=0) beobachtet werden. Dann ist $\hat{\pi}_j = \frac{n_j}{N_j}$ eine Schätzung der Responsewahrscheinlichkeit für die j–te Ausprägung des Vektors X der prognostischen Faktoren.

3.2.2 Loglineare Modelle

In einer Kontingenztafel mit N Zellen werden die Besetzungen n_i mit i=1,2,...,N beobachtet. Hierbei sind die n_i zufällige Variablen mit $n_i \geq 0$ und $E(n_i) = m_i$. Die n_i sind die beobachteten und die m_i die erwarteten Zellhäufigkeiten.
Betrachten wir als eine der einfachsten Verteilungen die Poissonverteilung:

$$
P(n_i; m_i) = \frac{\exp(-m_i)m_i^{n_i}}{n_i!} \tag{3.5}
$$

mit $V(n_i) = E(n_i) = m_i$.
Für die unabhängige Stichprobe $(n_1, n_2, \ldots, n_N)$ mit $n = \sum_{i=1}^{N} n_i$ gilt, daß diese wieder Poissonverteilt ist mit $E(n) = \sum_{i=1}^{N} n_i$.
Die Dichte der Poissonvariablen n_i läßt sich auf die Gestalt (3.1) bringen ($n_i \hat{=} y_i$ und $m_i \hat{=} \theta_i$):

$$
f(n_i; m_i) = \frac{\exp(-m_i)\,m_i^{n_i}}{n_i!} = \underbrace{\exp(-m_i)}_{a(\theta_i)} \underbrace{\left(\frac{1}{n_i!}\right)}_{b(y_i)} \underbrace{\exp(n_i \ln(m_i))}_{\exp(y_i Q(\theta_i))} \ . \tag{3.6}
$$

Der natürliche Parameter ist $Q(\theta_i) = \ln(m_i)$, somit ist der natürliche Link $\eta_i = \ln(m_i) \Rightarrow \ln(m_i) = \sum_{i=1}^{p} \beta_j x_{ij}$ für $i = 1, 2, \ldots, N$.

Wenn die n_i Zählungen von Ereignissen und nicht individuelle Klassifikationen (z.B. 2×2-Tafel) sind, heißt dieses Modell *loglineares Modell*.

Zusammenhang und Modelle für stetige Variablen			
zufällige Komponente	Link	systematische Komponente	Modell
Normal	Identität	stetig	Regression
Normal	Identität	kategorial	Varianzanalyse
Normal	Identität	gemischt	Kovarianzanalyse
Binomial	Logit	gemischt	logistische Regression
Poisson	Logit	gemischt	loglineare Regression
Multinomial	verallg. Logit	gemischt	multinomialer Response

Generalisierte lineare Modelle machen eine einheitliche Theorie für stetige und kategoriale Variable möglich. Für viele GLM's ist der Loglikelihood streng konkav, so daß die ML-Schätzungen existieren und eindeutig sind (Wedderburn, 1976).

Die Lösung erfolgt z.B. mit dem *Fisher–Scoring*: Dies ist ein iterativer Algorithmus für die Berechnung der Schätzungen, der unabhängig von der Verteilung der Y_i und unabhängig vom Link ist. Für den kanonischen Link vereinfacht sich der Fisher–Scoring–Algorithmus zum Newton–Raphson–Algorithmus.

Sei $L(\mu; y)$ die Likelihoodfunktion für den Beobachtungsvektor $y = (y_1, y_2, \ldots, y_N)$ mit Erwartungswerten $\mu = (\mu_1, \mu_2, \ldots, \mu_N)$ und $L(\hat{\mu}; y)$ das Maximum unter der Voraussetzung, daß das Modell wahr ist.

Der maximal erreichbare Wert ist $L(y; y)$ und zwar für den Fall, daß genausoviele Beobachtungen wie Parameter auftreten (saturiertes Modell). Im saturierten Modell wird $\hat{\mu}_i = y_i$.

Definition 3.1 Die Abweichung (Deviance) eines GLM ist gegeben durch die Differenz zwischen dem Maximum und dem tatsächlich erreichten Wert von L:

$$2 \left(L\left(y; y\right) - L\left(\hat{\mu}; y\right) \right). \tag{3.7}$$

Für die Modelle, die wir hier betrachten, hat die Abweichung die gleiche Form wie die Likelihood-Quotienten-Statistik (Wilk's $\mathbf{G}^2$). Für saturierte Modelle ergibt sich der Wert Null.

3.2.3 Logistische Regression

Wir setzten voraus, daß es sich bei der betrachteten Variablen Y um eine binäre Responsevariable handelt, für die wir die Wahrscheinlichkeit für Response 1 in Abhängigkeit von Einflußgrößen modellieren wollen.

Mit $P(Y=1) = \pi(x)$, wobei $x = (x_1, x_2, \ldots, x_p)$ der Vektor der erklärenden Variablen ist, erhalten wir mit diesem Ansatz

$$
\begin{aligned}
E(y) &= 1 \cdot \pi(x) + 0 \cdot (1 - \pi(x)) = \pi(x) \,, \\
E(y^2) &= 1^2 \cdot \pi(x) + 0^2 \cdot (1 - \pi(x)) = \pi(x) \,, \\
\implies V(y) &= E(y^2) - (E(y))^2 = \pi(x) - \pi^2(x) = \pi(x)(1 - \pi(x)) \,.
\end{aligned}
$$

Zunächst wollen wir zur Vereinfachung voraussetzen, daß $p = 1$ ist, also nur eine erklärende Variable betrachtet wird. Das Modell wird im einfachsten Fall gewählt als

$$
E(y_i) = \pi(x) = \alpha + \beta x. \tag{3.8}
$$

Wenn die y_i unabhängig sind, ist dies ein GLM mit identischer Linkfunktion. Das Modell hat aber einen wesentlichen strukturellen Defekt: Die Wahrscheinlichkeit $\pi(x)$ liegt zwischen 0 und 1, $\alpha + \beta x$ kann aber Werte zwischen $-\infty$ und ∞ annehmen, so daß sich hier ein möglicher Widerspruch ergeben kann. Weiterhin werden die x-Werte nicht gleichgewichtet auf $\pi(x)$ wirken, sondern eher nichtlinear.

Beispiel 3.1: Betrachten wir $\pi(x) = $ P(Kauf eines neuen Autos) und $1 - \pi(x) = $ P(Kauf eines Gebrauchtwagens) in Abhängigkeit vom Jahreseinkommen X. Für die Fälle 1. x=DM 1.000.000 und 2. x=DM 30.000 ergibt ein Anstieg des Einkommens um DM 10.000 eine unterschiedliche Wirkung: Im ersten Fall wird $\pi(x)$ nahezu unverändert bei 1 bleiben, im zweiten Fall wird $\pi(x)$ ansteigen, aber nicht 1 erreichen.

Das Modell $\pi(x) = \alpha + \beta \cdot x$ wird also nur in einem bestimmten Bereich von x gültig sein. Ein weiteres Problem ergibt sich mit der Varianz $V(y) = \pi(x)(1 - \pi(x))$, die ebenfalls eine Funktion von x und somit nicht konstant ist. Dies bedeutet, daß die KQS nicht optimal ist. Da die y_i auch nicht normalverteilt sind (d.h. die Asymptotik greift nicht), existieren bessere Schätzer.

Um diese Schwierigkeiten zu vermeiden, wählt man einen Ansatz, der einen monotonen Verlauf (S-Kurve) unter Einschluß des linearen Ansatzes $\alpha + \beta x$ über dem Definitionsbereich [0,1] der Wahrscheinlichkeit $\pi(x)$ garantiert:

$$
\pi(x) = \frac{\exp(\alpha + \beta x)}{1 + \exp(\alpha + \beta x)} \,. \tag{3.9}
$$

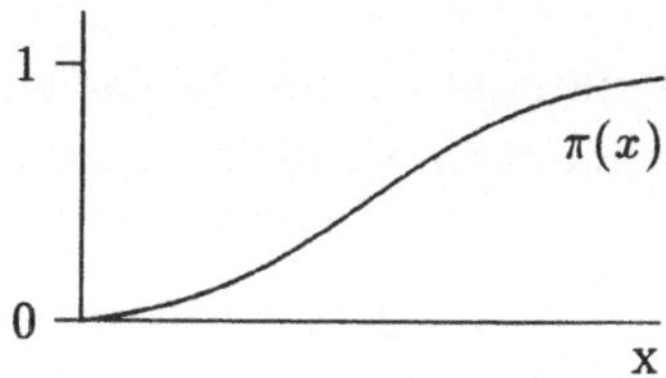

Abbildung 3.1: Logistische Regressionskurve für $\beta > 0$

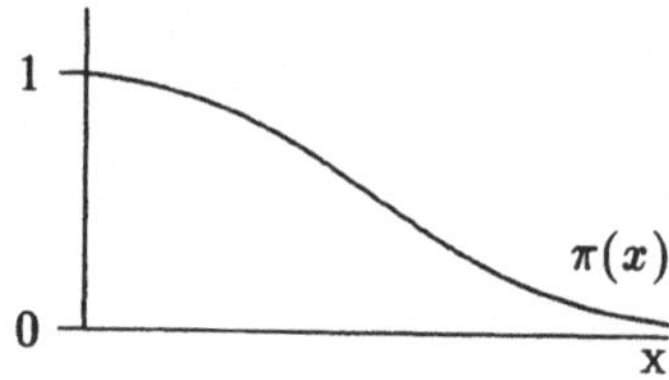

Abbildung 3.2: Logistische Regressionskurve für $\beta < 0$

Erläuterung: Sei $\alpha = 0$ und $\beta < 0$

$$\implies \frac{\frac{1}{\exp(|\beta|x)}}{1 + \frac{1}{\exp(|\beta|x)}} \xrightarrow{x \to \infty} \frac{0}{1} = 0. \tag{3.10}$$

Eigenschaften der logistischen Regressionskurve:

a)
$$\begin{aligned}
\frac{\partial \pi(x)}{\partial x} &= \frac{(1+u)u\beta - u^2\beta}{(1+u)^2} \\
&= \frac{\beta u}{1+u}\left[\frac{1+u-u}{1+u}\right] \\
&= \beta\pi(x)(1 - \pi(x)) ,
\end{aligned}$$

wobei $u = \exp(\alpha + \beta x)$ gesetzt wird und $\exp(f(x))' = f' \exp(f(x))$ gilt.

b) stärkster Abstieg der Kurve für den x-Wert mit $\pi(x) = \frac{1}{2}$ d.h. für $x = -\frac{\alpha}{\beta}$.

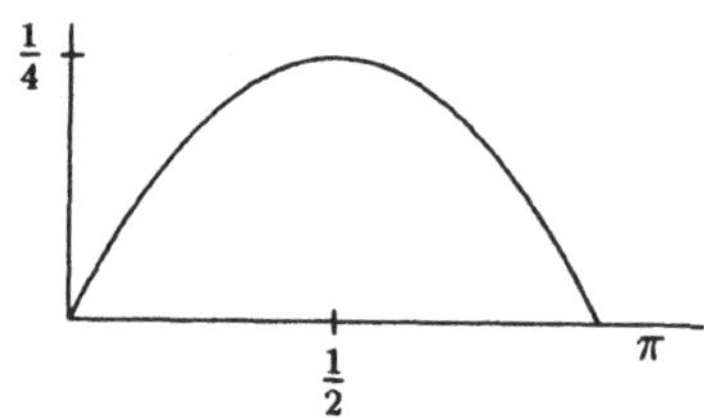

Abbildung 3.3: Kurve $\pi(1 - \pi)$

Wir fragen nun nach der Linkfunktion, für die das logistische Regressionsmodell ein GLM ist. Bei dichotomen Variablen war der natürliche Parameter generell

$$Q(\pi) = \ln\left(\frac{\pi}{1 - \pi}\right) = \log \text{Odds} . \tag{3.11}$$

Nun gilt hier speziell

$$\frac{\pi(x)}{1 - \pi(x)} = \exp(\alpha + \beta x) = e^\alpha \left(e^\beta\right)^x , \tag{3.12}$$

d.h. wenn x um eine Einheit wächst, wächst der Odds um e^{β}. Damit liefert die Verwendung des Logit–Links: $\ln\left(\frac{\pi(x)}{1-\pi(x)}\right) = \alpha + \beta x$ eine nachträgliche Rechtfertigung des logistischen Regressionsmodells (3.9).

Der Vorteil dieses Links besteht darin, daß die Effekte von X geschätzt werden können, egal ob eine retrospektive oder prospektive Studie betrachtet wird (vgl. Kapitel 5). Die Effekte im logistischen Modell beziehen sich auf den Odds. Für zwei verschiedene x-Werte ist $\frac{\alpha+\beta x_1}{\alpha+\beta x_2}$ ein Odds-Ratio.

Um die geeignete Form der systematischen Komponente der logistischen Regression zu finden, plottet man die Stichprobenlogits gegen x.

Bemerkung 3.3 *Es sei x_i gewählt. Bei n_i Beobachtungen der Responsevariablen Y an dieser Stelle sei y_i-mal 1 beobachtet. Somit ist $\hat{\pi}(x_i) = \frac{y_i}{n_i}$ und $\ln\left(\frac{\hat{\pi}_i}{1-\hat{\pi}_i}\right) = \ln\left(\frac{y_i}{n_i-y_i}\right)$ der Stichprobenlogit.*

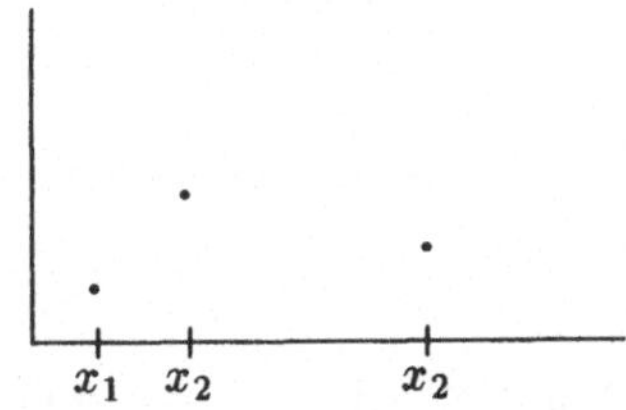

Abbildung 3.4: Stichprobenlogits

Damit dieser Ausdruck auch für $y_i = 0$ bzw. $n_i = 0$ definiert ist, führt man eine Korrektur ein und gelangt so zum korrigierten Logit: $\ln\left(\frac{y_i+\frac{1}{2}}{n_i-y_i+\frac{1}{2}}\right)$.

Beispiel 3.2: (Lee, 1974) Krebstherapie.

Krebspatienten werden mit einem bestimmten Medikament behandelt. Die erklärende Variable X ist ein Labelindex (LI), der angibt, zu welchem prozentualen Anteil sich die gesunden Zellen nach Medikamentengabe vermehrt haben.

Die LI-Werte entsprechen den x_i-Werten, und y_i gibt an, bei wievielen Patienten der einzelnen Gruppen sich Krebs zurückgebildet hat.

Die Originaltafel zeigt einerseits einen geringen Stichprobenumfang und zum anderen wenige Beobachtungen zu jedem x_i. Deshalb wird eine gruppierte Tafel betrachtet, wobei die empirischen Logits nach der korrigierten Form berechnet werden (Tabelle 3.1).

Da sich ein linearer Trend der empirischen Logits zeigt (Abbildung 3.5), handelt es sich um ein adäquates Modell. Ein weiterer Hinweis für die mögliche Adäquatheit des Modells ist die gute Übereinstimmung zwischen y_i und $\hat{y}_i$.

Aus den gruppierten Werten erhalten wir folgendes Modell:

i	LI	x_i	n_i	y_i	$\hat{y}_i$	empirische Logits
1	8-12	10	7	0	0.63	-2.71
2	14-18	16	7	1	1.30	-1.47
3	20-24	22	6	3	2.06	0
4	26-32	29	3	2	1.74	0.51
5	34-38	36	4	3	3.13	0.85

Tabelle 3.1: Gruppierte Effekte

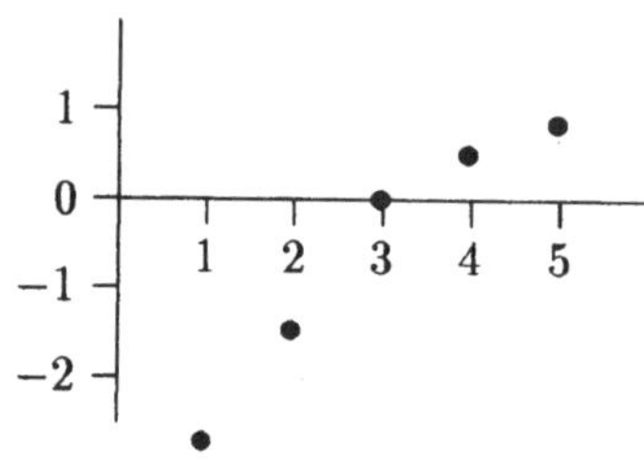

Abbildung 3.5: Linearer Trend der Stichprobenlogits (Beispiel 3.2)

$$\text{Modell:} \qquad \text{empirische Logits} \;=\; \alpha + \beta X + \epsilon$$

$$\begin{pmatrix} -2.71 \\ -1.47 \\ 0 \\ 0.51 \\ 0.85 \end{pmatrix} = \alpha + \beta \begin{pmatrix} 10 \\ 16 \\ 22 \\ 29 \\ 36 \end{pmatrix} + \epsilon$$

$$\Longrightarrow \hat{\alpha} = -3.688$$
$$\hat{\beta} = 0.1382 \;.$$

Der vorhergesagte Logit ist dann $\hat{L}(x) = \ln\left(\frac{\hat{\pi}(x)}{1-\hat{\pi}(x)}\right) = \hat{\alpha} + \hat{\beta}x$.

Daraus berechnen wir für die x_i–Werte ($i = 1, \ldots, 5$) die geschätzten Response-wahrscheinlichkeiten $\hat{\pi}(x_i) = \frac{\exp(\hat{\alpha}+\hat{\beta}x_i)}{1+\exp(\hat{\alpha}+\hat{\beta}x_i)}$ und damit $\hat{y}_i = n_i\hat{\pi}(x_i)$, die nach dem Logitmodell geschätzten Responsewerte bei n_i Patienten. Wir erhalten z.B. für $i = 2$

$$\hat{\alpha} + \hat{\beta}x_2 = -1.4768 \;,$$
$$\hat{\pi}(x_2) = 0.1859 \;,$$
$$\hat{y}_2 = 7 \cdot \hat{\pi}(x_2) = 1.30 \;.$$

3.2.4 Prüfen des Modells

Die beiden Hinweise im Beispiel 3.2 auf die mögliche Adäquatheit des Modells müssen nun schärfer gefaßt und getestet werden.

Bemerkung 3.4 *Generell gilt, daß Maximum–Likelihood–Schätzungen unter gewissen Voraussetzungen normalverteilt sind: $\hat{\beta} \underset{as.}{\sim} N(\beta, \sigma_\beta^2)$, wobei σ_β^2 die asymptotische Varianz bezeichnet. Für große Stichprobenumfänge haben Konfidenzintervalle für den Parameter β also die Gestalt: $\hat{\beta} \pm u_{1-\frac{\alpha}{2}} \cdot \hat{\sigma}_\beta$.*

Die Signifikanz des Einflusses der X-Variablen auf π ist äquivalent mit der Signifikanz des Parameters β. Die Arbeitshypothese „β signifikant" oder $\beta \neq 0$ wird über die statistische Hypothese H_0: $\beta = 0$ gegen H_1: $\beta \neq 0$ geprüft. Dazu bilden wir die Wald–Statistik $Z^2 = \hat{\beta}'(Cov_{\hat{\beta}})^{-1}\hat{\beta} \sim \chi_{df}^2$ mit $df = $ Dimension des Vektors β. Im Beispiel erhalten wir $\hat{\sigma}_\beta = 0.059$ mit $df = 1$, also $Z^2 = \dfrac{0.1382^2}{0.059^2} = 5.49 > \chi_{1;0.95}^2 = 3.84$.

3.2.5 Verwendung von Verteilungsfunktionen als Linkfunktion

Die logistische Funktion hat die Gestalt der kumulativen Verteilungsfunktion einer stetigen Zufallsvariablen.

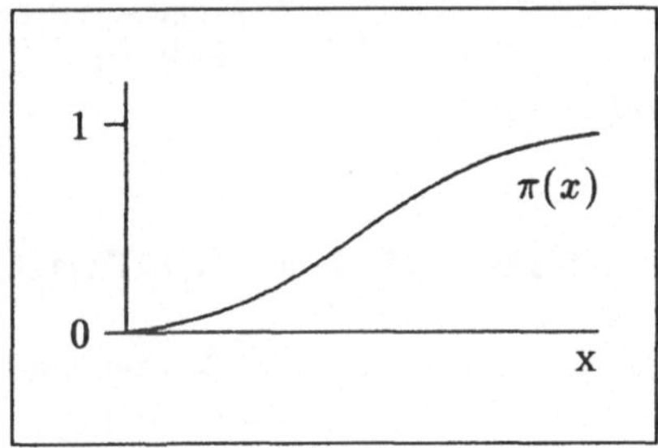

Abbildung 3.6: Logistische Funktion

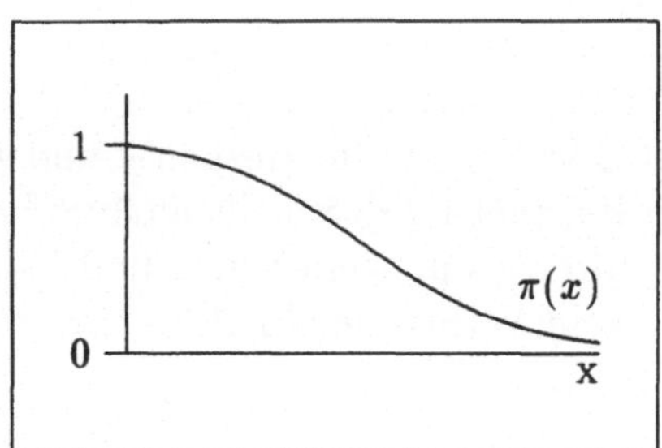

Abbildung 3.7: Logistische Funktion für $-x$ statt x

Dies regt an, eine Klasse von Modellen für binären Response zu bilden, die die Gestalt haben

$$\pi(x) = F(\alpha + \beta x) \ , \tag{3.13}$$

wobei F eine Standard-Verteilung ist. Falls F streng monoton wachsend ist über die gesamte x-Achse, so folgt

$$F^{-1}(\pi(x)) = \alpha + \beta x. \tag{3.14}$$

Dies ist ein GLM mit F^{-1} als Linkfunktion. F^{-1} bildet den Bereich $[0;1]$ der Wahrscheinlichkeiten in $(-\infty;\infty)$ ab.

Die Verteilungsfunktion der logistischen Verteilung ist

$$F(x) = \frac{\exp\left(\frac{x-\mu}{\tau}\right)}{1 + \exp\left(\frac{x-\mu}{\tau}\right)} \qquad -\infty < x < \infty \tag{3.15}$$

mit μ : Lokalisationsparameter und $\tau > 0$ Skalenparameter.

Die Verteilungsdichte ist symmetrisch um den Mittelwert μ und hat die Standardabweichung $\frac{\tau\pi}{\sqrt{3}}$ (Glockenkurve, ähnlich der Normalverteilung). Die logistische Regression $\pi(x) = F(\alpha + \beta x)$ gehört zur standardisierten logistischen Verteilung F mit $\mu = 0$ und $\tau = 1$. Somit hat die logistische Regression den Mittelwert $-\frac{\alpha}{\beta}$ und die Standardabweichung $\frac{\pi}{|\beta|\sqrt{3}}$.

Falls in $\pi(x) = F(\alpha + \beta x) = \Phi(\alpha + \beta x)$ gewählt wird (Standardnormalverteilung), so heißt $\pi(x)$ *Probitmodell*.

3.3 Logitmodelle für kategoriale Daten

Die erklärende Variable X kann stetig oder kategorial sein. Ist X kategorial und wird der Logit-Link verwendet, so sind die Logitmodelle äquivalent zu *Loglinearen Modellen (kategoriale Regression)*, die wir in Kapitel 7 ausführlich untersuchen werden.

Zur Vorbereitung der Erklärung dieser Äquivalenz behandeln wir zunächst die Logit-Modelle.

Logit-Modelle für I×2-Tafeln

Wir betrachten eine erklärende Variable X mit I Kategorien und erhalten so eine I×2-Tafel mit Response–Nichtresponse als Y-Faktor. In der i-ten Zeile wirken die Wahrscheinlichkeiten $\pi_{1/i}$ für Response und $\pi_{2/i}$ für Nichtresponse mit $\pi_{1/i} + \pi_{2/i} = 1$ (Im Beispiel 4.2 der Risikoanalyse bei der Versorgung mit Konuskronen ist X die Altersgruppeneinteilung und Y ist die binäre Responsevariable Verlust bzw. kein Verlust des Pfeilerzahns).

Dies führt zu folgendem Logit-Modell:

$$\ln\left(\frac{\pi_{1/i}}{\pi_{2/i}}\right) = \alpha + \beta_i \tag{3.16}$$

Hier werden die x-Werte nicht direkt mit einbezogen, sondern nur über die Kategorie i. β_i beschreibt den Einfluß der i-ten Kategorie auf den Response. Falls $\beta_i = 0$ ist, liegt kein Einfluß vor. Dieses Modell gleicht der einfachen Varianzanalyse und wir haben hier ebenfalls die Identifizierbarkeitsbedingungen

$\sum \beta_i = 0$ oder $\beta_I = 0$, d.h. I-1 Parameter aus $\{\beta_i\}$ reichen zur Charakterisierung des Modells aus. Falls $\sum \beta_i = 0$ als Restriktion gewählt wird, ist α der totale Mittelwert der Logits und β_i die Abweichung von diesem Mittel für die einzelnen Kategorien. Je größer β_i, desto höher ist der Logit der Kategorie i und um so höher ist der Wert von $\pi_{1/i}$ (= Chance für Response in Kategorie i).

Wenn der Faktor X (mit den I Stufen) keinen Einfluß auf die Responsevariable hat, dann erhalten wir das Modell der statistischen Unabhängigkeit zwischen Faktor und Response mit:

$$\ln \left(\frac{\pi_{1/i}}{\pi_{2/i}} \right) = \alpha \qquad \forall i \ ,$$

d.h. es gilt $\beta_1 = \beta_2 = \cdots = \beta_I$ und damit $\pi_{1/1} = \pi_{1/2} = \cdots = \pi_{1/I}$.

Logit-Modelle für höhere Dimensionen

Als Verallgemeinerung auf 2 und mehr kategoriale Faktoren, die einen Einfluß auf den binären Response haben, betrachten wir z.B. 2 Faktoren A und B mit I bzw. J Stufen. Seien $\pi_{1/ij}$ und $\pi_{2/ij}$ die Wahrscheinlichkeiten für Response bzw. Nichtresponse zur Faktorkombination ij, wobei $\pi_{1/ij} + \pi_{2/ij} = 1$. Für die $I \times J \times 2$-Tafel repräsentiert das Logitmodell

$$\ln \left(\frac{\pi_{1/ij}}{\pi_{2/ij}} \right) = \alpha + \beta_i^A + \beta_j^B \tag{3.17}$$

die Effekte von A und B ohne Wechselwirkungen. Dieses Modell entspricht einer zweifachen Varianzanalyse ohne Wechselwirkungen.

Beispiel 3.3: In einer Untersuchung soll überprüft werden, ob zwischen Blutdruck und einer spezifischen Herzkrankheit ein Zusammenhang besteht (Cornfield, 1962).

i	Blutdruck	Herzkrankheit ja	nein	n_{i+}
1	< 117	3	153	156
2	117-126	17	235	252
3	127-136	12	272	284
4	137-146	16	255	271
5	147-156	12	127	139
6	157-166	8	77	85
7	167 -186	16	83	99
8	>186	8	35	43
		92	1237	1329

Wir berechnen zunächst $G^2 = 2 \sum \sum n_{ij} \ln \left(\frac{n_{ij}}{\hat{m}_{ij}} \right) = 30.02 > \chi^2_{7;0.95} = 14.1$, d.h. die Hypothese H_0: "Unabhängigkeit von Blutdruck und Herzkrankheit" wird abgelehnt. Das Modell $\ln \left(\frac{\pi_{1/i}}{\pi_{2/i}} \right) = \alpha + \beta_i, \quad i = 1, 2, \ldots, 8$ wird mit der ML-Methode geschätzt mittels der Stichproben-Logits: $\widehat{\alpha + \beta_i} = \ln \left(\frac{n_{ja}}{n_{nein}} \right)$ - z.B. $\widehat{\alpha + \beta_1} = \ln \left(\frac{3}{153} \right) = -3.93$. Damit ist

$$\hat{\pi}_{1/i} = \frac{\exp(\widehat{\alpha + \beta_i})}{1 + \exp(\widehat{\alpha + \beta_i})} \qquad\qquad (3.18)$$

die Schätzung des Risikos für die Herzkrankheit bei der i-ten Kategorie des Blutdrucks.

Kategorie	$\hat{\pi}_{1/i}$
1	0.019
2	0.067
3	0.042
4	0.059
5	0.086
6	0.094
7	0.161
8	0.185

Bis auf eine Ausnahme können wir eine Monotonie in den Kategorien beobachten. Dies legt ein Modell nahe, das diesen Anstieg erfaßt, also das logistische Modell $\ln\left(\frac{\pi_{1/i}}{\pi_{2/i}}\right) = \alpha + \beta x_i$, wobei die x_i geeignet zu wählen sind (Scores).

Blutdruck	Stichprobenlogit	$\frac{n_{1i}}{n_{i+}}$	X (Scores)
< 117	$\ln\frac{3}{153} = -3.93$	$\frac{3}{156} = 0.019$	111.5
117-126	-2.63	0.067	121.5
127 -136	-3.12	0.042	131.5
137-146	-2.77	0.059	141.5
147-156	-2.36	0.086	151.5
157-166	-2.26	0.094	161.5
167-186	-1.65	0.162	176.5
>186	-1.48	0.186	191.5

Mit diesen Werten erhalten wir die KQ–Schätzungen

$$\hat{\alpha} = -6.082 \quad \text{und} \quad \hat{\beta} = 0.0243$$

sowie $\sigma_{\hat{\beta}} = 0.0048$.

Damit wird die Wald–Statistik zum Prüfen von $H_0: \beta = 0$: $Z^2 = \frac{\hat{\beta}^2}{\sigma_{\hat{\beta}}^2} = 25.63$.

Bei einem Freiheitsgrad besteht also ein hochsignifikanter *linearer Zusammenhang*. Für die gefitteten Logits und die geschätzten Anteilswerte ergibt sich die folgende Tabelle:

X	gefittete Logits $\hat{\alpha} + \hat{\beta}x_i$	geschätzter Anteil Herzkranker $\hat{\pi}_{1/i}$	erwartete Anzahl Herzkranker $n_{i+}\hat{\pi}_{1/i}$	beobachteter Anteil Herzkranker $\frac{n_{1i}}{n_{i+}}$
111.5	-3.37255	0.033	5.2	0.019
121.5	-3.12955	0.042	10.56	0.067
131.5	-2.88655	0.052	15.00	0.042
141.5	-2.64355	0.066	17.99	0.059
151.5	-2.40055	0.082	11.46	0.086
161.5	-2.15755	0.104	8.81	0.094
176.5	-1.79305	0.14	14.12	0.162
191.5	-1.42855	0.19	8.31	0.186

3.4 Güte der Anpassung — Likelihood–Quotienten–Test

Für ein gewähltes Modell M können wir mit den Parameterschätzungen $(\widehat{\alpha + \beta_i})$ bzw. $(\hat{\alpha}, \hat{\beta})$ die Logits vorhersagen, die Responsewahrscheinlichkeiten $\hat{\pi}_{1/i}$ schätzen und so die $\hat{m}_{ij} = n_{i+}\hat{\pi}_{j/i}$ bestimmen (erwartete Zellhäufigkeiten – wie eben im Beispiel). Darauf aufbauend führen wir den Anpassungs-Test eines Modells M mit

$$G^2(M) = 2 \sum_{i=1}^{I} \sum_{j=1}^{J} n_{ij} \ln \left(\frac{n_{ij}}{\hat{m}_{ij}} \right) \qquad (3.19)$$

durch. Im Unterschied zur üblichen Kontingenzanalyse werden die $\hat{m}_{ij}$ aus dem Modell geschätzt. Die Zahl der Freiheitsgrade ergibt sich als Zahl der Logits minus Anzahl der linear unabhängigen Parameter im Modell M.
Wir betrachten nun 3 Modelle für binären Response.

1. Unabhängigkeitsmodell (I: independence):

$$\text{M=I:} \qquad \ln \left(\frac{\pi_{1/i}}{\pi_{2/i}} \right) = \alpha \,. \qquad (3.20)$$

Hier haben wir I Logits und einen Parameter, also I-1 Freiheitsgrade.

2. Logistisches Modell:

$$\text{M=L:} \qquad \ln \left(\frac{\pi_{1/i}}{\pi_{2/i}} \right) = \alpha + \beta x_i \,. \qquad (3.21)$$

Die Zahl der Freiheitsgrade ist hier gleich I-2.

3. Logit–Modell:

$$\text{M=S:} \qquad \ln\left(\frac{\pi_{1/i}}{\pi_{2/i}}\right) = \alpha + \beta_i \ . \tag{3.22}$$

Das Modell hat I Logits und I unabhängige Parameter. Die Zahl der Freiheitsgrade ist 0, es liegt eine perfekte Anpassung vor. Wir nennen dieses Modell, in dem die Zahl der Parameter gleich der Zahl der Beobachtungen ist, saturiertes Modell.

Der Likelihood-Quotienten-Test vergleicht ein Modell M_1 mit einem einfacheren Modell M_2 (in dem einige Parameter Null sind). Wir erhalten als Teststatistiken

$$\Lambda \ = \ \frac{L(M_2)}{L(M_1)} \tag{3.23}$$

$$\text{bzw.} \quad G^2\left(M_2|M_1\right) \ = \ -2\left(\ln L(M_2) - \ln L(M_1)\right) \ . \tag{3.24}$$

Die Statistik $G^2(M)$ ist ein Spezialfall dieser Statistik, wobei $M_2 = M$ und M_1 das saturierte Modell ist. Wenn wir mit $G^2(M)$ die Güte der Anpassung des Modells M testen, testen wir de facto, ob alle Parameter, die im saturierten Modell aber nicht im Modell M auftreten, gleich Null sind.

Sei l_S der maximierte Log-Likelihood für das saturierte Modell, dann gilt generell

$$\begin{aligned}
G^2(M_2|M_1) \ &= \ -2\left(\ln L(M_2) - \ln L(M_1)\right) \\
&= \ -2\left(\ln L(M_2) - l_S\right) - \left[-2(\ln L(M_1) - l_S)\right] \\
&= \ G^2(M_2) - G^2(M_1).
\end{aligned}$$

Dies bedeutet: die Statistik $G^2(M_2|M_1)$ zum Vergleich zweier Modelle ist gleich der Differenz der Goodness-of-fit-Statistiken beider Modelle.

Beispiel 3.4: Für das Beispiel 3.3 ''"Herzkrankheit/Blutdruck"' erhalten wir für das logistische Modell:

	Herzerkrankung			
	ja		nein	
	beob.	erwartet	beob.	erwartet
1	3	5.2	153	150.8
2	17	10.6	235	241.4
3	12	15.0	272	269
4	16	18.0	255	253
5	12	11.5	127	127.5
6	8	8.8	77	76.2
7	16	14.1	83	84.9
8	8	8.3	35	34.7

$\Longrightarrow G^2(L) = 5.91$, df $= 8 - 2 = 6$.

Im Unabhängigkeitsmodell war $G^2(I) = 30.02$ mit df $= 7 = $ (I-1)(J-1) $=$ (8-1)(2-1).
Die Teststatistik zum Prüfen von H_0: $\beta = 0$ im logistischen Modell ist dann

$$G^2(I|L) \;=\; G^2(I) - G^2(L) = 30.02 - 5.91 = 24.11 \quad , \quad \mathit{df} = 7 - 6 = 1 \; .$$

Dieser Wert ist hochsignifikant, das logistische Modell ist also gegen das Unabhängigkeitsmodell statistisch gesichert.

3.5 Verwendung von eingeschränkten Alternativhypothesen

Bisher betrachteten wir die Situation:
H_0: X und Y sind unabhängig
H_1: X und Y sind abhängig (ungerichtet und nicht eingeschränkt).
Nun gilt aber, daß Tests trennschärfer werden, wenn H_1 eine eingeschränkte Alternative ist, z.B. im logistischen Modell H_1: $\beta \neq 0$, was äquivalent ist zu H_1: $\mu_1 \neq \mu_2$ mit μ_1 mittlerer Score in Spalte 1 und μ_2 mittlerer Score in Spalte 2.
Für die Testgröße $G^2(I|L)$ (Unabhängigkeits– gegen logistisches Modell) gilt:

$$P(G^2(I|L) > \chi^2_{krit.}) \xrightarrow[N \to \infty]{} 1 = P(H_0 \text{ ablehnen}). \tag{3.25}$$

Diese Teststatistik ist empfindlich gegen Abweichungen von der Unabhängigkeit auf der linearen Logitskala. Nehmen wir einen linearen Effekt von X auf die Responsevariable Y an. Um die Nullhypothese der Unabhängigkeit zu überprüfen, ist es angemessen, eine Teststatistik zu wählen, die eine große Güte (Power $= P(H_1| H_0$ falsch)) hat in dem Parameterbereich, der diesem Effekt (Entscheidung für $H_1| H_0$ falsch) entspricht. Dies ist gerade die Grundlage der Konstruktion der Statistik $G^2(I|L)$, die eine größere Güte als $G^2(I)$ hat, da die Statistik ihre Trennschärfe auf den gesamten Parameterbereich verteilen muß (Agresti, 1990, S.98).
Es gilt:

$$\begin{aligned} G^2(I) \;&=\; G^2(I|L) + G^2(L) \\ \mathit{df} = I - 1 \;&=\; 1 \;+\; I - 2 \end{aligned}$$

Falls $\beta \neq 0$ ist, gilt weiter, daß $G^2(I)$ und $G^2(I|L)$ asymptotisch die gleiche nichtzentrale χ^2-Verteilung mit gleicher Nichtzentralität besitzen, aber $G^2(I|L)$ wegen der geringeren Zahl von Freiheitsgraden die größere Güte besitzt:
Sei $\chi^2_{\nu,\lambda}$ eine nichtzentrale χ^2-Verteilung mit ν Freiheitsgraden und Nichtzentralitätsparameter λ. Sei weiter $\chi^2_{\nu}(1 - \alpha)$ das $(1 - \alpha)$-Quantil der zentralen χ^2-Verteilung mit ν Freiheitsgraden. Dann gilt für festes λ:

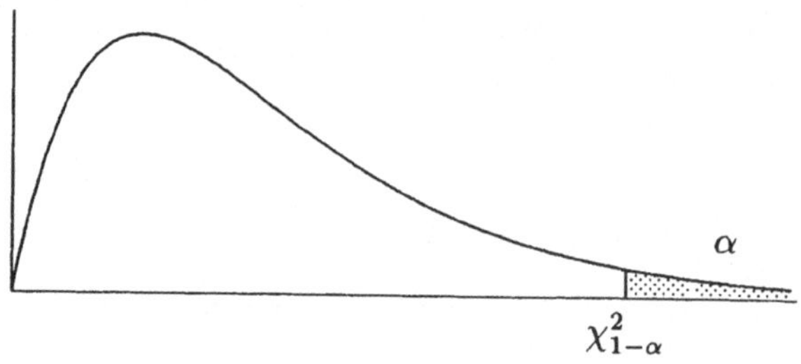

Abbildung 3.8: Das $(1-\alpha)$-Quantil der zentralen χ^2-Verteilung

$$P\left[\chi^2_{\nu,\lambda} > \chi^2_{\nu,\alpha}\right] \quad \text{ist wachsend für } \nu \text{ fallend} ,\qquad (3.26)$$

d.h. die Güte $= P(H_0 \text{ ablehnen} \mid H_0 \text{ falsch}, \alpha \text{ fest})$ wächst mit fallendem ν. Analog gilt für festes ν, daß die Güte für $\lambda = 0$ gleich α ist und daß die Güte mit wachsendem λ zunimmt. Die Modelle unter H_0 und H_1 sind also um so besser zu unterscheiden, je größer λ ist (Das Gupta und Perlman, 1974).

3.5.1 Cochran-Armitage-Trend-Test

Das Ziel ist die Verbesserung der Analyse durch Verwendung eingeschränkter Alternativen.

Für I×2-Tafeln mit ordinalen Zeilen entwickelten Cochran (1954) und Armitage (1955) eine Dekomposition der Pearson–Statistik ähnlich der $G^2(I)$-Zerlegung, allerdings unter Verwendung eines linearen Wahrscheinlichkeitsmodells für den Trend in den Responsewahrscheinlichkeiten.
Sei in Zeile i, $\quad i = 1, 2, \ldots, I$

$$\begin{aligned}
\pi_{1/i} &: \text{ Wahrscheinlichkeit für Response} , \\
p_{1/i} &: \text{ Stichprobenwahrscheinlichkeit für Response} , \\
\{x_i\} &: \text{ Score der Zeile i.}
\end{aligned}$$

Das lineare Wahrscheinlichkeitsmodell

$$\pi_{1/i} = \alpha + \beta x_i \qquad (3.27)$$

wird durch den KQ-Schätzer

$$\hat{\pi}_{1/i} = p_{+1} + b\,(x_i - \overline{x}) \qquad (3.28)$$

geschätzt. Dabei ist

$$\overline{x} \;=\; \frac{1}{n}\sum_{i=1}^{I} n_{i+} x_i , \qquad (3.29)$$

$$b \;=\; \frac{\sum_{i=1}^{I} n_{i+}\left(p_{1/i} - p_{+1}\right)\left(x_i - \overline{x}\right)}{\sum_{i=1}^{I} n_{i+}\left(x_i - \overline{x}\right)^2} . \qquad (3.30)$$

Die Pearson–Statistik zum Prüfen der Nullhypothese „X und Y sind unabhängig" läßt sich auch schreiben als

$$\chi^2(I) \;=\; Z^2 + \chi^2(L)$$

$$\text{mit}\quad \chi^2(L) \;=\; \left(\frac{1}{p_{+1}p_{+2}}\right)\sum_{i=1}^{I} n_{i+}\left(p_{1/i} - \hat{\pi}_i\right)^2$$

$$\text{und}\quad Z^2 \;=\; \left(\frac{b^2}{p_{+1}p_{+2}}\right)\sum_{i=1}^{I} n_{i+}\left(x_i - \overline{x}\right)^2.$$

Falls das lineare Wahrscheinlichkeitsmodell gilt, ist

$$\chi^2(L) \;\sim\; \chi^2_{I-2}$$
$$Z^2 \;\sim\; \chi^2_1,$$

wobei Z^2 einen linearen Trend in den Anteilen $\pi_{1/i}$ $i = 1, 2, \ldots, I$ prüft.

Beispiel 3.5: Heilung von Lepra (Cochran, 1954)
Als Response haben wir "Grad der Hautinfiltration: hoch".

klinische Änderung	x_i Score	Grad der Hautinfiltration niedrig	hoch	n_{i+}	$p_{1/i}$
stark	3	11	7	18	0.39
mittel	2	27	15	42	0.36
leicht	1	42	16	58	0.28
keine	0	53	13	66	0.20
negativ	-1	11	1	12	0.08
		144	52	196	

In den $p_{1/i}$ ist für zunehmenden Score ein linearer Anstieg zu beobachten, dessen Signifikanz wir nun überprüfen, nachdem die Nullhypothese H_0: „X (klinische Veränderung) und Y (Grad der Hautinfiltration) sind unabhängig" wegen der Nichtsignifikanz von

$$\chi^2(I) = \chi^2_4 = 6.88 < 9.49 = \chi^2_{4;0.95}$$

gegen H_1: „X und Y sind nicht unabhängig" nicht abgelehnt werden kann.
Wir berechnen:

$$p_{+1} \;=\; \frac{52}{196} = 0.2653$$

$$p_{+2} \;=\; \frac{144}{196} = 0.7347$$

$$\overline{x} \;=\; \frac{\sum_{i=1}^{k} n_{i+}x_i}{n} = \frac{184}{196} = 0.939$$

$$b \;=\; \frac{\sum_{i=1}^{k} n_{i+}\left(p_{1/i} - p_{1+}\right)\left(x_i - \overline{x}\right)}{\sum_{i=1}^{k} n_{i+}\left(x_i - \overline{x}\right)^2} = \frac{17.1812}{227.2653} = 0.0756$$

Zur Berechnung:

n_{i+}	$p_{1|i} - p_{+1}$	$x_i - \overline{x}$	$(p_{1|i} - p_{+1})(x_i - \overline{x})n_{i+}$
18	0.1236	2.061	4.5853
42	0.0918	1.061	4.0908
58	0.0106	0.061	0.0375
66	-0.0683	-0.939	4.2328
12	-0.1820	-1.939	4.2348
			$\sum = 17.1812$

Damit erhalten wir die Teststatistik

$$Z^2 \;=\; \frac{b^2}{p_{+1}p_{+2}} \sum_{i=1}^{k} n_{i+}\,(x_i - \overline{x})^2$$

$$=\; \frac{0.0756^2}{0.2653 \cdot 0.7347} 227.2653 = 6.66 > \chi^2_{1;0.95} \;.$$

Der Trend in den Responsewahrscheinlichkeiten $p_{1/i}$ ist also statistisch signifikant.

	df	χ^2
Regression von n_{i+} auf x_i	1	6.66
Abweichungen von Regression	3	0.22
Rest	4	6.88

Wir berechnen $\hat{\pi}_{1/i} = p_{+1} + b\,(x_i - \overline{x})$

n_{i+}	x_i	$x_i - \overline{x}$	$\hat{\pi}_{1/i}$	$p_{1/i}$	$\mid p_{1/i} - \hat{\pi}_{1/i} \mid$
18	3	2.061	0.4211	0.3889	0.0322
42	2	1.061	0.3455	0.3571	0.0116
58	1	0.061	0.2699	0.2759	0.0060
66	0	-0.939	0.1943	0.1970	0.0027
12	-1	-1.939	0.1187	0.0833	0.0354

und daraus

$$\sum_{i=1}^{k} n_{i+} \left(p_{1|i} - \hat{\pi}_{1|i}\right)^2 \;=\; 0.04192$$

$$\text{und} \quad \chi^2(L) \;=\; \left(\frac{1}{0.2653 \cdot 0.7347}\right) 0.04192 = 0.22 < 5.99 = \chi^2_{2;0.95} \;.$$

Hautstatus und klinische Änderung sind also auch im linearen Modell nicht voneinander abhängig (die Ordinalskala in X wird ignoriert), aber dennoch gilt: Die Chance für die Ausprägung "hoch" bei der Hautinfiltration wächst linear mit der Zunahme der klinischen Änderung, d.h. der Verbesserung des Gesundheitszustandes. Dieser Trend ist statistisch signifikant.

Kapitel 4

Alternative Modelle und Modelldiagnostik

4.1 Probitmodelle

Bisher haben wir den Logitlink für binären Response betrachtet, der als ein Spezialfall des Links durch Verteilungsfunktionen dargestellt werden konnte (vgl. (3.13)):

$$\pi(x) = F(\alpha + \beta x) \tag{4.1}$$

Die Verwendung dieses Links legt den Gedanken nahe, die Verteilungsfunktion für Konfidenz– oder Toleranzbetrachtungen zu nutzen, wie sie z.B. in der Toxikologie üblich sind.

Beispiel 4.1: X Dosierung eines Präparates

$Y = 1$ Tod des Subjekts (Patient, Tier)

Angenommen, das Subjekt hat eine Toleranz T für die Dosierung, so daß $Y = 1$ äquivalent ist mit $T \leq x$. Die Toleranz ist einer natürlichen Variation unterworfen, d.h. T ist eine Zufallsvariable mit der Populationsverteilung

$$G(t) = P(T \leq t) \ . \tag{4.2}$$

Damit ist die Wahrscheinlichkeit dafür, daß ein zufällig ausgewähltes Subjekt zu gegebener Dosierung x stirbt, gleich

$$P(Y = 1) = \pi(x) = P(T \leq x) = G(x) \ . \tag{4.3}$$

In der Toxikologie ist die Toleranzverteilung für ln(Dosierung) häufig approximativ normal mit dem Populationsmittel μ und der Standardabweichung σ, so daß wir den Ansatz haben (x sei jetzt die logarithmierte Dosierung)

$$\pi(x) = G(x) = \Phi\left(\frac{x - \mu}{\sigma}\right) = \Phi(\alpha + \beta x) \qquad \text{mit} \quad \alpha = -\frac{\mu}{\sigma}, \ \beta = \frac{1}{\sigma} \ . \tag{4.4}$$

Das Modell

$$\Phi^{-1}(\pi(x)) = \alpha + \beta x \qquad (4.5)$$

heißt dann Probit–Modell und $\Phi^{-1}(\ )$ der Probit–Link.

Die Responsekurve für $\pi(x)$ bei $\beta > 0$ bzw. $1 - \pi(x)$ für $\beta < 0$ hat die Gestalt der Verteilungsfunktion der Normalverteilung mit Mittelwert $\mu = -\dfrac{\alpha}{\beta}$ und $\sigma = \dfrac{1}{\mid \beta \mid}$.

Da 68% der Masse einer Normalverteilung im Bereich $\mu \pm \sigma$ liegen und zu μ die Wahrscheinlichkeit $\pi(x) = 0.50$, zu $\mu - \sigma$ die Wahrscheinlichkeit 0.16 und zu $\mu + \sigma$ die Wahrscheinlichkeit 0.84 gehören, ist $\dfrac{1}{\mid \beta \mid}$ der Abstand zwischen den x–Werten mit $\pi(x) = 0.16$ und $\pi(x) = 0.50$ bzw. $\pi(x) = 0.50$ und $\pi(x) = 0.84$. Bei Vorliegen von Daten $(Y = 1 \mid x)$ mit Wiederholungen zu x (also in Gestalt einer Kontingenztafel) lassen sich die $\pi(x)$ zu den x–Stufen schätzen durch $\hat{p}(x) = \dfrac{n_1(x)}{n_{+x}}$. Damit erhält man $\Phi^{-1}(\hat{p}(x))$ und somit den Datensatz der abhängigen Variable im Regressionsmodell. Nach Bestimmung von $\hat{\alpha}$ und $\hat{\beta}$ lassen sich somit die x–Werte mit $\hat{\pi}(x) = \Phi(\hat{\alpha} + \hat{\beta}x)$ zu $\pi(x) = 0.16, 0.50$ bzw. 0.84 bestimmen. Damit liegt das 68% Toleranzintervall für die tödliche Dosis bzw. deren Logarithmus vor.

Diese Idee läßt sich auf Lebensdauermodelle übertragen, sofern ein stetiger oder ordinaler Risikofaktor beobachtet wird wie z.B. das Lebensalter X beim Risiko des Pfeilerverlustes. $\pi(x)$ wäre dann die Hazardrate in Abhängigkeit vom Lebensalter. Man müßte lediglich herausfinden, welche Transformation des Alters zu approximativer Normalverteilung der Hazard– oder Survivorfunktion führt. Dies wäre mit Anpassungstests zu klären (Kapitel 6).

4.2   Modelle mit Log–Log–Link

Der Logit– und der Probit–Link sind symmetrisch bezüglich 0.5 in dem Sinne, daß

$$\text{link}(\pi) = \text{link}(1 - \pi) \qquad (4.6)$$

gilt. So haben wir z.B.

$$\text{Logit}(\pi) = \ln\left(\frac{\pi}{1-\pi}\right) = -\ln\left(\frac{1-\pi}{\pi}\right) = -\text{Logit}(1-\pi) \,. \qquad (4.7)$$

Damit sind die Modelle für $\pi(x)$ symmetrisch um $\pi = 0.5$ und haben deshalb die gleiche Tendenz, sich der 0 bzw. $\pi = 1$ zu nähern.

Daraus folgt, daß Probit– und Logitmodelle nicht zur Modellierung von Prozessen geeignet sind, die unterschiedliches Verhalten beim "Start" und beim "Finale" zeigen.

Modelle, die unterschiedliches Verhalten an den Grenzen 0 bzw. 1 berücksichtigen, werden mit der Extremwertverteilung gut dargestellt:

$$G(x) = \exp\{-\exp[-(x-a)/b]\} \tag{4.8}$$

mit den Parametern $b > 0$, $-\infty < a < \infty$. Diese Verteilung hat Erwartungswert $\mu = a + 0.577b$ und Standardabweichung $\sigma = \dfrac{\pi b}{\sqrt{6}}$.

Spezialfälle sind z.B.

a)
$$\pi(x) = \exp[-\exp(\alpha + \beta x)] \ , \tag{4.9}$$

für das $\pi(x)$ sich langsam von 1 entfernt und sehr schnell der Null nähert.
Für wachsendes x ist $\pi(x)$ — monoton fallend bei $\beta > 0$,

                     — monoton wachsend bei $\beta < 0$.

Der zugehörige Link

$$\ln[-\ln(\pi(x))] = \alpha + \beta x \tag{4.10}$$

heißt log–log–Link.

b)
$$\pi(x) = 1 - \exp[-\exp(\alpha + \beta x)] \tag{4.11}$$

mit dem zugehörigen Link

$$\ln[-\ln(1 - \pi(x))] = \alpha + \beta x, \tag{4.12}$$

der in natürlicher Weise komplementärer log–log–Link heißt.

Interpretation: Falls der komplementäre log–log–Link die Wahrscheinlichkeit eines Erfolges modelliert, gilt das log–log–Modell analog für das Komplementärereignis Mißerfolg.

4.3   Modell–Diagnostik

Die Statistiken χ^2 und G^2 sind Maße für die globale Anpassung des gewählten Modells an die Daten.
Falls eine schlechte Anpassung voliegt, müssen zusätzliche Mittel wie graphische Residuenanalyse u.ä. eingesetzt werden, um mögliche Ursachen zu ermitteln.
Man plottet z.B. geschätzte und beobachtete Anteile gegeneinander

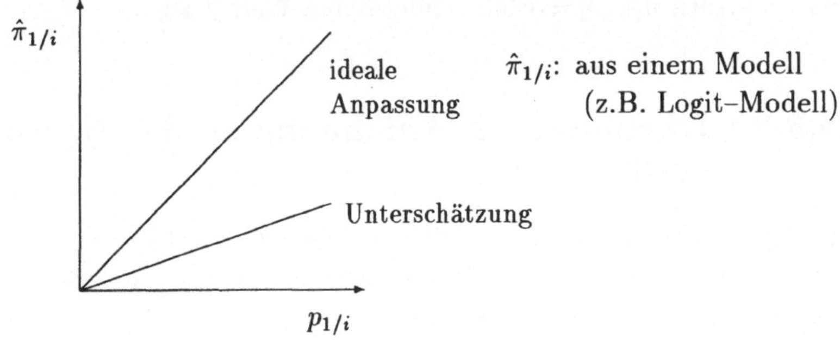

oder $\hat{\pi}(x)$

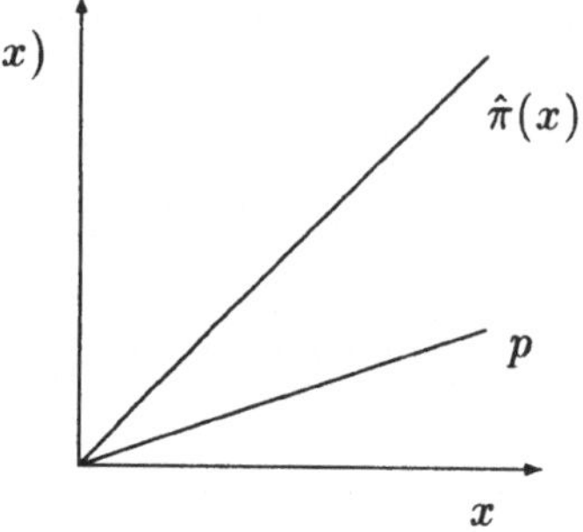

Damit läßt sich herausfinden, ob die Linkfunktion falsch gewählt wurde oder ob das Regressionsmodell nichtlinear ist.

4.3.1 Diagnostik auf der Basis der Residuen

Sei y_i die Anzahl der Erfolge (Response 1) bei n_i Beobachtungen der i–ten Kategorie.
Sei $\hat{\pi}_{1/i}$ die Schätzung nach einem gewählten binären Responsemodell.
Dann definiert

$$e_i = \frac{y_i - n_i\hat{\pi}_{1/i}}{[n_i\hat{\pi}_{1/i}(1 - \hat{\pi}_{1/i})]^{1/2}} \qquad i = 1,\ldots,I \qquad (4.13)$$

das i–te Residuum [standardisiert mit der Varianz der Binomialverteilung $b(n_i, \hat{\pi}_{1/i})$].
Ersetzt man in e_i die Schätzung $\hat{\pi}_{1/i}$ durch den wahren (unbekannten) Parameter $\pi_{1/i}$, so ist e_i eine standardisierte Binomial–Variable, die für hinreichend großes n_i gegen $N(0,1)$ strebt.
Werte von $\mid e_i \mid > 2$ deuten damit auf Modellfehler hin.
Wegen der Verwendung von y_i in $\hat{\pi}_{1/i}$ sind die Zähler in e_i im allgemeinen kleiner als der entsprechende Wert $(y_i - n_i\pi_{1/i})$ der Population, so daß eine geringere Variation der $\{e_i\}$ gegenüber standardnormalverteilten Werten auftreten kann, die Anpassung also höher ausfällt, als tatsächlich gegeben. Deshalb geht man zur Einzeleinschätzung eines Residuums nicht vom zweiseitigen 95%–Quantil $u_{1-\alpha/2} = 1.96$, sondern vom Wert 2 aus.

4.3.2 Diagnostik in Anlehnung an das Bestimmtheitsmaß

In der linearen Regression ist R^2 bzw. das adjustierte $\overline{R}^2$ ein Maß für die Güte der Modellanpassung. Bei $R^2 = 1$ liegt die perfekte Anpassung vor.
In Analogie zu R^2 wurde eine Reihe von Maßen für Kontingenztafel–Modelle entwickelt.

Sei l_M = $\max \ln L$ für das geschätzte (angepaßte) Modell M

l_S = $\max \ln L$ für das saturierte Modell S

und l_I = $\max \ln L$ für das Unabhängigkeitsmodell I.

Da der Likelihood einer Responsewahrscheinlichkeit zwischen Null und Eins liegt, ist $\ln L$ stets nichtpositiv.

Wenn sich der Parameterraum vergrößert, kann der Wert des Likelihood nicht kleiner werden.

Wegen der Verschachtelung der Modelle, d.h. Erhöhung der Komplexität von

$$\ln\left(\frac{\pi}{1-\pi}\right) = \alpha \qquad \text{(Unabhängigkeitsmodell)}$$

über $\quad \ln\left(\dfrac{\pi}{1-\pi}\right) = \alpha + \beta_i \quad$ (saturiertes oder Logit–Modell)

zu $\quad \ln\left(\dfrac{\pi}{1-\pi}\right) = \alpha + \beta x \qquad$ (loglineares Modell)

gilt also

$$l_I \leq l_M \leq l_S. \tag{4.14}$$

Damit liegt das Maß

$$L(I \mid M) = \frac{l_M - l_I}{l_S - l_I} \tag{4.15}$$

zwischen 0 und 1. Für $l_M = l_I$ wird $L(I \mid M) = 0$, d.h. dann würde das angepaßte Modell zu keiner Verbesserung gegenüber dem Unabhängigkeitsmodell beitragen. Für $l_M = l_S$ (perfekte Anpassung) wird $L(I \mid M) = 1$.

Betrachten wir dieses Maß genauer für den Fall des binären Response über I Kategorien ($I \times 2$–Tafel).

Sei $\hat{\pi}_i$ die nach einem gewählten Modell geschätzte Responsewahrscheinlichkeit der i–ten Kategorie und y_i der binäre Response.

Wenn wir annehmen, daß insgesamt N Beobachtungen einer Binomialverteilung vorliegen, gilt für den maximierten Likelihood

$$\ln \prod_{i=1}^{N} \left[\hat{\pi}_i^{y_i}(1 - \hat{\pi}_i)^{1-y_i}\right] = \sum_{i=1}^{N} \left[y_i \ln \hat{\pi}_i + (1 - y_i)\ln(1 - \hat{\pi}_i)\right]. \tag{4.16}$$

Für das Unabhängigkeitsmodell erhalten wir

$$\hat{\pi} = \overline{y} = \frac{1}{N} \sum y_i \tag{4.17}$$

und damit

$$l_I = N\left[\overline{y} \ln \overline{y} + (1 - \overline{y})\ln(1 - \overline{y})\right] . \tag{4.18}$$

Beim saturierten Modell liefert jede Beobachtung die zugehörige ML–Schätzung, d.h. $\hat{\pi}_i = y_i$ ($i = 1, \ldots, N$), so daß $l_S = 0$ wird.

Dies sieht man sofort aus

$$y_i \ln y_i + (1 - y_i)\ln(1 - y_i), \tag{4.19}$$

da y_i entweder 0 oder 1 ist.

Damit vereinfacht sich im Binomialmodell das Maß $L(I \mid M)$ zu

$$D = \frac{l_I - l_M}{l_I} \tag{4.20}$$

(Mc Fadden, 1974).

Falls kein Binomialmodell, sondern eine $I \times 2$-Tafel mit einer kategorialen Einflußvariablen X in I Stufen vorliegt, wird $l_I > 0$.

Nun galt für das Modell mit I Faktorstufen und binärem Response (vgl. Abschnitt 3.4)

$$G^2(M) = -2(l_M - l_S) = 2(l_S - l_M) \tag{4.21}$$
$$G^2(I) = -2(L_I - l_S) = 2(l_S - l_I), \tag{4.22}$$

so daß D sich schreiben läßt als

$$D^* = \frac{G^2(I) - G^2(M)}{G^2(I)} \tag{4.23}$$

(Goodman 1971, Theil 1970).

Dieses Maß soll für Werte nahe 1 einen guten Zusammenhang signalisieren. D^* kann aber groß werden, selbst wenn der Zusammenhang schwach ist. So gilt z.B. $G^2(0) \to \infty$ für $N \to \infty$, während $G^2(M)$ sich wie eine χ^2-Variable verhält und beschränkt bleibt. Damit gilt $D^* \to 1$ für $N \to \infty$, so daß D^* vom Stichprobenumfang abhängig ist.

Ein anderes Maß vergleicht die Vorhersage von y_i durch $\hat{\pi}_i$ (Modell M) bzw. durch $\bar{y}$ (Modell I):

$$R^2 = 1 - \frac{\sum(y_i - \hat{\pi}_i)^2}{\sum(y_i - \bar{y})^2} \tag{4.24}$$

Wenn das lineare Wahrscheinlichkeitsmodell durch KQS geschätzt wird, stimmt dieses Maß mit dem üblichen R^2 aus Regressionsmodellen überein.

4.3.3 Beispiele für die Modelldiagnostik

Beispiel 4.2: Wir untersuchen das Risiko (Y) für Pfeilerverlust durch Extraktion in Abhängigkeit vom Alter (X) (Walther, 1991).

Wir berechnen aus Tabelle 4.1 $\chi_4^2 = 15.56$ und $G^2 = 17.25$. Beide Werte sind signifikant ($\chi_{4;0.95}^2 = 9.49$).

Die Zerlegung von G^2 ergibt:

i	Alters–gruppe	Verlust ja	nein	n_{i+}
1	< 40	4	70	74
2	$40-50$	28	147	175
3	$50-60$	38	207	245
4	$60-70$	51	202	253
5	> 70	32	92	124
	n_{+j}	153	718	871

Tabelle 4.1: 5×2–Tafel Pfeilerverlust/Altersgruppen

	1	2	3	4	5
ja	4	28	38	51	32
nein	70	147	207	202	92

1/2			1+2/3			1+2+3/4			1+2+3+4/5		
4	28	32	32	38	70	70	51	121	121	32	153
70	147	217	217	207	424	424	202	626	626	92	718
74	175	249	249	245	494	494	253	747	747	124	871

Aus dieser Zerlegung erhält man $G^2 = \underline{6.00} + 0.72 + \underline{4.30} + \underline{6.22} = 17.25$, also drei signifikante Einzeleffekte.

Die Modellierung mit dem **Logit–Modell**

$$\ln\left(\frac{n_{1i}}{n_{2i}}\right) = \widehat{\alpha + \beta_i}$$

ergibt folgende Tabelle:

i	Stichproben–Logits	$\hat{\pi}_{1/i} = \frac{n_{1i}}{n_{i+}}$
1	-2.86	0.054
2	-1.66	0.160
3	-1.70	0.155
4	-1.38	0.202
5	-1.06	0.258

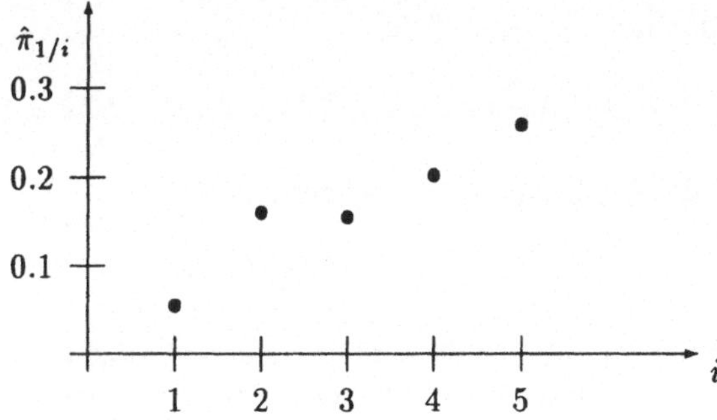

$\hat{\pi}_{1/i}$ ist also das geschätzte Risiko für Pfeilerverlust. Es wächst linear mit der Altersgruppe, z.B. hat die Altersgruppe 5 etwa das 5-fache Risiko gegenüber der Altersgruppe 1.

Die Modellierung mit der **logistischen Regression**

$$\ln\left(\frac{\hat{\pi}_1(x_i)}{\hat{\pi}_2(x_i)}\right) = \alpha + \beta x_i$$

ergibt:

x_i	Stichproben-Logits	gefittete Logits	$\hat{\pi}_1(x_i)$	erwartet $n_{i+}\hat{\pi}_1(x_i)$	beobachtet n_{1i}
35	−2.86	−2.508	0.075	5.55	4
45	−1.66	−2.120	0.107	18.73	28
55	−1.70	−1.732	0.150	36.75	38
65	−1.38	−1.344	0.207	52.37	51
75	−1.06	−0.956	0.278	34.47	32

mit den geschätzten Parametern $\hat{\alpha} = -3.866$ und $\hat{\beta} = 0.0388$ sowie der Restvarianz $\hat{\sigma}^2 = 0.341^2$. Damit wird $\hat{\sigma}^2_{\hat{\beta}} = \dfrac{0.341^2}{\sum x_i^2 - n\overline{x}^2} = \dfrac{0.341^2}{1000} = 0.000116$.
Die Hypothese H_0: $\beta = 0$ wird mit der Wald–Statistik überprüft:

$$Z^2 = \frac{\hat{\beta}^2}{\hat{\sigma}^2_{\hat{\beta}}} = 12.98 > 3.84 = \chi^2_{1;0.95} \,,$$

so daß der Trend signifikant ist.

Der **LQ–Test** bestätigt dieses Resultat:

n_{1i}	$\hat{m}_{1i}$	n_{2i}	$\hat{m}_{2i}$
4	5.55	70	68.45
28	18.73	147	156.27
38	36.75	207	208.25
51	52.37	202	200.63
32	34.47	92	89.53

Damit erhält man

$$G^2(I \mid L) = G^2(I) - G^2(L) = 17.25 - 5.40 = 11.85 \,.$$

Die Anzahl der Freiheitsgrade errechnet man durch:

$$\text{df:} \qquad 1 = 4 - 3 \,.$$

Wegen $11.85 > \chi_{1;0.95} = 3.84$ wird $H_0 : \beta = 0$ abgelehnt, so daß das logistische Modell gegen das Unabhängigkeitsmodell statistisch gesichert ist.

Wir fassen die Resultate zusammen:

i	Logit $\hat{\pi}_{1/i}$	Logistisch $\hat{\pi}_1(x_i)$	n_{1i}	n_{i+}
1	0.054	0.075	4	74
2	0.160	0.107	28	175
3	0.155	0.150	38	245
4	0.202	0.202	51	253
5	0.258	0.278	32	124

Daraus berechnen wir die erwarteten Besetzungen und die Residuen

$$e_i = \frac{n_{1i} - n_{i+}\hat{\pi}_{1/i}}{\left(n_{i+}\hat{\pi}_{1/i}(1 - \hat{\pi}_{1/i})\right)^{1/2}} \tag{4.25}$$

Logit $n_{i+}\hat{\pi}_{1/i}$	Logistisch $n_{i+}\hat{\pi}_1(x_i)$	Logit e_i	Logistisch e_i
4	5.55	0	−0.684
28	18.73	0	2.151
38	36.75	0	0.224
51	52.37	0	−0.213
32	34.47	0	−0.495

Es ist $\mid e_2 \mid_{\text{logistisch}} > 2$, so daß die zweite Altersgruppe aus dem Modell herausfällt. Man könnte versuchen, die Klassengrenzen zu verschieben oder nach Ursachen zu forschen.

Wir berechnen für diesen Datensatz nun das Analogon zum Bestimmtheitsmaß:

$$R^2 = 1 - \frac{\sum(n_{1i} - n_{i+}\hat{\pi}_{1/i})^2}{\sum(n_{1i} - n_{i+}\frac{n_{+1}}{n})^2} \tag{4.26}$$

n_{1i}	n_{i+}	$n_{i+}\dfrac{n_{+1}}{n}$	Logistisch $n_{i+}\hat{\pi}_1(x_i)$
4	74	12.99	5.55
28	175	30.73	18.73
38	245	43.02	36.75
51	253	44.43	52.37
32	124	21.77	34.47

Daraus erhalten wir

$$\frac{n_{+1}}{n} = \frac{153}{871}$$

und daher

Logit–Modell : $R^2 = 1$,

Logistisches Modell: $R^2 = 1 - \dfrac{97.88}{261.29} = 0.625$.

Der Wert $R^2 = 1$ für das Logit–Modell ist wegen der perfekten Anpassung stets zu erwarten.

Beispiel 4.3: Risiko (Y) des Pfeilerverlustes durch Extraktion in Abhängigkeit von der Konusanzahl (X).
Walther (1991) erhielt folgende Tabelle:

i	Konus-anzahl	Verlust		n_{i+}	$\hat{m}_{ij}$	
		ja	nein		ja	nein
1	1	19	59	78	13.7	64.3
2	2	39	220	259	45.5	213.5
3	3	45	211	256	45.0	211.0
4	4	20	142	162	28.5	133.5
5	5	15	53	68	11.9	56.1
6	>5	15	33	48	8.4	39.6
		153	718	871	153.0	718.0

$$\hat{m}_{ij} = \text{erwartete Besetzungen}$$

Tabelle 4.2: Risiko für Pfeilerverlust

Daraus berechnet man:

$\chi_5^2 = 13.81 > 11.1$ (p–Wert: 0.0168) $\implies$ signifikant

$$G^2 = 2 \sum \sum n_{ij} \ln\left(\frac{n_{ij}}{\hat{m}_{ij}}\right) = 12.97 > 11.1 \implies \text{signifikant}$$

Zerlegung von G^2

Verlust		1	2	3	4	5	6
	ja	19	39	45	20	15	15
	nein	59	220	211	142	53	33

1/2			1+2/3			1+2+3/2		
19	39	58	58	45	103	103	20	123
59	220	279	279	211	490	490	142	632
79	259	337	337	256	593	593	162	755

$\hat{m}_{ij}$:

13.4	44.6		58.5	44.5		96.6	26.4
64.6	214.4		278.5	211.5		496.4	135.6

1+2+3+4/5			1+2+3+4+5/6		
123	15	138	138	15	153
632	53	685	685	33	718
755	68	823	823	48	871

$\hat{m}_{ij}$:

126.6	11.4		144.6	8.4
628.4	56.6		678.4	39.6

Aus dieser Zerlegung erhält man dann:

$G^2 = \underline{3.42} + 0.01 + 2.48 + 1.39 + \underline{5.67} = 12.97$

$\implies$ die Effekte 1/2 und $1 + \cdots + 5/6$ sind signifikant.

Modellierung mit dem **Logit–Modell**

i	Stichproben-Logits	$\hat{\pi}_{1/i}$	$p_{1/i} = \dfrac{n_{1i}}{n_{2i}}$
1	-1.13	0.24	0.32
2	-1.73	0.15	0.18
3	-1.55	0.18	0.21
4	-1.96	0.12	0.14
5	-1.26	0.22	0.28
6	-0.79	0.31	0.45

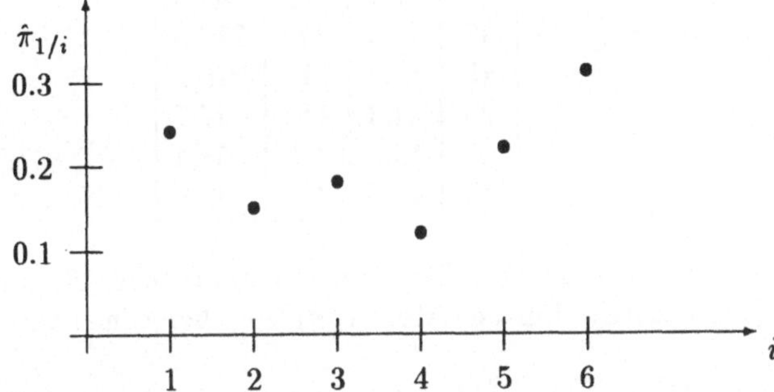

Wie man sieht, ist das Risiko bei $i = 2, 3, 4$ etwa gleich groß. Das gleiche gilt für das Risiko von $i = 1, 5, 6$.

Insgesamt ist der Verlauf nichtlinear (Parabel), zwischen $i = 4$ und $i = 6$ jedoch linear. Wir wählen den nichtlinearen Ansatz, also eine quadratische Regression.

Logistische Regression

$$\ln\left(\frac{\hat{\pi}_1(x_i)}{\hat{\pi}_2(x_i)}\right) = \hat{\alpha} + \hat{\beta}x_i + \hat{\gamma}x_i^2 = -0.435 - 0.8516x_i + 0.1327x_i^2$$

x_i	Logits	Logits	$\hat{\pi}_1(x_i)$	$n_{i+}\hat{\pi}(x_i)$	n_{1i}
1	-1.13	-1.15	0.24	18.7	19
2	-1.73	-1.64	0.16	41.4	39
3	-1.55	-1.80	0.14	35.8	45
4	-1.96	-1.72	0.15	24.3	20
5	-1.26	-1.38	0.20	13.6	15
6	-0.79	-0.77	0.32	15.4	15

Daraus läßt sich nun

$$\hat{\sigma}_e = 0.2223$$

schätzen, so daß man für den Test $H_0 : \beta = 0$ gegen $H_1 : \beta \neq 0$

$$Z^2 = \frac{\hat{\beta}^2}{\hat{\sigma}_{\hat{\beta}}^2} = \frac{0.8516^2}{(\sum x_i^2 - n\overline{x}^2)^{-1}\hat{\sigma}_e^2} = \frac{0.8516^2}{\dfrac{0.2223^2}{17.5}} = 256.8$$

und für den Test $H_0: \gamma = 0$ gegen $H_1: \gamma \neq 0$

$$Z^2 = \frac{\hat{\gamma}^2}{\hat{\sigma}^2_{\hat{\gamma}}} = \frac{0.1327^2}{\left(\sum(x_i^2)^2 - n\left(\overline{(x_i^2)}\right)^2\right)^{-1}\hat{\sigma}^2_e} = \frac{0.1327^2}{\frac{0.2223^2}{894.8}} = 318.9$$

erhält. Da in beiden Fällen die Testgröße größer als 3.84 ist, liegt jeweils hohe Signifikanz vor.

LQ–Test

n_{1i}	$\hat{m}_{1i}$	n_{2i}	$\hat{m}_{2i}$
19	18.7	59	59.3
39	41.4	220	217.6
45	35.8	211	220.2
20	24.3	142	137.7
15	13.6	53	54.4
15	15.4	33	32.6

Dabei sind die $\hat{m}_{1i} = n_{i+}\hat{\pi}_1(x_i)$ die aus der quadratischen Regression berechneten erwarteten Häufigkeiten. Für den Modellvergleich berechnen wir

$$G^2(I \mid L) = G^2(I) - G^2(L) = 12.97 - 3.88 = 9.09 \, .$$

Die Anzahl der Freiheitsgrade bestimmt man gemäß (Hinweis: 3 Parameter im Modell geschätzt!)

$$\text{df:} \quad 2 = \underset{(I-1)}{5} - \underset{(I-3)}{3} \, .$$

Somit ergibt sich die Beziehung

$$9.09 > \chi^2_{2;0.95} = 5.99 \, .$$

Damit wird $H_0: (\beta, \gamma) = (0,0)$ abgelehnt. Dies bedeutet, daß das logistische Modell gegen das Unabhängigkeitsmodell statistisch gesichert ist.

Beispiel 4.4: Risiko für Pfeilerverlust in Abhängigkeit vom Alter des Patienten und der Konstruktionsform (Walther, 1991).
Das Merkmal Alter wird in folgende Klassen eingeteilt:

$$< 40 \, , \quad 40 - 50 \, , \quad 50 - 60 \, , \quad 60 - 70 \, , \quad > 70 \quad \text{Jahre} \, .$$

Für die Konstruktionsform gibt es die Ausprägungen H (= Hufeisen) und B (= Transversalbügel).
Man erhält also eine $2 \times 5 \times 2$-Tafel, für das das loglineare Modell (vgl. Kapitel 7)

$$\ln(m_{ijk}) = \mu + \lambda_i^A + \lambda_i^K + \lambda_k^R$$

passend wäre.
Zur Vorbereitung differenzierterer Untersuchungen dient die partielle 2×2-Analyse:

Alters–gruppe		Verlust		
		ja	nein	
< 40	H	1	39	40
	B	3	31	34
		4	70	74

$\chi_1^2 = 1.44 < 3.84 \quad (p = 0.23)$

		ja	nein	
40 – 50	H	25	84	109
	B	3	63	66
		28	147	175

$\chi_1^2 = 10.34 > 3.84 \quad (p = 0.001)$
$\Longrightarrow$ * signifikant

		ja	nein	
50 – 60	H	29	136	165
	B	9	71	80
		38	207	245

$\chi_1^2 = 1.65 < 3.84 \quad (p = 0.20)$

		ja	nein	
60 – 70	H	39	148	187
	B	12	54	66
		51	202	253

$\chi_1^2 = 0.22 < 3.84 \quad (p = 0.64)$

		ja	nein	
> 70	H	30	65	95
	B	2	27	29
		32	92	124

$\chi_1^2 = 7.07 > 3.84 \quad (p = 0.008)$
$\Longrightarrow$ * signifikant

Tabelle 4.3: Analyse des Risikos für Pfeilerverlust in Abhängigkeit von der Konstruktionsform

Als empirische Schätzung für das Risiko eines Pfeilerverlusts erhalten wir (Risiko $\times$ 100):

	H	B	
< 40	2.5	8.8	
40 – 50	22.9	4.5	* signifikant
50 – 60	17.6	11.3	
60 – 70	20.9	18.2	
> 70	31.6	6.9	* signifikant
Gesamt	0.208	0.118	

(z.B. $\frac{1}{40} = 0.025$)

Tabelle 4.4: Vergleich des Risikos ($\times$ 100) der beiden Konstruktionsformen, gegliedert nach Altersgruppen

Betrachtet man die Verluste in Relation zu den Altersgruppen nach beiden Konstruktionsformen getrennt, so ergibt sich bei H eine Abhängigkeit, bei B dagegen wird die Nullhypothese "kein Alterseffekt beim Pfeilerverlust" nicht abgelehnt:

	H		
	Verlust		
	ja	nein	
< 40	1	39	40
40 − 50	25	84	109
50 − 60	29	136	165
60 − 70	39	148	187
> 70	30	65	95
	124	472	596

$\chi_4^2 = 16.17 > 9.49 \quad (p = 0.0028)$

$\Longrightarrow *$ signifikant

	B		
	Verlust		
	ja	nein	
< 40	3	31	34
40 − 50	3	63	66
50 − 60	9	71	80
60 − 70	12	54	66
> 70	2	27	29
	29	246	275

$\chi_4^2 = 7.16 < 9.49 \quad (p = 0.1278)$

Tabelle 4.5: Separate Analyse (für beide Konstruktionsformen) der Altersabhängigkeit des Risikos für Pfeilerverlust

Die Analyse wird in Beispiel 5.6 fortgesetzt.

Einfluß der Gruppenbildung auf die Signifikanz des Zusammenhangs und die Stärke des Trends

Beispiel 4.5: Risiko für endodontische Behandlung vitaler Pfeilerzähne in Abhängigkeit vom Alter (Altersgruppen) (Walther, 1990)

Für die insgesamt 1983 vitalen (unter den 2659) Pfeilerzähnen (Tabelle 7.6) stellt die endodontische Behandlung (das Zahnmarkgewebe ist erkrankt und muß mit Wurzelfüllung versorgt werden) einen Risikofaktor dar. Dieses Risiko soll in Abhängigkeit vom Alter der Patienten geschätzt und modelliert werden, wobei wir zwei verschiedene Altersgruppeneinteilungen wählen und diesen Effekt beleuchten wollen.

Der Testwert $\chi_4^2 = 23.79 > 9.49 \quad (p < 0.0001)$ für Tabelle 4.6 ist hochsignifikant.

Die Zerlegung von $G^2 = 22.51$ (hochsignifikant) gemäß der Anordnung

	1	2	3	4	5
ja	21	49	47	58	10
nein	347	483	569	325	74

ergibt die Subtafeln mit den geschätzten Zellhäufigkeiten $\hat{m}_{ij}$:

Alters- gruppe	i	endodont. Behandlung ja	nein	
<45	1	21	347	368
<55	2	49	483	532
<65	3	47	569	616
<75	4	58	325	383
≥75	5	10	74	84
		185	1798	1983

Tabelle 4.6: 5×2–Tafel Alter/Risiko endodontische Behandlung

1/2			1+2/3		
21	49	70	70	47	117
347	483	830	830	569	1399
368	532	900	900	616	1516

$\hat{m}_{ij}$:

28.62	41.38		69.36	47.54
339.38	490.62		830.54	568.46

1+2+3/4			1+2+3+4/5		
117	58	175	175	10	185
1399	325	1724	1724	74	1798
1516	383	1899	1899	84	1983

$\hat{m}_{ij}$:

139.71	35.29		177.16	7.84
1376.29	347.71		1721.84	76.16

,

also die Struktur

$$G^2 = \underline{3.85} + 0.01 + \underline{18.00} + 0.65 = 22.51$$

(signifikante Gruppeneffekte sind unterstrichen).

Modellierung mit dem **Logit–Modell**:

i	Stichproben– Logits	$\hat{\pi}_{1/i}$	Odds $= \dfrac{n_{1i}}{n_{2i}}$		
1	−2.80	0.057	21/347	=	0.061
2	−2.29	0.092	49/483	=	0.101
3	−2.49	0.076	47/569	=	0.083
4	−1.72	0.151	58/325	=	0.178
5	−2.00	0.119	10/74	=	0.135
			185/1798	=	0.103
			grober Odds		

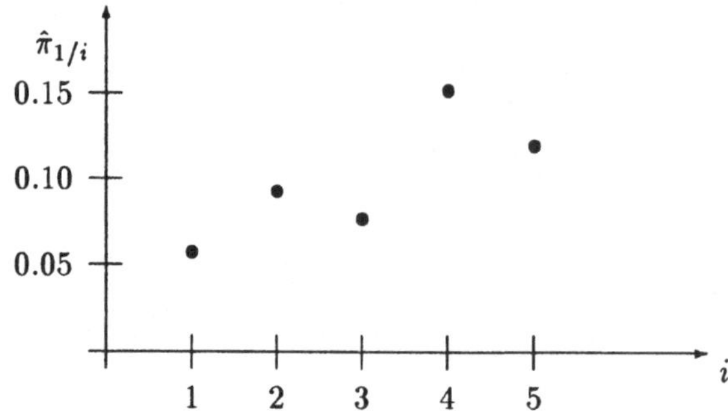

Aus der Abbildung ist ein deutlicher Trend erkennbar.

Logistische Regression zur Modellierung des Trends

Scores x_i	Logits	$\widehat{\text{Logits}}$	$\hat{\pi}_1(x_i)$	$\hat{m}_{1i} = n_{i+}\hat{\pi}(x_i)$	n_{1i}
1	-2.80	-2.69	0.063	23.30	21
2	-2.29	-2.48	0.077	41.22	49
3	-2.49	-2.26	0.094	58.21	47
4	-1.72	-2.04	0.115	43.95	58
5	-2.00	-1.83	0.139	11.65	10

Das geschätzte Modell

$$\widehat{\text{Logits}} = \hat{\alpha} + \hat{\beta}x_i = -2.911 + 0.217x_i$$

mit der Restvarianz

$$\hat{\sigma}_e^2 = 0.279^2$$

wird auf Signifikanz geprüft:
Unter $H_0 : \ \beta = 0$ liefert die Wald–Statistik den Testwert

$$Z^2 = \frac{\hat{\beta}^2}{\dfrac{\hat{\sigma}_e^2}{\left(\sum x_i^2 - n\overline{x}^2\right)}} = \frac{0.217^2}{\dfrac{0.279^2}{10}} = 6.05 \ ,$$

so daß $H_0 : \ \beta = 0$ abzulehnen, der Trend also signifikant ist.

Der **LQ–Test** zur Prüfung des logistischen Modells gegen das Unabhängigkeitsmodell liefert

$$
\begin{array}{rcccc}
G^2(I \mid L) & = & G^2(I) & - & G^2(L) \ , \\
13.27 & = & 22.51 & - & 9.24 \ ,
\end{array}
$$

so daß $H_0 : \ \beta = 0$ deutlich abgelehnt wird.
Der Trend "Das Risiko für endodontische Behandlung steigt mit höherer Altersgruppe" ist also bisher deutlich bestätigt worden.

Die **Modelldiagnostik** ergibt für die Residuen des logistischen Modells

$$e_i = \frac{n_{1i} - n_{i+}\hat{\pi}_{1/i}}{(n_{i+}\hat{\pi}_{1/i}(1 - \hat{\pi}_{1/i}))^{1/2}}$$

die Tabelle

i	n_{1i}	$n_{i+}\hat{\pi}_{1/i}$	$1 - \hat{\pi}_{1/i}$	e_i
1	21	23.30	0.937	0.49
2	49	41.22	0.923	1.26
3	47	58.21	0.906	1.54
4	58	43.95	0.885	0.65
5	10	11.65	0.861	0.53

Für alle i gilt $| e_i | < 2$, so daß keine Abweichungen vom linearen Modell erkennbar sind. Der Wert des Bestimmtheitsmaßes R^2 (4.24) wird gleich 0.73.

Unser Ziel ist es zu versuchen, durch Neugruppierung den Zusammenhang Risiko (endodontische Behandlung vitaler Zähne) und Alter noch stärker herauszubilden. Wir wählen die Altersgruppeneinteilung:

Alters-gruppe	endodont. Behandlung ja	nein	
<37	3	135	138
<47	31	310	341
<57	41	490	531
<67	63	548	611
<77	40	273	313
≥77	7	42	49
	185	1798	1983

Die Teststatistiken

$$\chi^2 = 16.52 \qquad \text{bzw.} \qquad G^2 = 19.42$$

liegen unter den vorhergehenden Werten, sprechen also weniger deutlich gegen H_0: Unabhängigkeit.

Die Zerlegung von G^2 in Subeffekte liefert mit

$$G^2 = \underbrace{8.74}_{1/2} + \underbrace{0.14}_{1+2/3} + \underbrace{3.99}_{1+2+3/4} + \underbrace{5.27}_{1+2+3+4/5} + \underbrace{1.28}_{1+\ldots+5/6}$$

(unterstrichen: signifikant) eine vergleichbare Aufspaltung.

i	Stichproben-Logits	$\hat{\pi}_{1/i}$	Odds $= \dfrac{n_{1i}}{n_{2i}}$		
1	−3.81	0.022	3/135	=	0.022
2	−2.30	0.091	31/310	=	0.100
3	−2.48	0.077	41/490	=	0.084
4	−2.16	0.103	63/548	=	0.115
5	−1.92	0.128	40/273	=	0.147
6	−1.79	0.143	7/42	=	0.167

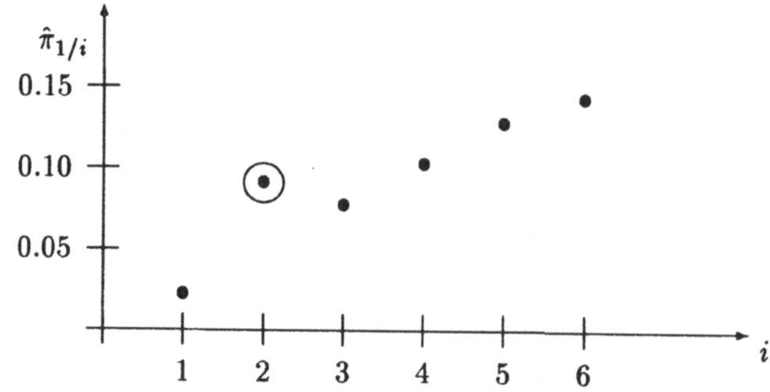

Nach Modellierung durch das **Logit–Modell** bemerken wir einerseits eine mögliche Stabilisierung des Trends, aber gleichzeitig einen Ausreißer, der eine Modellabweichung signalisieren könnte.

Die **logistische Regression** zur Modellierung des Trends ergibt folgendes Bild:

Scores x_i	Logits	$\widehat{\text{Logits}}$	$\hat{\pi}_1(x_i)$	m_{1i}	n_{1i}
1	−3.81	−3.24	0.038	5.22	3
2	−2.30	−2.91	0.052	17.69	31
3	−2.48	−2.58	0.071	37.57	41
4	−2.16	−2.24	0.096	58.53	63
5	−1.92	−1.91	0.128	40.21	40
6	−1.79	−1.58	0.170	8.34	7

Man erhält das geschätzte Modell

$$\widehat{\text{Logits}} = \hat{\alpha} + \hat{\beta}x_i = -3.566 + 0.3303x_i$$

mit der Restvarianz

$$\hat{\sigma}_e^2 = 0.434^2 \; .$$

Die Wald–Statistik $Z^2 = 10.14$ lehnt $H_0 : \beta = 0$ deutlicher ab (höhere Signifikanz als bei der vorigen Altersgruppeneinteilung).

Der **LQ–Test**, der nicht auf die Asymptotik zurückgreift und damit realitätsnäher arbeitet, ergibt:

$$\begin{aligned} G^2(I \mid L) &= G^2(I) &- \; G^2(L) \; , \\ 8.58 &= 19.42 &- \; 10.84 \; , \end{aligned}$$

so daß sich der Modellunterschied weniger deutlich als vorher darstellt.

Die **Modelldiagnostik** bestätigt unseren Verdacht bezüglich des Ausreißers:

i	n_{1i}	$\hat{m}_{1i}$	$1 - \hat{\pi}_{1/i}$	e_i
1	3	5.22	0.962	0.99
2	31	17.69	0.948	3.25
3	41	37.57	0.921	0.58
4	63	58.53	0.904	0.61
5	40	40.21	0.872	0.04
6	7	8.34	0.830	1.96

* signifik. Abweichung (Modellfehler)

$R^2 = 0.66$ ist deutlich kleiner als vorher. Damit haben wir den Effekt der unterschiedlichen Altersgruppeneinteilung demonstriert mit dem Resultat, daß die neue Alterseinteilung ungünstiger bezüglich der Modellierung Risiko / Alter in unserem Datensatz ist.

4.4 ML–Schätzung für die logistische Regression

Sei x nun ein Vektor von Einflußgrößen. Dann hat das logistische Regressionsmodell die Gestalt

$$\ln\left(\frac{\pi(x_i)}{1 - \pi(x_i)}\right) = \beta_0 + \beta_1 x_{i1} + \cdots + \beta_k x_{ik} \tag{4.27}$$

oder, äquivalent mit $\beta' = (\beta_0, \beta_1, \ldots, \beta_k)$, $x_i' = (x_{i0}, x_{i1}, \ldots, x_{ik})$, $x_{i0} \equiv 1$,

$$\pi(x_i) = \frac{\exp(x_i'\beta)}{1 + \exp(x_i'\beta)} \; . \tag{4.28}$$

Für festes x_i wird bei n_i Wiederholungen y_i–mal der Response 1 beobachtet. Dann sind die y_i $(i = 1, \ldots, I)$ unabhängige Binomialvariablen mit $E(y_i) = n_i \pi(x_i)$ und $n_i + \cdots + n_I = N$.

Damit ist die gemeinsame Verteilung der $\{y_i\}$ proportional zu dem Produkt der I Binomialfunktionen

$$\prod_{i=1}^{I} \pi(x_i)^{y_i} [1 - \pi(x_i)]^{n_i - y_i} = \prod_{i=1}^{I} [1 - \pi(x_i)]^{n_i} \prod_{i=1}^{I} \exp\left(\ln\left(\frac{\pi(x_i)}{1 - \pi(x_i)}\right)^{y_i}\right)$$

$$= \prod_{i=1}^{I} [1 - \pi(x_i)]^{n_i} \exp \sum_{i=1}^{I} y_i \ln\left(\frac{\pi(x_i)}{1 - \pi(x_i)}\right) \; . \tag{4.29}$$

Wegen $\dfrac{\pi(x_i)}{1 - \pi(x_i)} = \exp(x_i'\beta)$ wird der i–te Logit $\ln\left(\dfrac{\pi(x_i)}{1 - \pi(x_i)}\right) = x_i'\beta$, so daß der letzte Ausdruck die Gestalt hat

$$\exp\left(\sum_{i=1}^{I} y_i x_i'\beta\right) = \exp\left(\sum_{j=0}^{k} \left(\sum_{i=0}^{I} y_i x_{ij}\right) \beta_j\right) \; . \tag{4.30}$$

Wegen $1 - \pi(x_i) = \dfrac{1}{1 + \exp(x_i'\beta)}$ und $a = \exp(\ln a)$ gilt dann insgesamt nach Logarithmieren:

$$L(\beta) = \sum_{j=0}^{k} \left(\sum_{i=1}^{I} y_i x_{ij}\right) \beta_j - \sum_{i=1}^{I} n_i \ln(1 + \exp(x_i'\beta)) \; . \tag{4.31}$$

Der Loglikelihood hängt also von den Binomialvariablen y_i der Stichprobe nur über

$$\sum_{i=1}^{I} y_i x_{ij} \qquad j = 0, \ldots, k \tag{4.32}$$

ab.

Die Likelihoodgleichungen erhalten wird als

$$\frac{\partial L}{\partial \beta_a} = \sum_{i=1}^{I} y_i x_{ia} - \sum_{i=1}^{I} n_i x_{ia} \left[\frac{\exp(\sum_{j=1}^{k} x_{ij}\beta_j)}{1 + \exp(\sum_{j=1}^{k} x_{ij}\beta_j)} \right] = 0 \;, \tag{4.33}$$

d.h.

$$\sum_{i=1}^{I} y_i x_{ia} - \sum_{i=1}^{I} n_i x_{ia}\hat{\pi}_i = 0 \qquad a = 0, \ldots, k \tag{4.34}$$

mit $\hat{\pi}_i = \dfrac{\exp(\sum_{j=1}^{k} x_{ij}\hat{\beta}_j)}{1 + \exp(\sum_{j=1}^{k} x_{ij}\hat{\beta}_j)}$ als die ML–Schätzung von π_i, die von der ML–

Schätzung $\hat{\beta}$ abhängt.

Sei X die $I \times (k+1)$–Matrix der x_{ij}. Dann lassen sich die ML–Gleichungen zusammengefaßt in Matrixschreibweise darstellen als

$$X'y = X'\hat{m} \tag{4.35}$$

mit $\hat{m}_i = n_i\hat{\pi}_i$.

Das logistische Modell basiert auf dem kanonischen Link. Die abgeleitete Normalgleichung ist typisch für Generalisierte lineare Modelle mit kanonischem Link: sie verbindet die erschöpfende Statistik $X'y$ mit der Schätzung ihres Erwartungswertes $X'\hat{m}$.

Die Informationsmatrix ist der negative Erwartungwert der Matrix der zweiten Ableitungen des Loglikelihood.

Unter allgemeinen Bedingungen (vgl. Fahrmeir und Hamerle, 1984) haben ML–Schätzungen asymptotisch eine Normalverteilung mit einer Kovarianzmatrix, die gleich der Inversen der Informationsmatrix ist.

Für das logistische Modell gilt:

$$\begin{aligned}
\frac{\partial^2 L}{\partial \beta_a \partial \beta_b} &= -\sum_{i=1}^{I} \frac{x_{ia} x_{ib} n_i \exp(x_i'\beta)}{(1 + \exp(x_i'\beta))^2} \\
&= -\sum_{i=1}^{I} x_{ia} x_{ib} n_i \pi_i (1 - \pi_i) \;. \tag{4.36}
\end{aligned}$$

Diese Größe ist unabhängig von y_i, so daß die Stichproben– und die Populationsmatrix der zweiten Ableitungen identisch sind. Dies gilt für alle GLM's mit kanonischem Link.
Es gilt also

$$\mathrm{Cov}(\hat{\beta}) \;=\; \left(-\frac{\partial^2 L}{\partial\beta_a\partial\beta_b}\right)^{-1} \tag{4.37}$$

und

$$\widehat{\mathrm{Cov}}(\hat{\beta}) \;=\; (X'\mathrm{Diag}(n_i\hat{\pi}_i(1-\hat{\pi}_i))X)^{-1}\ . \tag{4.38}$$

Für festes x ist der vorhergesagte Logit $\hat{L} = x'\hat{\beta}$ mit der geschätzten Varianz

$$\hat{\sigma}^2(\hat{L}) = x'\widehat{\mathrm{Cov}}(\hat{\beta})x\ . \tag{4.39}$$

Für große Stichproben gilt wegen der asymptotischen Normalverteilung $\hat{\beta} \overset{as.}{\sim} N(\beta, \mathrm{Cov}(\hat{\beta}))$, so daß

$$\hat{L} \pm u_{1-\alpha/2}\hat{\sigma}(\hat{L}) \tag{4.40}$$

ein $(1-\alpha)$–Konfidenzintervall liefert.
Dessen Endpunkte L_u und L_o ergeben nach Rücktransformation

$$\hat{\pi} = \frac{\exp(\hat{L})}{1+\exp(\hat{L})} \tag{4.41}$$

ein Konfidenzintervall

$$[\hat{\pi}_u, \hat{\pi}_o] \quad \text{für} \quad \pi(x)\ .$$

Die ML–Gleichung für $\hat{\beta}$

$$X'y = X'\hat{m}$$

mit $\hat{m}_i = n_i\hat{\pi}_i$, $\hat{\pi}_i = \dfrac{\exp(x_i'\hat{\beta})}{1+\exp(x_i'\hat{\beta})}$ ist nichtlinear in $\hat{\beta}$, so daß iterative Verfahren zur Lösung einzusetzen sind.

4.5 Newton–Raphson–Methode

Die N–R–Methode löst nichtlineare Gleichungen iterativ in Schritten $t = 1, 2, \ldots$
Sei $g(\beta)$ die zu maximierende Funktion,

$$q' \;=\; \left(\frac{\partial g}{\partial\beta_0}, \ldots, \frac{\partial g}{\partial\beta_k}\right) \quad \text{der Vektor der ersten Ableitungen}$$

und

$$H \;=\; \left(\frac{\partial^2 g}{\partial\beta_a\partial\beta_b}\right) \quad \text{die Matrix der zweiten Ableitungen}\ .$$

Sei $\beta^{(t)}$ der t-te Wert von β in dem iterativen Prozeß ($\beta^{(1)}$ ein gewählter Startwert).

Die Taylorentwicklung bis zur zweiten Ordnung ist eine Näherung von $g(\beta)$ im Punkt $\beta^{(t)}$

$$Q^{(t)}(\beta) = g(\beta^{(t)}) + q^{(t)'}(\beta - \beta^{(t)}) + \frac{1}{2}(\beta - \beta^{(t)})'H^{(t)}(\beta - \beta^{(t)}) \ . \qquad (4.42)$$

Die Lösung von

$$\frac{\partial Q^{(t)}}{\partial \beta} = q^{(t)} + H^{(t)}(\beta - \beta^{(t)}) = 0 \qquad (4.43)$$

liefert

$$\beta^{(t+1)} = \beta^{(t)} - \left(H^{(t)}\right)^{-1} q^{(t)} \qquad (4.44)$$

als nächsten Approximationsschritt (Voraussetzung: $H^{(t)}$ regulär). Wir demonstrieren die Methode für das logistische Modell.

Newton–Raphson–Methode für die logistische Regression

Sei $g(\beta)$ der Loglikelihood für das logistische Regressionsmodell

$$\ln\left(\frac{\pi(x)}{1 - \pi(x)}\right) = \alpha + x'\beta \ . \qquad (4.45)$$

Aus (4.34) und (4.36) erhalten wir (vgl. Agresti, 1990, S.115)

$$q_j^{(t)} \ = \ \left.\frac{\partial L(\beta)}{\partial \beta}\right|_{\beta^{(t)}} = \sum_{i=1}^{I}(y_i - n_i\pi_i^{(t)})x_{ij} \qquad (4.46)$$

und $\qquad\qquad\qquad\qquad\qquad\qquad\qquad\qquad\qquad\qquad\qquad\qquad (4.47)$

$$h_{ab}^{(t)} \ = \ \left.\frac{\partial^2 L(\beta)}{\partial \beta_a \partial \beta_b}\right|_{\beta^{(t)}} = -\sum_{i=1}^{I} x_{ia}x_{ib}n_i\pi_i^{(t)}(1 - \pi_i^{(t)}) \qquad (4.48)$$

mit $\pi_i^{(t)} = \dfrac{\exp(x_i'\beta^{(t)})}{1 + \exp(x_i'\beta^{(t)})}$.

Die nächste Approximation $\beta^{(t+1)}$ ergibt sich als

$$\beta^{(t+1)} = \beta^{(t)} + \left\{X'\mathrm{Diag}[n_i\pi_i^{(t)}(1 - \pi_i^{(t)})]X\right\}^{-1} X'(y - m^{(t)}) \qquad (4.49)$$

mit $m_i^{(t)} = n_i\pi_i^{(t)}$.

Der Algorithmus läuft also wie folgt ab:

— Start mit Anfangswert $\beta^{(0)}$

— Berechnen von $\pi_i^{(0)}$, $q_j^{(0)}$, $h_{ab}^{(0)}$

— Berechnen von $m^{(0)}$, $q^{(0)}$, $H^{(0)}$

— Berechnen von $\beta^{(1)}$, $\beta^{(2)}$, ...

$\longrightarrow$ Konvergenz $\begin{aligned} \pi^{(t)} &\to \hat{\pi} \\ \beta^{(t)} &\to \hat{\beta} \end{aligned}$,

wobei $\hat{\pi}$, $\hat{\beta}$ die ML–Schätzungen sind.

Die Konvergenz ist relativ schnell und es gilt (Konvergenz zweiter Ordnung)

$$\mid \beta_j^{(t+1)} - \hat{\beta}_j \mid \le c \mid \beta_j^{(t)} - \hat{\beta}_j \mid^2 \qquad \text{für} \quad c > 0, \quad j = 0, \dots, k \ . \qquad (4.50)$$

Die Matrix $H^{(t)}$ konvergiert gegen

$$\hat{H} = -X' \left[\text{Diag}(n_i \hat{\pi}_i (1 - \hat{\pi}_i)) \right] X \ , \qquad (4.51)$$

so daß der N–R–Algorithmus als ein Beiprodukt die asymptotische Kovarianzmatrix $(-\hat{H})^{-1}$ liefert.

Weitere Interpretation:
Die Gleichung für $\beta^{(t+1)}$ läßt sich auch anders schreiben als

$$\begin{aligned} \beta^{(t+1)} = \ & \left\{ X' \left[\text{Diag}(n_i \pi_i^{(t)} (1 - \pi_i^{(t)})) \right] X \right\}^{-1} \\ & \cdot X' \left[\text{Diag}(n_i \pi_i^{(t)} (1 - \pi_i^{(t)})) \right] z^{(t)} \end{aligned} \qquad (4.52)$$

$$\text{mit } z^{(t)} = \ln \left[\frac{\pi_i^{(t)}}{1 - \pi_i^{(t)}} \right] + \frac{y_i - n_i \pi_i^{(t)}}{n_i \pi_i^{(t)} (1 - \pi_i^{(t)})} \ .$$

D.h. $\beta^{(t+1)} = (X'W^{-1}X)^{-1} X'W^{-1}z$ hat die Form einer gewichteten KQS im Modell $z = X\beta + \varepsilon$, $\varepsilon \sim (0, \sigma^2 W)$, wobei W eine Diagonalmatrix ist (die Fehler also unkorreliert sind) mit den Elementen (Varianz der ε_i) $[n_i \pi^{(t)} (1 - \pi_i^{(t)})]^{-1}$. Der N–R–Algorithmus ist also eine iterative Verkettung von gewichteten KQS mit sich ständig verändernden Gewichten.

Logistische Regression

Für das Modell der $I \times 2$–Tafel (x_i eine skalare Größe)

$$\ln \left(\frac{\pi(x_i)}{1 - \pi(x_i)} \right) = \alpha + \beta x_i \qquad (i = 1, \dots, I)$$

und mit $y_i = n_{i1}$ und $n_i = n_{i+}$ wird der Loglikelihood zu

$$L(\beta) = - \sum_{i=1}^{I} n_{i+} \ln(1 + \exp(\alpha + \beta x_i)) + \sum_{i=1}^{I} n_{i1}(\alpha + \beta x_i) \ . \qquad (4.53)$$

Durch Ableitung nach α und β erhalten wir die Normalgleichungen

$$\frac{\partial L}{\partial \alpha} = -\sum_{i=1}^{I} n_{i+} \left[\frac{\exp(\alpha + \beta x_i)}{1 + \exp(\alpha + \beta x_i)} \right] + n_{+1} = 0 \tag{4.54}$$

und $\tag{4.55}$

$$\frac{\partial L}{\partial \beta} = -\sum_{i=1}^{I} n_{i+} x_i \left[\frac{\exp(\alpha + \beta x_i)}{1 + \exp(\alpha + \beta x_i)} \right] + \sum_{i=1}^{I} n_{i1} x_i = 0 \ . \tag{4.56}$$

Es gilt

$$\pi_{1/i} = \pi(x_i) = \frac{\exp(\alpha + \beta x_i)}{1 + \exp(\alpha + \beta x_i)} \ . \tag{4.57}$$

Seien $\hat{m}_{i1} = n_{i+} \hat{\pi}(x_i)$ und $\hat{m}_{i2} = n_{i+}(1 - \hat{\pi}(x_i))$ die ML–Schätzungen der erwarteten Häufigkeiten

$$m_{i1} = n_{i+} \pi(x_i) \ \text{bzw.} \ m_{i2} = n_{i+}(1 - \pi(x_i)) \ .$$

Dann gilt

$$\hat{m}_{i+} = \hat{m}_{i1} + \hat{m}_{i2} = n_{i+}$$
$$\text{und}$$
$$\hat{m}_{++} = n \ .$$

Somit läßt sich die erste Gleichung schreiben als

$$-\sum_{i=1}^{I} n_{i+} \pi(x_i) + n_{+1} = -\sum_{i=1}^{I} m_{i1} + n_{+1} = 0 \ , \tag{4.58}$$

woraus $\hat{m}_{+1} = n_{+1}$ und damit $\hat{m}_{+2} = n_{+2}$ folgt.
Entsprechend vereinfacht sich die zweite Gleichung zu

$$-\sum_{i=1}^{I} m_{i1} x_i + \sum_{i=1}^{I} n_{i1} x_i = 0 \ , \tag{4.59}$$

d.h. zu

$$\sum_{i=1}^{I} x_i \left(\frac{n_{i1}}{n_{+1}} \right) = \sum_{i=1}^{I} x_i \left(\frac{\hat{m}_{i1}}{\hat{m}_{+1}} \right) \ . \tag{4.60}$$

Die Anteile $\dfrac{n_{i1}}{n_{+1}}$ sind de facto die Gewichte (Scores) der einzelnen Zeilen. Damit sind die beobachteten Scores gleich den gefitteten Scores.

Kapitel 5

Analyse von epidemiologischen und klinischen Daten — Untersuchung des Zusammenhangs zwischen Ereignis und Exposition

5.1 Einleitung

Dieses Kapitel untersucht — bei Berücksichtigung der verschiedenen Anlagen von epidemiologischen Studien — den Zusammenhang zwischen einem Ereignis (binär) und einem auslösenden Risikofaktor (binär). Das binäre Ereignis bedeutet Eintreten bzw. Nichteintreten einer Krankheit, wobei Krankheit durch ein meßbares Ergebnis definiert ist wie

— Entwicklung der Krankheit (Stadien wie Blutdruck über/unter einer Grenze, OHI–Index)

— Tod (Extraktion eines Pfeilerzahns)

— Zeit bis zum Eintreffen des Todes

— Zeit bis zum Nachlassen der Krankheit (Absinken des Fiebers).

Der Risikofaktor (dichotom, d.h. zwei Ausprägungen) ist eine Variable, die das Auftreten der Krankheit beeinflußt (z.B. Altersgruppen < 50, > 50 und ihr Einfluß auf Pfeilerverlust, oder: Rauchen/Nichtrauchen und der Einfluß auf das Auftreten von Lungenkrebs).

Wir unterscheiden zwei prinzipielle Fragestellungen:

— Untersuchung des Zusammenhangs zwischen Risikofaktor und Krankheit als zeitunabhängige Zusammenhangsanalyse

— Untersuchung des Zusammenhangs zwischen Risikofaktor (zwei Ausprägungen) und Länge der Zeit bis zu einem Ereignis (Tod, Gesundung, etc.) als Ereignisanalyse (Lebensdaueranalyse).

Die Bezeichnung der Variablen erfolgt standardmäßig wie folgt:

— Risikofaktor: X

— Ergebnisvariable der Krankheit: Y

mit den jeweils zwei Zuständen

$$X = \begin{array}{ll} 0 & \text{ohne Exposition} \\ 1 & \text{Exposition} \end{array}$$

$$Y = \begin{array}{ll} 0 & \text{Ereignis nicht eingetreten} \\ 1 & \text{Ereignis eingetreten.} \end{array}$$

Beispiel 5.1:

$$Y = \begin{array}{ll} 1 & \text{Depression eines Patienten} \\ 0 & \text{keine Depression eines Patienten} \end{array} \left.\vphantom{\begin{array}{l}1\\0\end{array}}\right\}$$

$$X = \begin{array}{ll} 1 & \text{Depression bei den Eltern} \\ 0 & \text{keine Depression bei den Eltern} \end{array} \left.\vphantom{\begin{array}{l}1\\0\end{array}}\right\} \text{Zusammenhang?}$$

5.2 Studientypen in der Epidemiologie

Die Zusammenhangsanalyse basiert auf alternativen Stichprobenanlagen:

— prospektiv

— retrospektiv

— Querschnittsstudie (cross–sectional).

Bei *prospektiven Studien* (Langzeitstudien, Longitudinalstudien, Kohortenstudien) werden Patienten hinsichtlich X und Y langfristig beobachtet. Diese Studien sind kostenaufwendig und arbeitsintensiv. Sie beginnen mit gesunden Patienten und beobachten den Y–Ereigniswechsel, wobei zwei Gruppen mit $X = 0$ und $X = 1$ (beide Risikofaktoren) gebildet werden. Von Vorteil erweist sich die Bildung sogenannter matched pairs, d.h. von Patientenpaaren, die sich nur im Risikofaktor unterscheiden (Raucher/Nichtraucher), sonst aber homogen sind (Alter, Gewicht, Geschlecht, soziale Faktoren).
Nach Woolson (1987) kann man das Schema der prospektiven Studie wie folgt darstellen:

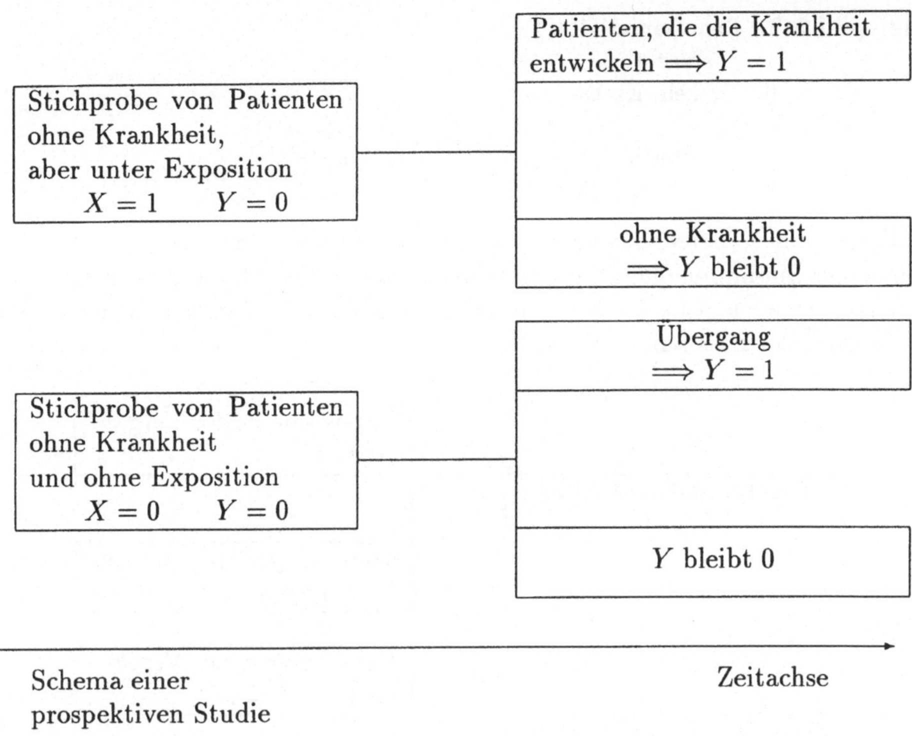

Schema einer
prospektiven Studie

Dabei ist X die Indikator–Variable (identifiziert die beiden Gruppen) und Y die Ergebnisvariable. Zur Zusammenhangsanalyse verwendet man als statistische Methode den χ^2–Test für Vierfeldertafeln. Falls Y stetig oder diskret mit mehr als zwei Ausprägungen oder rangskaliert ist, werden die üblichen t–Tests oder Rang–Tests angewandt.

Bei *retrospektiven Studien* (Fall–Kontroll–Studien) wird eine Gruppe von Kranken mit einer Gruppe von Nichterkrankten (Kontrollgruppe) verglichen, wobei

— der Vergleich erkrankt/nicht erkrankt bezüglich bestimmter Expositionen (Risikofaktoren) erfolgt,

— der Vorteil des geringeren Aufwands gegeben ist,

— der Nachteil auftritt, daß es u.U. schwierig ist, eine geeignete Kontrollgruppe zu definieren.

Eine Fall–Kontroll–Studie führt zu ersten Hypothesen, die dann in prospektiven Studien erhärtet werden können. Die Wirkungsweise kann erhöht werden, wenn die Stichprobe aus der Krankengruppe randomisiert erhoben wird. Ein Problem stellt sich stets mit der Frage: Sind die ausgewählten Kranken repräsentativ für diese Krankheit und den vermuteten Zusammenhang?

Beispiel 5.2: Repräsentativität?

Sei $\quad Y = \begin{array}{ll} 1 & \text{Krebs} \\ 0 & \text{kein Krebs} \end{array}$

und $\quad X = \begin{array}{ll} 1 & \text{Raucher} \\ 0 & \text{Nichtraucher} \end{array}$.

Falls X und Y einen Zusammenhang in der Studie zeigen, kann auf einen generellen Zusammenhang nur geschlossen werden, wenn die Krankengruppe repräsentativ ist (z.B. könnte eine Krebsform überrepräsentiert sein, so daß ein Selectivity Bias aufteten würde).

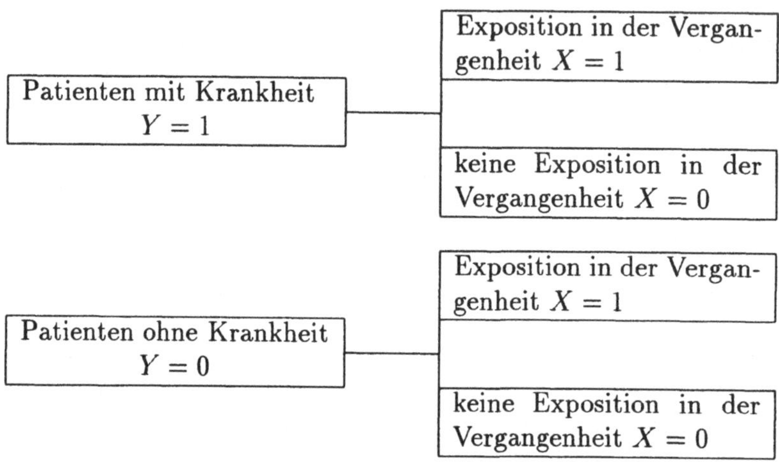

Schema der retrospektiven Studie

Die *Querschnittsanalyse* oder *Cross–sectional–Studie* wählt aus der Population eine Zufallsstichprobe, d.h. es erfolgt eine Beobachtung der gemeinsamen Verteilung von X und Y in der Stichprobe. Damit ergibt sich eine Augenblicksaufnahme ohne Berücksichtigung der zeitlichen Entwicklung.

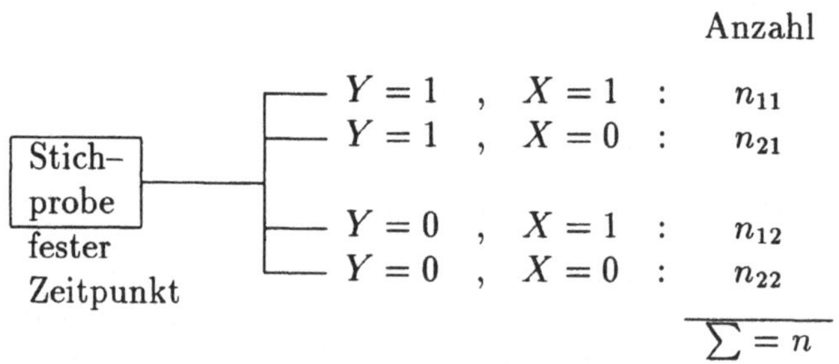

Schema der Querschnittsanalyse

Das Resultat aller drei Studientypen ist eine 2×2–Tafel:

$$\begin{array}{c|cc} & Y=1 & Y=0 \\ \hline X=1 & n_{11} & n_{12} \\ X=0 & n_{21} & n_{22} \end{array}$$

wobei gilt:

(i) prospektiv: Zeilensummen fest,

(ii) retrospektiv: Spaltensummen fest,

(iii) cross–sectional: nur n fest.

5.3 Prüfung auf Unabhängigkeit von Exposition und Krankheit

Für zwei Variablen X und Y sei die gemeinsame Wahrscheinlichkeit

$$\pi_{ij} = P(X = x_i,\ Y = y_j) \ . \tag{5.1}$$

Für X und Y dichotom haben wir als Tafel der gemeinsamen Verteilung und der Randverteilungen

$$
\begin{array}{cc|cc|c}
& & \multicolumn{2}{c}{Y} & \\
& & y_1 & y_2 & \\
\hline
X & x_1 & \pi_{11} & \pi_{12} & \pi_{1+} \\
& x_2 & \pi_{21} & \pi_{22} & \pi_{2+} \\
\hline
& & \pi_{+1} & \pi_{+2} & 1
\end{array}
$$

Der Odds–Ratio in der Verteilung ist

$$OR = \frac{\pi_{11}\pi_{22}}{\pi_{12}\pi_{21}} \ . \tag{5.2}$$

Wenn X und Y unabhängig sind, wird $OR = 1$. Es gilt:

$$0 \le OR < \infty \ . \tag{5.3}$$

Die Schätzung erfolgt durch den Stichproben–Odds–Ratio (oder Kontingenzkoeffizienten) $\Psi = \widehat{OR} = \dfrac{n_{11}n_{22}}{n_{12}n_{21}}$, da $\hat{\pi}_{ij} = \dfrac{n_{ij}}{n}$ eine erwartungstreue Schätzung der Wahrscheinlichkeit π_{ij} ist. Der Test auf Unabhängigkeit von X und Y wird mit Pearson's χ^2–Statistik $\chi_1^2 = \dfrac{n(n_{11}n_{22} - n_{12}n_{21})^2}{n_{1+}n_{2+}n_{+1}n_{+2}}$ durchgeführt. Eine andere Testmöglichkeit ergibt sich basierend auf dem Odds–Ratio nach logarithmischer Transformation.
Sei

$$\theta_0 = \ln OR = \ln \pi_{11} + \ln \pi_{22} - \ln \pi_{12} - \ln \pi_{21} \ , \tag{5.4}$$

so erhalten wir als Schätzung

$$\hat{\theta}_0 = \ln \frac{n_{11}n_{22}}{n_{12}n_{21}} = \ln \widehat{OR} \tag{5.5}$$

und es gilt asymptotisch

$$\hat{\theta}_0 \sim N\left(\theta, \hat{\sigma}^2_{\hat{\theta}_0}\right) \tag{5.6}$$

mit der Varianz

$$\hat{\sigma}^2_{\hat{\theta}_0} = \frac{1}{n_{11}} + \frac{1}{n_{22}} + \frac{1}{n_{12}} + \frac{1}{n_{21}} \,. \tag{5.7}$$

Bei Unabhängigkeit von X und Y wird $\theta_0 = 0$.
Unter $H_0 :$ „X und Y sind unabhängig" ist also $\hat{\theta}_0 \sim N\left(0, \hat{\sigma}^2_{\hat{\theta}_0}\right)$–verteilt. Somit können wir ein $(1 - \alpha) \cdot 100\%$ Konfidenzintervall der Gestalt

$$\left[\hat{\theta}_0 - u_{1-\alpha/2}\, \hat{\sigma}_{\hat{\theta}_0}, \ \hat{\theta}_0 + u_{1-\alpha/2}\, \hat{\sigma}_{\hat{\theta}_0}\right] \tag{5.8}$$

gewinnen. Der Test verläuft dann gemäß der Regel:
H_0 nicht ablehnen, sofern die Null im Intervall liegt.

Bemerkung 5.1 *Aus $\hat{\theta}_0 \sim N\left(0, \hat{\sigma}^2_{\hat{\theta}_0}\right)$ unter H_0 folgt sofort, daß*

$$\frac{\hat{\theta}_0^2}{\hat{\sigma}^2_{\hat{\theta}_0}} \sim \chi_1^2 \tag{5.9}$$

ist. Damit ist der eben beschriebene Test äquivalent zum üblichen χ^2–Test.

Beispiel 5.3:
In einer Studie werden $n = 264$ Patienten mit Depression bezüglich der Schwere ihrer Krankheit untersucht. Als Risikofaktor wird das Geschlecht X und als Gradmesser für die Erkrankung ein späterer Krankenhausaufenthalt Y gewählt.

		Y Ja	Nein	
X	m	48	75	123
	w	32	109	141
		80	184	264

Die Nullhypothese H_0 lautet: X und Y sind unabhängig.
Wir berechnen Pearson's χ^2 (1.5) mit

$$\chi_1^2 = \frac{264 \cdot (48 \cdot 109 - 75 \cdot 32)^2}{80 \cdot 184 \cdot 123 \cdot 141} = 8.29 > 3.84 \,,$$

so daß die Entscheidung lautet: H_0 ablehnen.

Berechnen wir als Alternative den Odds–Ratio:

$$\widehat{OR} = \frac{48 \cdot 109}{75 \cdot 32} = 2.18 \,,$$

den logarithmierten Odds–Ratio:

$$\hat{\theta}_0 = \ln(\widehat{OR}) = 0.7793$$

mit

$$\hat{\sigma}^2_{\hat{\theta}_0} = \frac{1}{48} + \frac{1}{75} + \frac{1}{32} + \frac{1}{109} = 0.0746 \,,$$

also

$$\hat{\sigma}_{\hat{\theta}} = 0.273$$

und setzen $\alpha = 0.05$, so daß $u_{0.975} = 1.96$ wird. Damit erhalten wir das Konfidenzintervall

$$[0.7793 - 0.273 \cdot 1.96 \,,\, 0.7793 + 0.273 \cdot 1.96] = [0.244 \,,\, 1.314] \,.$$

Die Null ist nicht enthalten, so daß H_0 abzulehnen ist.

Interpretation:
Der Odds–Ratio θ (2.20) ist nicht symmetrisch um den Unabhängigkeitwert
1. Für negative Zusammenhänge steht nur das Intervall $[0,1)$, für positive
Zusammenhänge jedoch das Intervall $(1,\infty)$. Nach der logarithmischen Trans-
formation haben wir Symmetrie um den Unabhängigkeitswert $\theta_0 = \ln\theta = 0$.
Für negative Zusammenhänge steht nun das Intervall $(-\infty,0)$, für positive
Zusammenhänge das Intervall $(0,\infty)$.

Die 2×2–Tafeln der verschiedenen Studientypen unterscheiden sich in folgender
Weise. Bei einer prospektiven Studie und zwei unabhängigen Stichproben
haben wir das Schema

	$Y = 1$	$Y = 0$	Summe
$X = 1$	A	C	A+C
$X = 0$	B	D	B+D
Summe	A+B	C+D	N

wobei die beiden unabhängigen Stichproben den Umfang A+C bzw. B+D
haben, so daß die Zeilensummen fest vorgegeben sind. Die Schätzung des
Odds–Ratio ist

$$\hat{\theta} = \widehat{OR} = \frac{AD}{BC} \,.$$

Zum Prüfen der Nullhypothese H_0: „X und Y sind unabhängig" können wir
alternativ zwei Teststatistiken verwenden:

a) Teststatistik: $\dfrac{\left(\ln(\widehat{OR})\right)^2}{\hat{\sigma}^2_{\ln(\widehat{OR})}} \sim \chi^2_1$

mit $\hat{\sigma}^2_{\ln(\widehat{OR})} = \hat{\sigma}^2 = \left(\dfrac{1}{A} + \dfrac{1}{B} + \dfrac{1}{C} + \dfrac{1}{D}\right)$, oder

b) Teststatistik: $\left[\ln(\widehat{OR}) - u_{1-\alpha/2}\,\hat{\sigma},\ \ln(\widehat{OR}) + u_{1-\alpha/2}\,\hat{\sigma}\right]$

Wir werden H_0 ablehnen, falls die Null nicht in diesem Intervall enthalten ist.

Beispiel 5.4: (Woolson, 1987, S.411)

146 Männer und 148 Frauen mit klinischer Diagnose Depression wurden in einer Langzeitbeobachtung auf ihre soziale Wiedereingliederung untersucht. Als Risikofaktor wählen wir die Geschlechtsausprägung ($X = 1$: Frauen, $X = 0$: Männer)

	Eingliederung		
	nein	ja	
Frauen	37	111	148
Männer	24	122	146
	61	233	294

Die Nullhypothese H_0 lautet: Der Sozialstatus ist unabhängig vom Geschlecht. Wir berechnen:

$$\widehat{OR} = \frac{37 \cdot 122}{24 \cdot 111} = 1.69\,,$$

$$\ln(\widehat{OR}) = 0.53\,,$$

$$\hat{\sigma}^2_{\ln(\widehat{OR})} = \frac{1}{37} + \frac{1}{24} + \frac{1}{111} + \frac{1}{122} = 0.09\,,$$

$$\chi^2_1 = \frac{\left(\ln(\widehat{OR})\right)^2}{0.09} = 3.24 < 3.84 \implies H_0 \text{ nicht ablehnen.}$$

Das Konfidenzintervall lautet: $\quad [-0.04\,,\ 1.10]$
Da die Null enthalten ist, ist die Unabhängigkeit nicht widerlegt.

Bei einer retrospektiven Studie und zwei unabhängigen Stichproben sind die zwei Gruppen

$$Y = 1 \quad \text{mit dem Stichprobenumfang} \quad A{+}B$$
$$\text{bzw.} \quad Y = 0 \quad \text{mit dem Stichprobenumfang} \quad C{+}D$$

gegeben, die bezüglich des Risikofaktors X verglichen werden.

Beispiel 5.5: (Woolson, 1987, S.416)

Aus einer Klinikkartei werden 112 Patienten mit Psychose und 113 Patienten ohne Psychose (Kontrollgruppe) ausgewählt. Als Risikofaktor wählen wir X: Psychose in der Familie des Patienten (ja/nein).

Psychose	Y		
in Familie	Psychose	keine Psychose	
X Ja	39	25	64
Nein	73	88	161
	112	113	225

Wir berechnen

$$\widehat{OR} = \frac{39 \cdot 88}{73 \cdot 25} = 1.88 ,$$

$$\ln(\widehat{OR}) = 0.63 ,$$

$$\hat{\sigma}^2_{\ln(\widehat{OR})} = \frac{1}{39} + \frac{1}{73} + \frac{1}{25} + \frac{1}{88} = 0.09 = 0.30^2 ,$$

$$\chi^2_1 = \frac{(0.63)^2}{0.09} = 4.46 > 3.84 \Longrightarrow H_0 \text{ ablehnen.}$$

Somit ergibt sich als Konfidenzintervall

$$[0.63 - 1.96 \cdot 0.30 \; , \; 0.6316 + 1.96 \cdot 0.30] = [0.04 \; , \; 1.22] .$$

Da die Null nicht enthalten ist, wird H_0 abgelehnt. Die familiäre Vorbelastung stellt also einen signifikanten Risikofaktor für das Auftreten von Psychose dar.

5.4 Untersuchung des Odds–Ratio für mehrere 2×2–Tafeln

Gegeben seien K unabhängige 2×2–Tafeln ($K \geq 2$) und gesucht ist eine globale Schätzung des Odds–Ratio über alle K Tafeln.

	$Y = 1$	$Y = 0$		
$X = 1$	A_i	C_i	M_{1i}	
$X = 0$	B_i	D_i	M_{0i}	$i = 1, 2, \ldots, K$
	R_{1i}	R_{0i}	N_i	

Es wird z.B. eine Patientengruppe untersucht bezüglich Krankheit/Nicht–Krankheit und Exposition/Nicht–Exposition und gegliedert nach K Altersgruppen.

Die *Mantel–Haenszel–Methode*, die als eines der wichtigsten Verfahren in der Epidemiologie gilt, schätzt den gemeinsamen Odds–Ratio über K Tafeln und liefert einen Test auf Unabhängigkeit über alle K Tafeln. Die Nullhypothese H_0 lautet: der gemeinsame Odds–Ratio ist 1, d.h. X und Y sind unabhängig über alle K Tafeln.

Wenn H_0 gilt, müßte z.B.

$$P(X = 1 \mid Y = 1) = P(X = 1) = \frac{M_{1i}}{N_i} \tag{5.10}$$

und damit

$$E(A_i) = R_{1i} \cdot \frac{M_{1i}}{N_i} \tag{5.11}$$

und

$$\mathrm{Var}(A_i) = \frac{R_{1i} R_{0i} M_{1i} M_{0i}}{N_i^2 (N_i - 1)} \tag{5.12}$$

gelten. Unter H_0 müßte die Differenz $A_i - E(A_i)$ (für alle i) klein und damit $\sum A_i - \sum E(A_i)$ insgesamt klein sein. Falls H_0 gilt, d.h. wenn die Tafeln unabhängig sind, so wird

$$\mathrm{Var}\left(\sum_{i=1}^{K} A_i\right) = \sum_{i=1}^{K} \mathrm{Var}(A_i) \,. \tag{5.13}$$

Damit erhalten wir die Mantel–Haenszel–Statistik (mit Stetigkeitskorrektur 1/2)

$$\chi^2_{1|H_0} = \chi^2_{M-H} = \frac{\left(\left|\sum\limits_{i=1}^{K} A_i - \sum\limits_{i=1}^{K} E(A_i)\right| - \frac{1}{2}\right)^2}{\sum\limits_{i=1}^{K} \mathrm{Var}(A_i)} \,. \tag{5.14}$$

Für $\chi^2_{M-H} > 3.84$ wird H_0 abgelehnt (zum 5% Niveau).
Als Schätzung des gemeinsamen Odds–Ratio schlugen Mantel und Haenszel (1959) die Statistik vor:

$$\widehat{OR}_{M-H} = \frac{\sum\limits_{i=1}^{K} \left(\frac{A_i D_i}{N_i}\right)}{\sum\limits_{i=1}^{K} \left(\frac{B_i C_i}{N_i}\right)} \,. \tag{5.15}$$

Die Varianz dieser Schätzung (für N_i hinreichend groß) beträgt

$$\hat{\sigma}^2_{\widehat{OR}_{M-H}} = \left(\widehat{OR}_{M-H}\right)^2 \left[\left(\sum_{i=1}^{K} \frac{T_i^2}{w_i}\right) \bigg/ \left(\sum_{i=1}^{K} T_i\right)^2\right] \tag{5.16}$$

mit

$$T_i = \left(\frac{1}{R_{1i}} + \frac{1}{R_{0i}}\right)^{-1} \frac{B_i}{R_{1i}} \frac{C_i}{R_{0i}} \tag{5.17}$$

und

$$w_i^{-1} = \left(\frac{A_i B_i}{R_{1i}}\right)^{-1} + \left(\frac{C_i D_i}{R_{0i}}\right)^{-1} \,. \tag{5.18}$$

Beispiel 5.6: Risiko für Pfeilerverlust in Abhängigkeit vom Alter des Patienten und der Konstruktionsform (Fortsetzung von Beispiel 4.4).

Ein Untersuchungsgegenstand der Studie von Walther (1991) ist die prothetische Versorgung mit den Alternativen der Konstruktionsform H (Hufeisen) bzw. B (Transversalbügel). Es soll das Risiko für Pfeilerverlust durch Extraktion in Abhängigkeit von den Expositionen Altersgruppe und Form abgeschätzt werden. Betrachtet man die Verluste in Relation zu den beiden Konstruktionsformen für die fünf Altersgruppen getrennt, so erhält man die fünf 2×2–Tafeln aus Tabelle 4.3.

Wir wenden nun den Mantel–Haenszel–Test an zum Prüfen von H_0: Der gemeinsame Odds–Ratio "Pfeilerverlust/Konstruktion" über die fünf Altersgruppen ist 1. Wir berechnen folgende Tabelle

	A_i	$(A_i D_i)/N_i$	$(B_i C_i)/N_i$	$E(A_i)$	$\mathrm{Var}(A_i)$
< 40	1	0.42	1.58	2.16	0.95
$40 - 50$	25	9.00	1.44	17.44	5.56
$50 - 60$	29	8.40	5.00	25.59	7.09
$60 - 70$	39	8.32	7.02	37.70	7.88
> 70	30	6.53	1.05	24.52	4.29
$\sum$	124	32.67	16.09	107.41	25.11

Tabelle 5.1: Berechnung der Teststatistik

und erhalten die Teststatistik

$$\chi^2_{M-H} = \frac{\left(\mid 124 - 107.41 \mid -\frac{1}{2}\right)^2}{25.11} = 10.31 > 3.84 \ .$$

Damit wird H_0: "gemeinsamer $OR = 1$" abgelehnt. Somit ist der Zusammenhang Risiko / Konstruktion altersabhängig.

Der gemeinsame Odds–Ratio wird

$$\widehat{OR}_{M-H} = \frac{32.67}{16.09} = 2.03$$

mit einer geschätzten Varianz (vgl. 5.16) von

$$\hat{\sigma}^2_{\widehat{OR}_{M-H}} = 2.03^2 \cdot \frac{15.74}{16.09^2} = 0.50^2 \ .$$

Im Beispiel 4.4 haben wir bereits für die fünf Altersgruppen separat den χ^2–Test auf Unabhängigkeit des Risikos von der Konstruktionsform durchgeführt. In der logarithmischen Skala erhalten wir für diese Tests die gleichen Resultate:

	$\widehat{OR}$	$\hat{\theta}_0 = \ln(\widehat{OR})$	$\hat{\sigma}^2_{\hat{\theta}_0}$	$\hat{\sigma}_{\hat{\theta}_0} \cdot 1.96$
< 40	0.26	-1.35	1.39	2.31
$40 - 50$	6.25	1.83	0.40	1.24
$50 - 60$	1.68	0.52	0.17	0.81
$60 - 70$	1.19	0.17	0.13	0.71
> 70	6.22	1.83	0.59	1.51

Die Konfidenzintervalle für $\ln(\widehat{OR})$ lauten:

Gruppe	$[\ \hat{\theta}_0 - 1.96\hat{\sigma}_{\hat{\theta}_0}\ ,\ \hat{\theta}_0 + 1.96\hat{\sigma}_{\hat{\theta}_0}\ ]$		
< 40	$[\qquad -3.66$	,	$0.96\ ]$ $\Longrightarrow H_0$
$40 - 50$	$[\qquad 0.59$	,	$3.07\ ]$ $\Longrightarrow H_0$ ablehnen
$50 - 60$	$[\qquad -0.21$	,	$1.33\ ]$ $\Longrightarrow H_0$
$60 - 70$	$[\qquad -0.54$	,	$0.88\ ]$ $\Longrightarrow H_0$
> 70	$[\qquad 0.32$	,	$3.34\ ]$ $\Longrightarrow H_0$ ablehnen

Wir vergleichen nun separat zusammengefaßte Altersgruppen und prüfen die Hypothese H_0: Die Gruppen < 40 , $50 - 60$, $60 - 70$ haben den gemeinsamen Odds–Ratio 1. Wir erhalten aus Tabelle 5.1

$$\chi^2_{M-H} = \frac{(|\ 1 + 29 + 39 - 2.16 - 25.59 - 37.7\ | -\frac{1}{2})^2}{0.95 + 7.09 + 7.88} = 0.58 \ ,$$

so daß H_0 nicht abgelehnt wird.

Damit bleibt die bereits für jede dieser Altersgruppen festgestellte Unabhängigkeit des Verlustrisikos von der Konstruktionsform auch bei Zusammenlegung der Altersgruppen bestehen. Für die Altersgruppen $40 - 50$ und > 70 wird H_0: gemeinsamer $OR = 1$ wegen

$$\chi^2_{M-H} = \frac{(|\ 25 + 30 - 17.44 - 24.52\ | -0.5)^2}{5.56 + 4.29} = 15.96 > 3.84$$

abgelehnt.

Der gemeinsame Odds–Ratio für die Altersgruppen < 40 , $50 - 60$, $60 - 70$ beträgt

$$\widehat{OR}_{M-H} = \frac{0.42 + 8.40 + 8.32}{1.58 + 5.0 + 7.02} = \frac{17.14}{13.6} = 1.26$$

	T_i	w_i	T_i^2/w_i
< 40	1.58	0.72	3.47
$50 - 60$	5.00	5.98	4.18
$60 - 70$	7.02	7.44	6.62
$\sum$	13.60		14.27

mit einer geschätzten Varianz von

$$\hat{\sigma}^2_{\widehat{OR}_{M-H}} = \frac{1.26^2}{13.6^2} \cdot 14.27 = 0.35^2 \ .$$

5.5 Standardisierung und Angleichung (Adjustierung) von Raten

Bei prospektiven und Querschnittsstudien werden zwei Gruppen von Patienten bezüglich der Ausprägung Krankheit/Nicht–Krankheit verglichen. Häufig liegt eine Schichtung nach zusätzlichen Merkmalen vor, die Einfluß auf das Risiko haben können (K Subgruppen und damit K 2×2-Tafeln).

Beispiel 5.7: Altersabhängigkeit des Sterberisikos bei Rauchern und Nichtrauchern.

Alters-gruppe	Todesfälle je Jahr	
	Nichtraucher	Raucher
35 − 44	0/35200	4/40600
45 − 54	0/15100	10/12800
55 − 64	25/214000	245/103000
65 − 74	49/171000	194/50000
> 75	4/8490	7/1270
Summe	78/443790	460/207670

Tabelle 5.2: Sterberaten bei Rauchern / Nichtrauchern (Miettinen, 1972)

Die Tabelle gibt die Zahl der Sterbefälle in der jeweiligen Risikogruppe an (z.B. in der Altersgruppe 55 − 64 sind von 103000 Rauchern 245 verstorben). Da neben dem Risikofaktor Rauchen auch das Lebensalter ein Risiko darstellt, ist zu überprüfen, ob die Subgruppen Raucher/Nichtraucher eine homogene Altersgruppenverteilung besitzen.

Wir vergleichen die empirischen Häufigkeitsverteilungen der beiden Gruppen (Raucher/Nichtraucher) für die Altersgruppen und erhalten folgende Tabelle:

Nr.	Alters-gruppe	Nicht-raucher	Raucher
1	35 − 44	0.0793	0.1955
2	45 − 54	0.0340	0.0616
3	55 − 64	0.4822	0.4960
4	65 − 74	0.3853	0.2408
5	> 75	0.0191	0.0061

Die graphische Umsetzung ergibt, daß die Verteilung der Raucher stochastisch größer als die der Nichtraucher ist.

Die Werte der empirischen Verteilungsfunktion sind in folgender Tabelle enthalten

Nr.	Nichtraucher	Raucher	Differenz	
1	0.0793	0.1955	0.1162	
2	0.1133	0.2571	0.1438	
3	0.5955	0.7531	0.1576	⟵ größte Differenz $= D_{max}$
4	0.9808	0.9939	0.0131	
5	0.9999	1.0000	0.0001	

Wir prüfen die Hypothesen

$$H_0: \quad \hat{F}_{Raucher} = \hat{F}_{Nichtraucher}$$

gegen $\quad H_1: \quad \hat{F}_{Raucher} \neq \hat{F}_{Nichtraucher}$

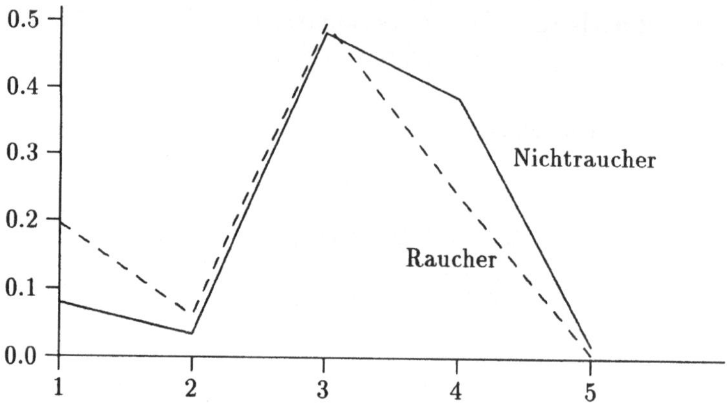

Abbildung 5.1: empirische Dichtefunktionen

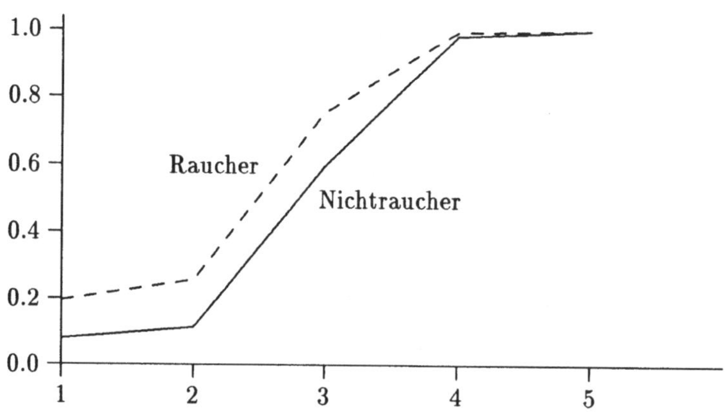

Abbildung 5.2: empirische Verteilungsfunktionen

mit dem Kolmogoroff–Smirnoff–Test. H_0 wird abgelehnt, falls

$$\underbrace{(n_1 + n_2)}_{n} D_{max} > z_{2,n,1-\alpha} \tag{5.19}$$

gilt.

Anwendung:

$$
\begin{aligned}
n &= 443790 + 207670 = 651460 \\
\alpha = 0.05 \Longrightarrow z_{2,n,1-\alpha} &= \sqrt{n} \cdot 1.923 = 1552.1 \quad \text{(Tabelle 5.3)} \\
n D_{max} &= 102670 > 1552 \Longrightarrow H_0 \text{ ablehnen}
\end{aligned}
$$

Die Altersgruppenverteilungen beider Gruppen sind also verschieden.

In dem vorliegenden Beispiel interessiert die Frage: Ist die Mortalitätsrate bei Rauchern höher als bei Nichtrauchern?
Einen ersten Hinweis liefern die groben Sterbeziffern:

$z_{2,n,1-\alpha}$	$n \leq 40$				
	$\alpha = 0.20$	$\alpha = 0.10$	$\alpha = 0.05$	$\alpha = 0.02$	$\alpha = 0.01$
2	3	3			
3	4	4	4		
4	7	6	5	5	5
5	11	9	7	6	6
6	16	13	10	9	8
7	22	17	14	11	10
8	28	22	28	15	13
9	36	28	23	18	16
10		34	28	22	20
11			33	27	24
12			40	32	28
13				37	33
14					38
$n > 40$					
$z_{2,n,1-\alpha}$:	$\sqrt{n} \cdot 1.527$	$\sqrt{n} \cdot 1.739$	$\sqrt{n} \cdot 1.923$	$\sqrt{n} \cdot 2.150$	$\sqrt{n} \cdot 2.305$

Tabelle 5.3: Kritische Werte $z_{2,n,1-\alpha}$ des Kolmogoroff–Smirnoff–Tests (aus Büning und Trenkler, 1978)

$$78 \quad \text{von} \quad 443790 \quad \text{Nichtrauchern},$$
$$\text{aber} \quad 460 \quad \text{von} \quad 207670 \quad \text{Rauchern sind verstorben,}$$

d.h. wir haben eine Sterberate von

$$1.76 \quad \text{je} \quad 10000 \quad \text{Nichtrauchern}$$
$$\text{bzw.} \quad 22.15 \quad \text{je} \quad 10000 \quad \text{Rauchern.}$$

Aus unserer bisherigen Analyse kommen wir zu folgenden Überlegungen:

— die Altersgruppenverteilungen sind verschieden,

— das Alter hat aber einen Einfluß auf Mortalität,

— die Raucher in der Gruppe 35 − 44 sind überrepräsentiert,

— die Raucher in der Gruppe 65 − 74 sind unterrepräsentiert.

Damit entsteht die Frage nach einem möglichen Selectivity Bias (Verzerrung) in der Mortalitätsrate. Wie hoch ist also das tatsächliche Sterberisiko bei Rauchern, wenn man den Confoundig– (Mischungs–)Effekt herausrechnet?

Zur Adjustierung ungleich besetzter Subgruppen wurden zwei Methoden — die direkte und die indirekte Adjustierung — entwickelt.
Datengestaltung für die Standardisierung von Raten:
Es ist $r_{ij} = d_{ij}/n_{ij}$ die Sterberate der Gruppe i in der Schicht j, $r_{0+} = d_{0+}/n_{0+}$ und $r_{1+} = d_{1+}/n_{1+}$ das Risiko bzw. die Rate in der Gruppe 0 bzw. Gruppe 1.

Schicht	Gruppe 0			Gruppe 1		
	Ereignisse	Unter Risiko	Rate	Ereignisse	Unter Risiko	Rate
1	d_{01}	n_{01}	r_{01}	d_{11}	n_{11}	r_{11}
2	d_{02}	n_{02}	r_{02}	d_{12}	n_{12}	r_{12}
$\vdots$	$\vdots$	$\vdots$	$\vdots$	$\vdots$	$\vdots$	$\vdots$
K	d_{0K}	n_{0K}	r_{0K}	d_{1K}	n_{1K}	r_{1K}
Summe	d_{0+}	n_{0+}	r_{0+}	d_{1+}	n_{1+}	r_{1+}

Tabelle 5.4: Daten der zu vergleichenden Gruppen

Schicht	Ereignisse	Unter Risiko	Rate
1	D_1	N_1	R_1
2	D_2	N_2	R_2
$\vdots$	$\vdots$	$\vdots$	$\vdots$
K	D_K	N_K	R_K
	D_+	N_+	$R_+ = D_+/N_+$

Tabelle 5.5: Daten der Standardpopulation

Hierbei sind R_i schichtspezifische Sterberaten und R_+ die grobe Sterberate. Die Standard– oder Vergleichspopulation erhält man entweder durch Vereinigung beider Gruppen (Raucher/Nichtraucher) oder als Population eines Landes oder Gebietes.

Indirekte Methode der Standardisierung

Sie kommt zur Anwendung, wenn die n_{ij} klein oder die r_{ij} unbekannt sind (weil d_{ij} oder n_{ij} unbekannt sind). Man bestimmt die erwartete Anzahl von Todesfällen (Ereignissen) in den beiden zu vergleichenden Gruppen nach den schichtspezifischen Sterberaten der Standardpopulation:

$$e_0 = \sum_{j=1}^{K} R_j n_{0j} \qquad \text{bzw.} \qquad e_1 = \sum_{j=1}^{K} R_j n_{1j} , \qquad (5.20)$$

wobei die R_j die Raten in der Standardpopulation sind. Damit ist e_i $(i = 0, 1)$ die erwartete Anzahl der Ereignisse in der Gruppe i, wenn die altersspezifischen Sterberaten der Standardpopulation vorgelegen hätten. Somit erhält man die indirekt standardisierten groben Raten

$$S_0 = R_+ \frac{d_{0+}}{e_0} \qquad \text{bzw.} \qquad S_1 = R_+ \frac{d_{1+}}{e_1} . \qquad (5.21)$$

Als weiteres Maß kann man die indirekt standardisierten Mortalitätsquotienten

$$SMR_0 = \frac{d_{0+}}{e_0} \qquad \text{bzw.} \qquad SMR_1 = \frac{d_{1+}}{e_1} \tag{5.22}$$

betrachten, wobei

$$SMR = \frac{\text{beobachtete Anzahl der Ereignisse}}{\text{erwartete Anzahl der Ereignisse}}$$

ist. Damit sind zwei statistische Probleme zu klären:

(i) Abweichung von SMR_0 bzw. SMR_1 von 1

Die Teststatistik unter $H_0 : SMR_i = 1$ $(i = 0, 1)$ lautet

$$\chi^2_{SMR_0} = \frac{(d_{0+} - e_0)^2}{e_0} \sim \chi^2_1 \tag{5.23}$$

bzw.

$$\chi^2_{SMR_1} = \frac{(d_{1+} - e_1)^2}{e_1} \sim \chi^2_1 \;. \tag{5.24}$$

(ii) Differenz von SMR_0 und SMR_1

Die Teststatistik unter $H_0 : SMR_0 = SMR_1$ lautet:

$$\chi^2_1 = \frac{(\ln(SMR_0) - \ln(SMR_1))^2}{\frac{1}{e_0} + \frac{1}{e_1}} \;. \tag{5.25}$$

Beispiel 5.8: (Fortsetzung von Beispiel 5.7) Als Standardpopulation wählen wir die Vereinigung der Gruppen Raucher und Nichtraucher.

	Ereignisse	unter Risiko	Raten R_i
1	4	75800	0.00005
2	10	27900	0.00036
3	270	317000	0.00085
4	243	221000	0.00110
5	11	9760	0.00113
	538	651460	0.00083

Wir berechnen die erwartete Anzahl von Sterbefällen in beiden Gruppen unter Annahme des Sterberisikos der Standardpopulation:

$$e_0 = \frac{4}{75800} \cdot 35200 + \frac{10}{27900} \cdot 15100 + \ldots + \frac{11}{9760} \cdot 8490 = 387,13$$

und $e_1 = 150.87$.

Für die standardisierten Mortalitätsquotienten erhalten wir

$$SMR_0 = \frac{38}{387.13} = 0.20 \quad \text{bzw.} \quad SMR_1 = \frac{460}{150.87} = 3.05$$

und damit die indirekt standardisierten Raten

$$S_0 = 0.00083 \cdot SMR_0 = 0.00017$$

und

$$S_1 = 0.00083 \cdot SMR_1 = 0.00253 \ .$$

Die beiden indirekt standardisierten Raten unterscheiden sich also beträchtlich:

$$\frac{S_1}{S_0} = \frac{0.00253}{0.00017} = 14.9 = \frac{\text{Sterberate Raucher}}{\text{Sterberate Nichtraucher}} \ .$$

Verhältnis der Sterberaten		
unkorrigiert		korrigiert (standardisiert)
$\dfrac{\text{Sterberate Raucher}}{\text{Sterberate Nichtraucher}} = \dfrac{\frac{460}{207670}}{\frac{78}{442790}} = \dfrac{0.002215}{0.000176} = 12.6$		14.9

D.h. nach der Korrektur ist das Sterberatenverhältnis Raucher/Nichtraucher um 15% höher.

Testergebnisse:

(i) $H_0 : \ SMR_i = 1 \ (i = 0, 1)$

$$\chi^2_{SMR_0} = \frac{(78 - 387.13)^2}{387.13} = 246.8 \ ,$$

$$\chi^2_{SMR_1} = \frac{(460 - 150.87)^2}{150.87} = 633.40 \ .$$

Die Werte sind hochsignifikant, so daß H_0 abzulehnen ist. Beide Gruppen haben also ein deutlich anderes Sterbeverhalten als jeweils in der gemeinsamen Standardpopulation zu erwarten wäre.

(ii) $H_0 : \ SMR_0 = SMR_1$

$$\chi^2_1 = \frac{(\ln(SMR_0) - \ln(SMR_1))^2}{\frac{1}{e_0} + \frac{1}{e_1}} = \frac{7.4233}{0.0092} = 806.9$$

Damit liegt ein hochsignifikanter Unterschied zwischen SMR_0 (0.2) und SMR_1 (3.05) vor.

Direkte Standardisierung

Die direkt standardisierten Raten werden nach folgenden Formeln berechnet:

$$T_0 = \sum_{j=1}^{K} \frac{N_j}{N_+} r_{0j} \qquad \text{bzw.} \qquad T_1 = \sum_{j=1}^{K} \frac{N_j}{N_+} r_{1j} \ . \tag{5.26}$$

T_0 ist also die Sterberate in der Standardpopulation, wenn das Mortalitätsrisiko der Gruppe 0 zugrundegelegt wird (analog für Gruppe 1).

$$T_0 - T_1 = \sum_{j=1}^{K} \frac{N_j}{N_+}(r_{0j} - r_{1j}) \tag{5.27}$$

mißt den Unterschied in den Mortalitätsraten der beiden Gruppen, projiziert auf die Standardpopulation. Unter der Voraussetzung, daß die Anteile $\dfrac{N_j}{N_+}$ der Schichten in der Population nicht zufällig sind, erhalten wir

$$\widehat{\mathrm{Var}}(T_0 - T_1) = \hat{\sigma}^2 = \sum_{j=1}^{K} \left(\frac{N_j}{N_+}\right)^2 \left[\frac{\bar{r}_j(1 - \bar{r}_j)}{n_{0j} n_{1j}}(n_{0j} + n_{1j}) \right] \tag{5.28}$$

mit

$$\bar{r}_j = \frac{d_{0j} + d_{1j}}{n_{0j} + n_{1j}} \ . \tag{5.29}$$

Der Test auf $H_0 : T_0 = T_1$ wird mit der Teststatistik

$$\chi_1^2 = \frac{(T_0 - T_1)^2}{\hat{\sigma}^2} \tag{5.30}$$

durchgeführt.

Beispiel 5.9: (Fortsetzung von Beispiel 5.8)
Wir berechnen

$$
\begin{aligned}
T_0 \ &= \ \frac{75800}{651460} \cdot \frac{0}{35200} + \frac{27900}{651460} \cdot \frac{0}{15100} + \frac{317000}{651460} \cdot \frac{25}{214000} \\
&\quad + \frac{221000}{651460} \cdot \frac{49}{171000} + \frac{9760}{651460} \cdot \frac{4}{8490} \\
&= \ 0.00016
\end{aligned}
$$

und $T_1 = 0.00260$.
Zum Vergleich: In der Standardpopulation war die grobe Sterberate $R_+ = 0.00083$. Damit erhalten wir auf 10000 Personen

		korrigiert	unkorrigiert
$T_0 \cdot 10000$	=	1.6	1.76
$T_1 \cdot 10000$	=	26.0	22.16
$R_+ \cdot 10000$	=	8.3	

Wir berechnen:

$$\hat{\sigma}^2 \;=\; 6.5 \cdot 10^{-9}$$
$$(T_0 - T_1)^2 \;=\; 5.9 \cdot 10^{-6}$$

und erhalten als Teststatistik

$$\chi^2 = \frac{5.9}{6.5} \cdot 10^3 = 907.7 \ .$$

Damit wird $H_0 : T_0 = T_1$ abgelehnt. Die Sterberate der Raucher ist signifikant höher als bei den Nichtrauchern.

Beispiel 5.10: Die Säuglingssterblichkeit ist definiert als der Quotient

$$\frac{\text{Zahl der gestorbenen Kinder}}{\text{Zahl der Geburten im selben Jahr}} \times 1000 \ .$$

Als Schichtung wählt man das Geburtsgewicht. Die Risikorate ist dann die Säuglingssterblichkeit/1000. Die Sterberaten der Schweiz und der kanadischen Provinz Quebec sollen untereinander verglichen werden.

Geburts-gewicht	j	Schweiz R_j	$\dfrac{N_j}{N_+}$	Quebec r_{0j}	$\dfrac{n_{0j}}{n_+}$	$\dfrac{N_j}{N_+} \cdot r_{0j}$
$500 - 999$g	1	0.729	0.002	0.6570	0.003	0.001314
$1000 - 1499$g	2	0.248	0.005	0.2100	0.005	0.001050
$1500 - 1999$g	3	0.070	0.010	0.0540	0.012	0.000540
$2000 - 2499$g	4	0.019	0.037	0.0156	0.043	0.000577
> 2500g	5	0.002	0.946	0.0018	0.937	0.001702
			1.000		1.000	T_0=0.005183

Tabelle 5.6: Säuglingssterblichkeit in der Schweiz und in Quebec (Ackermann–Liebrich et al., 1986, S.37)

Die groben Sterberaten sind :
$$R_+ \;=\; 0.0051 \quad \text{(Schweiz)}$$
$$\text{bzw. } r_{0+} \;=\; 0.0063 \quad \text{(Quebec)} \ .$$
Damit erhalten wir für die Säuglingssterblichkeit die Werte:

— Schweiz: 5.10 ,

— Quebec: 6.30 .

Bei direkter Standardisierung von Quebec auf die als Standardpopulation gewählte Schweiz werden die Mortalitätsraten von Quebec und die Schichtung des Geburtsgewichts in der Schweiz kombiniert, so daß wir die standardisierte Sterberate $T_{0(Quebec)} = 5.18$ (bezogen auf 1000) erhalten. T_0 ist also die an die Bedingungen der Schichtung der Schweiz angepaßte Mortalitätsrate von Quebec. Damit werden die Schweiz und Quebec bezüglich der Mortalitätsrate vergleichbar: 5.10 bzw. 5.18.

Beispiel 5.11: Strukturverschiebung in den Altersgruppen von einer Startpopulation zur Kontrollgruppe.

Bei Langzeitstudien hat man typischerweise mit dem Ausfall von Patienten (drop out) von der Startpopulation zur Kontrollgruppe zu rechnen. Da das Lebensalter ein Risikofaktor für die Verweildauer (Liegezeit) von zahnärztlichen Konstruktionen ist, muß die Kontrollgruppe bezüglich der Altersgruppenverteilung auf die Startpopulation (= Standardpopulation) justiert werden. Wir betrachten folgendes hypothetische Beispiel.

Standardpopulation		Kontrolle nach 3 Jahren			
Alters-gruppe	$\dfrac{N_j}{N_+}$	$\dfrac{n_{0i}}{n_+}$	Pfeilerverluste d_{0i}	n_{0i}	r_{0i}
1	0.10	0.05	10	25	0.4
2	0.10	0.05	20	25	0.8
3	0.20	0.10	30	50	0.6
4	0.20	0.30	40	150	0.27
5	0.40	0.50	50	250	0.2
	1.00	1.00	150	500	0.3
			d_{0+}		r_{0+}

Die grobe Rate in der Kontrollgruppe ist $r_{0+} = 0.3$.

Nach Korrektur auf die Altersverteilung der Startpopulation erhalten wir

$$T_0 = 0.4 \cdot 0.1 + 0.8 \cdot 0.1 + 0.6 \cdot 0.2 + 0.27 \cdot 0.2 + 0.2 \cdot 0.4 = 0.374 \; .$$

Mit dieser Rate muß gearbeitet werden, da sie den ungleichmäßigen Ausfall von Patienten in den Altersgruppen korrigiert. Der Grund für die Korrektur nach oben liegt darin, daß die Altersgruppen 1,2 und 3 mit hohem Risiko in der Kontrollgruppe jeweis mit 50% unterrepräsentiert sind im Vergleich zur Population.

Beispiel 5.12:

Um die Wirkungsweise der direkten Standardisierung zu demonstrieren, betrachten wir das folgende extreme Beispiel:

Schicht	0				1			
	d_{0i}	n_{0i}	r_{0i}	n_{0i}/n_{0+}	d_{1i}	n_{1i}	r_{1i}	n_{1i}/n_{1+}
1	8	10	0.8	0.1	9	90	0.1	0.9
2	9	90	0.1	0.9	8	10	0.8	0.1
Summe	17	100	0.17	1.0	17	100	0.17	1.0
	d_{0+}	n_{0+}	r_{0+}		d_{1+}	n_{1+}	r_{1+}	

(i) Gruppe 1 auf Gruppe 0 umrechnen:

$$T_1 = r_{11} \cdot \frac{n_{01}}{n_{0+}} + r_{12} \cdot \frac{n_{02}}{n_{0+}} = 0.1 \cdot 0.1 + 0.8 \cdot 0.9 = 0.73$$

(ii) Gruppe 0 auf Gruppe 1 umrechnen:

$$T_0 = 0.8 \cdot 0.9 + 0.1 \cdot 0.1 = 0.73$$

Begründung: In beiden Gruppen haben wir jeweils die Kombination von hohem Risiko (0.8) mit schwacher Besetzung (0.1) und von kleinem Risiko (0.1) mit hoher Besetzung (0.9).

Wir verändern die Gruppe 1 zu:

	1		
d_{1i}	n_{1i}	r_{1i}	n_{1i}/n_{1+}
16	90	0.17	0.9
1	10	0.1	0.1
17	100	0.17	1.0

Wir erhalten

$$T_1 = 0.17 \cdot 0.1 + 0.1 \cdot 0.9 = 0.11$$

bzw.

$$T_0 = 0.8 \cdot 0.9 + 0.1 \cdot 0.9 = 0.73 \ .$$

Begründung: In Gruppe 1 haben wir durch diese Veränderung:

— das Risiko in der mit 0.1 (Gruppe 0) schwach besetzten ersten Schicht geringfügig erhöht (auf 0.17)

— das Risiko in der mit 0.9 (Gruppe 0) stark besetzten Schicht von 0.8 auf 0.1 gesenkt.

Damit fällt T_1 drastisch von 0.73 (vor Veränderung) auf 0.11.

Kapitel 6

Schätzen von Überlebens–
wahrscheinlichkeiten

6.1 Problemstellung

Historisch wurde die statistische Analyse von Lebensdauern bei Bevölkerungen ausgedrückt durch Sterberaten nach Altersgruppen. Diese altersspezifischen Sterberaten erhält man als den Quotienten aus der Anzahl der Verstorbenen und der mittleren Anzahl der Überlebenden eines Jahrgangs, bezogen auf eine Zeitperiode (z.B. ein Jahr). Alle anderen Kenngrößen wie die Sterbewahrscheinlichkeit für einen Jahrgang oder die Wahrscheinlichkeit, von einem Jahr zum anderen zu überleben, basieren allein auf diesen Sterberaten. Damit hängt die Güte aller nachfolgenden Aussagen von der Güte und Vollständigkeit der Originaldaten ab.

In einer klinischen Studie haben die eigentlichen medizinischen Parameter wie Genauigkeit der Diagnose, exaktes Stadium der Krankheit und Wirkung der Behandlung höchste Priorität. Einen vergleichbaren Stellenwert besitzen jedoch auch die Daten, die den Eintritt und das Ausscheiden des Patienten aus der Studie dokumentieren.

Bei der Auswertung von Langzeitstudien wird ein Studienende festgelegt. Bezüglich eines Zielereignisses (Heilung, Tod, Ausfall einer prothetischen Konstruktion) gibt es damit Patienten, die zum Studienende noch ohne Ereignis sind. Ihre Verweildauer ist also zensiert. Auch die Verweildauer von Patienten, die vor Studienende aus von ihnen selbst veranlaßten Gründen — also Gründen, die nicht notwendig mit der Behandlung oder Krankheit in Zusammenhang stehen — aus der Studie ausfallen, ist zensiert. Zensierung ist ein Mechanismus, der zu Informationsverlust führt.

Die Frage, wie man die partielle Information aus zensierten Daten zur Schätzung von Überlebensraten nutzt, war die dominierende Kraft bei der Entwicklung der modernen statistischen Verfahren zur Lebensdaueranalyse.

Historisch war das Kriterium des Klinikers zur Einschätzung von Überlebenschancen eine Überlebensrate zu einer festen Zeitspanne wie z.B. die Abschätzung der Wahrscheinlichkeit, daß ein Patient den 5–Jahreszeitraum überlebt (= Anzahl der im Zeitraum von fünf Jahren Verstorbenen im Verhältnis zu allen Erkrankten). Eine Verbesserung der 5–Jahres–Überlebensrate wurde allgemein als Zeichen für die Wirksamkeit neuer Therapien angesehen. Diese direkte Methode zur Berechnung der n–Jahres–Überlebensrate schließt alle Patienten aus, die durch Zensierung aus der Studie ausschieden.

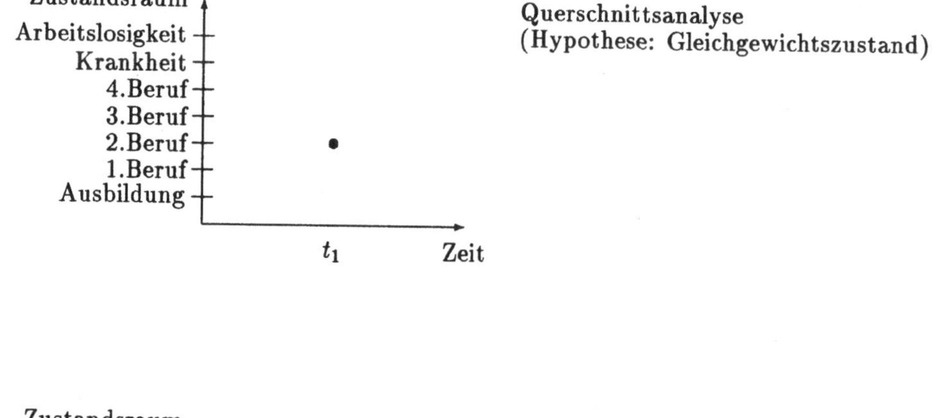

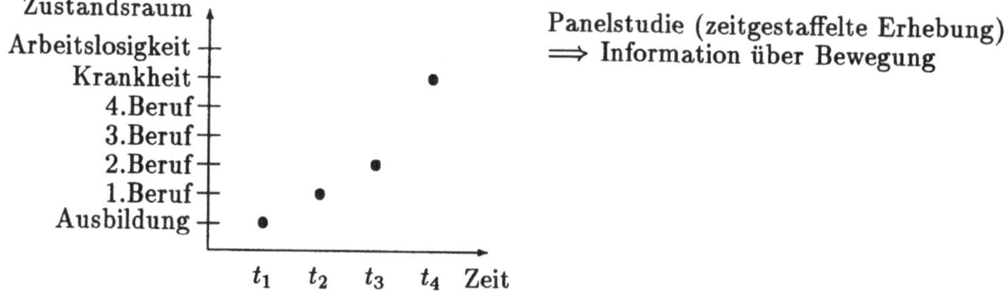

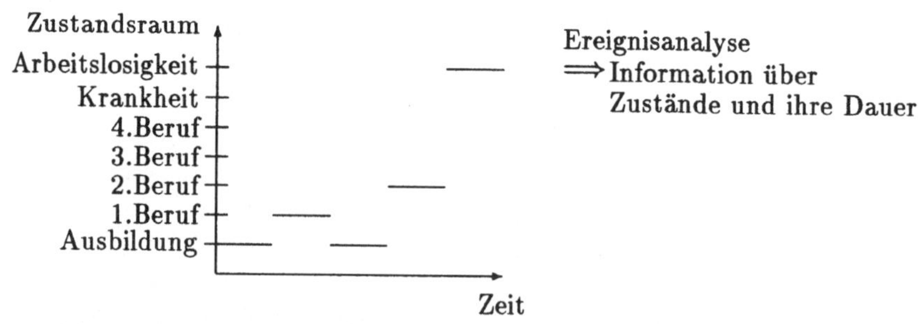

Abbildung 6.1: Studientypen am Beispiel der beruflichen Entwicklung einer Person

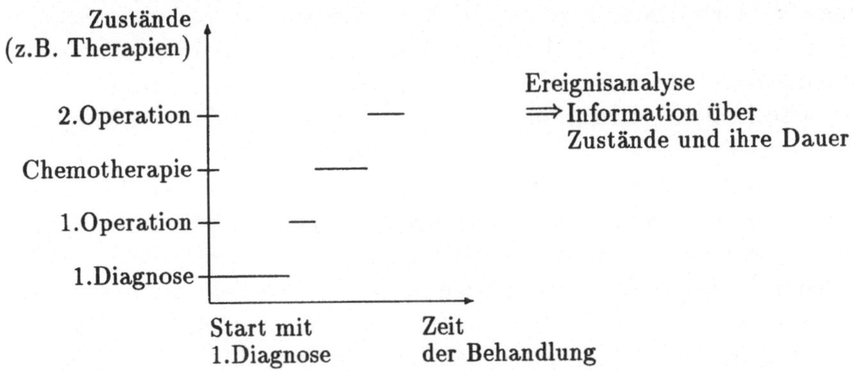

Abbildung 6.2: Ereignisorientiertes Krankenblatt für einen Patienten (Mehrepisodenfall)

Ziel der modernen Überlebensanalyse ist es, alle Information zu nutzen, die von jedem Individuum entsprechend seiner tatsächlichen Verweildauer in der Studie geliefert wird.

Die Verweildauer als Zusatzinformation wirkt somit wichtend auf die Ereignisse, die bei der Kontingenztafel–Analyse lediglich gezählt werden.

Die bisher vorgestellten statistischen Methoden beziehen sich überwiegend auf die Analyse von Ergebnissen abgeschlossener wissenschaftlicher Untersuchungen. Sie analysieren de facto eine Momentaufnahme einer Situation (Patient geheilt/nicht geheilt). Viele Prozeßabläufe in der Medizin und in den Sozialwissenschaften sind jedoch dynamisch, d.h. die Veränderung über die Zeit und damit die Zeit selbst als Informationsquelle sind wichtige *Zusatzinformationen über die Prozeßdaten* (Patient nach x Wochen geheilt). Die Verwendung dieser Zusatzinformation führt zu verbesserten statistischen Verfahren im Sinne schärferer Aussagen. *Querschnittsanalysen* sind für Prozesse geeignet, die sich in einem Gleichgewicht befinden. In allen anderen Fällen sind *Längsschnittanalysen* die *angemessene* Methode, die wir als *Ereignisanalyse* bezeichnen wollen (Blossfeld et al., 1986).

Die wesentliche Basis der Ereignisanalyse ist die *Registrierung von Zustandswechseln zusammen mit den genauen Zeitpunkten der Zustandsänderung*, so daß die Zustände entsprechend ihrer Lebenszeit *gewichtet* werden. Die Ereignisanalyse untersucht die Verteilung von Zeitintervallen für Zustandswechsel, die zwischen einem Ausgangs– und einem definierten Zielzeitpunkt beobachtet werden. In der Medizin wurde diese Methode zunächst angewandt, um zu analysieren, wie die Zeitspannen zwischen dem Ausbruch einer bestimmten Erkrankung und dem hierdurch hervorgerufenen Tod des Patienten verteilt sind. Deswegen ist im medizinischen Bereich der Ausdruck *Survival–* oder *Lebensdauer–* oder *Überlebensanalyse* gebräuchlich. Für eine solche Analyse sind Beobachtungen nötig, bei denen die definierten Zustände (Erkrankung, Tod) in ihrem zeitlichen Ablauf dokumentiert sind. Neben den Zuständen muß die Beobachtungseinheit festgelegt sein, z.B. Patienten, Zähne oder prothetische Rekonstruktionen. Diese Beobachtungseinheit kann während der Be-

obachtungszeit einen Zustandswechsel erfahren, wie zum Beispiel von erkrankt
zu tot. Gemessen wird für jede Beobachtungseinheit das Zeitintervall von einem Ausgangszeitpunkt bis zum exakten Eintreten des Zielzustandes. Der
interessierende Zustand wird immer diskret gemessen. Die Zeit ist hingegen
eine stetige Zufallsvariable.

Charakteristisch für Längsschnittdaten ist, daß nicht in jedem Fall der erwartete Zustandswechsel beobachtet werden kann. Einige der Untersuchungseinheiten sind — wegen eines späteren Eintrittsdatums in die Untersuchung oder
weil die Beobachtung abgebrochen werden mußte — innerhalb der untersuchten Zeitspanne nicht in den erwarteten neuen Zustand eingetreten. Die aus
diesen Beobachtungen gewonnenen neuen Daten müssen für die Analyse als
zensierte Daten berücksichtigt werden. Zensierung ist ein Mechanismus, der
zu nicht zufällig fehlenden Daten führt und bei der statistischen Analyse zu
berücksichtigen ist (Little und Rubin, 1987).

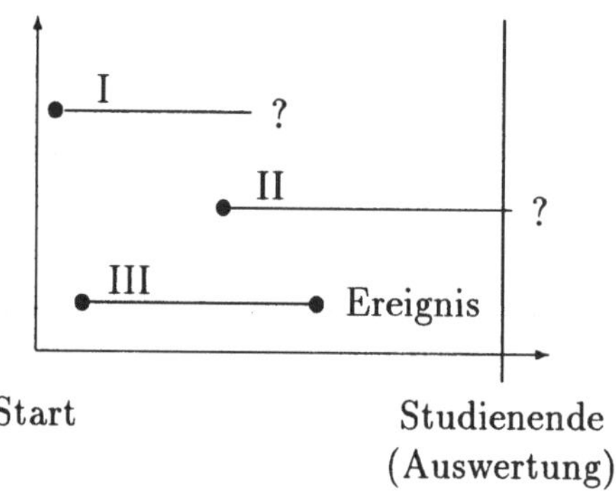

Abbildung 6.3: Zensierte Patienten (I: Ausscheiden aus der Studie, II: zensiert
durch Studienende) und Patient mit Ereignis (III)

Grundbegriffe der Überlebensanalyse

Ausgangszeitpunkt: Eintritt der Beobachtungseinheit in die Untersuchung
Endzeitpunkt: Austritt der Beobachtungseinheit aus der Untersuchung
Episode: Zeitintervall zwischen aufeinanderfolgenden Ereignissen
Verweildauer: Zeitintervall zwischen zwei Zuständen

(Bemerkung: Beim Ein–Episoden–Fall stimmen Verweildauer und Episode
überein.)

Der Ausgangszeitpunkt kann der Zeitpunkt der Randomisierung in einem klinischen Experiment oder der Beginn einer bestimmten Therapie sein. Bei
medizinischen Anwendungen ist der Ausgangszeitpunkt meist der Prozeßbeginn und als solcher genau definiert (Beispiel: Einsetzen einer prothetischen
Konstruktion).
Ereignisse im Ein–Episoden–Fall können sein: Tod eines Patienten, der Verlust
einer Rekonstruktion, das Auftreten eines klinischen Ereignisses wie z.B. eine

Wurzelfüllung. Wesentlich für die Ereignisanalyse ist es, nicht nur das Ereignis selbst zu registrieren, sondern die Zeit bis zu seinem Eintreffen zu dokumentieren. Für die Ereignisanalyse müssen somit Längsschnittdaten vorliegen, die naturgemäß einen höheren Informationsgehalt haben als Querschnittdaten.

Ziel der statistischen Analyse ist es, eine Hypothese über den stochastischen Mechanismus zu finden, der der Beobachtung zugrundeliegt. Hierbei kann das Risiko eines Zustandswechsels aber auch der zusätzliche Effekt einer unabhängigen Variablen (Kovariable) untersucht werden.

Der einfachste Fall mit nur zwei definierten Zuständen und damit nur einem möglichen Zustandswechsel (*Ein–Episoden–Fall*) ist auf viele medizinische Probleme anwendbar und soll deswegen hier bevorzugt behandelt werden.

Zur Veranschaulichung der Methoden der Überlebensanalyse wird ein hypothetisches Beispiel verwendet (Toutenburg et al. 1991)

Kalendarische und prozeßmäßige Darstellung der Daten

Beispiel 6.1: Lebensdauer prothetischer Rekonstruktionen

In Tabelle 6.1 sind zur Demonstration der Methodik die Daten einer hypothetischen Stichprobenpopulation angegeben. 26 prothetische Rekonstruktionen sind inkorporiert worden. 11 davon gingen im Beobachtungszeitraum zu Verlust (Extraktion eines Pfeilerzahns). Die longitudinal aufgenommenen Daten werden vier Jahre nach der ersten Inkorporation ausgewertet, so daß ein rechtszensierter Datensatz vorliegt.

Zwei verschiedene Therapieverfahren stehen einander gegenüber: Therapie A und Therapie B. Ausgangsdatum ist die Inkorporation der Rekonstruktion in Spalte 3. Spalte 4 enthält das Datum der letzten Kontrolle der Rekonstruktion, das in 11 Fällen identisch ist mit dem Verlustdatum in Spalte 5. In den Fällen, in denen kein Rekonstruktionsverlust eintrat, ist der funktionsfähige Zustand der Rekonstruktion bis zur letzten Kontrolle erwiesen. Diese Beobachtungen sind durch das Untersuchungsende oder durch andere Gegebenheiten (Abbruch der Kontrollen durch den Patienten etc.) zensiert.

Zunächst muß die kalendarische Dokumentation umgeformt werden in die *Prozeß-zeit*. Dies geschieht in den Spalten 6 und 7. Hier ist die Anzahl der Tage zwischen Inkorporation und letzter Kontrolle bzw. Verlust festgehalten. Für die Patienten ohne Verlust der prothetischen Rekonstruktion sind die Daten in Spalte 6 die Episoden (Zeitintervall zwischen Inkorporation und Auswertung der Studie). Diese Patienten stehen nach Abschluß der Studie weiter unter Risiko. Da ihre Episoden nicht abgeschlossen wurden, sind diese Daten rechtszensiert. Für die Patienten mit Verlust der Rekonstruktion sind die Episoden in Spalte 6 gleichzeitig die Verweildauer (Spalte 7).

Nr.	Gruppe	Inkorporation	Letzte Kontrolle	Verlust-datum	Differenz	Verweildauer (Tage)
1	A	1.7.85	1.6.89		1431	
2	A	8.7.85	3.7.89		1456	
3	B	10.9.85	15.8.89		1435	
4	A	16.9.85	10.1.86	10.1.86	116	116
5	B	4.10.85	29.5.87		602	
6	B	25.11.85	5.1.87	5.1.87	406	406
7	A	13.12.85	21.3.86	21.3.86	98	98
8	B	3.2.86	17.7.89		1260	
9	A	28.2.86	14.8.89	14.8.89	1263	1263
10	B	13.3.86	1.9.86	1.9.86	172	172
11	A	19.3.86	16.4.87	16.4.87	393	393
12	B	5.5.86	1.11.88		911	
13	A	30.5.86	3.7.86	3.7.86	34	34
14	A	2.6.86	30.11.88	30.11.88	912	912
15	A	4.6.86	14.8.89		1167	
16	B	9.7.86	7.4.89		1003	
17	B	21.7.86	19.12.86		151	
18	A	8.9.86	8.7.88	8.7.88	669	669
19	A	18.9.86	4.3.88		533	
20	A	7.10.86	16.8.89		1044	
21	B	11.11.86	22.8.89		1015	
22	B	1.12.86	27.3.87	27.3.87	116	116
23	A	13.2.87	5.9.88		570	
24	B	20.2.87	22.8.89		914	
25	B	2.3.87	17.8.89	17.8.89	899	899
26	A	16.3.87	30.8.89		898	

Tabelle 6.1: Prozeßmäßige Aufbereitung der Überlebensdaten von Rekonstruktionen

Abbildung 6.4 stellt die Länge der Beobachtungsintervalle dar, die über dem realen Inkorporationsdatum aufgetragen sind. Zu Verlust gegangene Rekonstruktionen sind als hervorgehobene Striche dargestellt. Es hat den Anschein, als seien die neueren Rekonstruktionen eher aus der Beobachtung gefallen. In Wirklichkeit ist die nach links absinkende Länge der Beobachtungszeit Folge des späteren Eintrittsdatums dieser Rekonstruktionen in die Untersuchung.

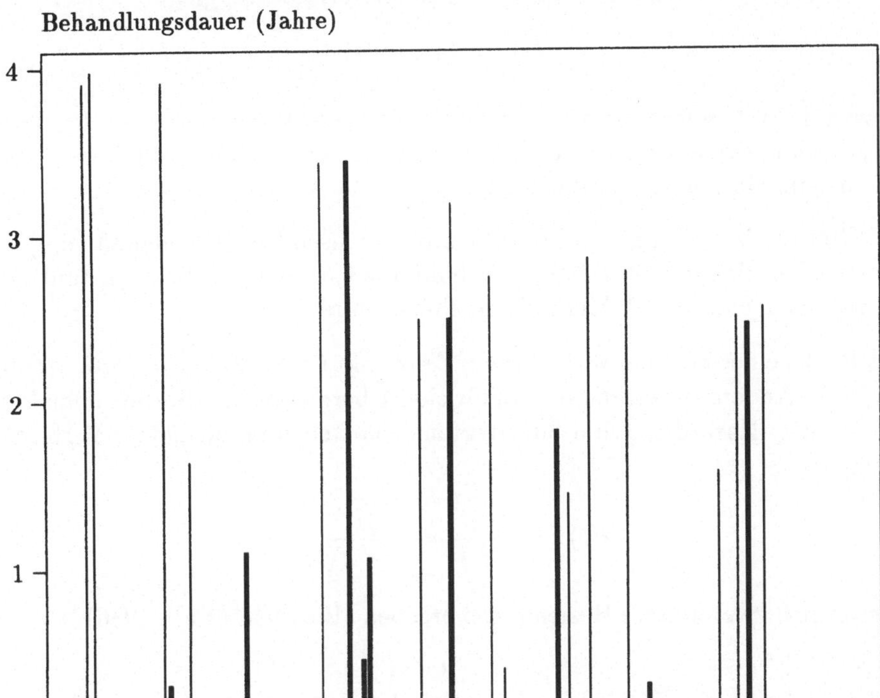

Abbildung 6.4: Verweildauer und Inkorpoationsdatum

6.2 Survivorfunktion und Hazardrate (Ein–Episoden–Fall)

Die Verweildauer T (im Ein–Episoden–Fall gleich der Episode) ist eine stetige Zufallsvariable mit der Dichte $f(t)$ und der Verteilungsfunktion

$$F(t) = P(T < t) \; .$$

Die *Survivorfunktion*

$$S(t) \;\; = \;\; P(T \geq t) \tag{6.1}$$

gibt die Wahrscheinlichkeit dafür an, daß die Versuchseinheit eine Lebensdauer von mindestens t hat, so daß die Episode oder Verweildauer mindestens den Wert t erreicht.

Sofern die Verweildauer T eine stetige Zufallsvariable ist, gilt

$$S(t) \;=\; 1 - F(t) \, . \tag{6.2}$$

T wird diskret, sofern der Endzeitpunkt nicht exakt angegeben werden kann, sondern nur ein Intervall bekannt ist, in dem der Endzeitpunkt liegen wird. Wir behandeln hier den stetigen Fall.

Da $F(t)$ als Verteilungsfunktion monoton wachsend ist, ist gemäß (6.2) die Survivorfunktion monoton fallend (Abbildung 6.5 zeigt eine Survivorfunktion, die nach der Sterbetafel–Methode geschätzt wurde).

Das Risiko eines Zustandwechsels zum Zeitpunkt t wird als *Hazardrate* $\lambda(t)$ bezeichnet. Andere Bezeichnungen dafür sind Übergangsrate, Sterbe– oder Mortalitätsrate. Hazardrate und Survivorfunktion stehen in folgendem Verhältnis zueinander:

$$\lambda(t) \;=\; \frac{f(t)}{S(t)} = \frac{f(t)}{1 - F(t)} \, , \tag{6.3}$$

woraus sich zwei weitere Beziehungen ergeben (Blossfeld et al., 1986):

$$S(t) \;=\; \exp\left(- \int\limits_0^t \lambda(s)\, ds \right) \tag{6.4}$$

und

$$f(t) \;=\; \lambda(t) \cdot S(t) \, . \tag{6.5}$$

Wenn die Hazardrate bekannt ist, kann man nach (6.4) $S(t)$ und dann nach (6.5) $f(t)$ bestimmen. Die Hazardrate definiert also den Typ der Lebensdauerverteilung. Ist z.B. $\lambda(t) = \lambda$ eine zeitunabhängige Konstante für den gesamten Prozeß, so liegt eine exponentiell verteilte Lebensdauer vor:

$$S(t) \;=\; \exp(-\lambda t) \, , \tag{6.6}$$

$$f(t) \;=\; \lambda \exp(-\lambda t) \, . \tag{6.7}$$

Die wesentliche Aufgabe bei der Analyse von Stichproben über Verweildauern ist die Schätzung der Hazardrate und, daraus abgeleitet, die Schätzung der Dichte $f(t)$ und der Survivorfunktion $S(t)$. Wir wollen dazu zwei Methoden vorstellen, die nichtparametrisch angelegt sind. Von praktischem Interesse ist der Vergleich der Lebensdaueranalyse von zwei konkurrierenden Therapien. Dazu stellen wir eine Methode in Abschnitt 6.5 vor.

6.3   Sterbetafel–Methode

Bei Langzeitstudien sind drei Typen von Patienten zu unterscheiden:

a) im Studienzeitraum mit Ereignis,

b) im Studienzeitraum aus der Studie ausgefallen (u.U. später verstorben,
   aber auch aus Gründen, die nicht Gegenstand der Studie waren),

c) zum Studienende nachweislich ohne Ereignis.

Die Gruppen b) und c) heißen Patienten mit zensierter Verweildauer (vgl.
Abbildung 6.3).

Die Sterbetafel–Methode kann auf Datensätze verschiedener Kliniken angewandt werden. Durch ihre (willkürliche) Intervallskalierung geht die in den
Daten der Kliniken vorliegende exakte Information über die Ein– und Aus-
trittszeiten der Patienten verloren. Die Kaplan–Meier–Schätzung ist deshalb
als notwendige Alternative entwickelt worden.

Die Sterbetafel–Methode (gruppierte Lifetable oder actuarial method) ist eines
der klassischen Verfahren zur Analyse von Lebenszeiten und Verweildauern.
Sie stellt eine Diskretisierung der stetigen Zeitvariablen an den Anfang und
wirkt somit nichtparametrisch. Die Zeitachse wird in s Intervalle aufgeteilt:

$$
t_0 = 0 \quad , \quad [t_0, t_1) \; , \; [t_1, t_2) \; , \ldots, \; [t_{s-1}, t_s) \tag{6.8}
$$

wobei t_s der letzte Beobachtungszeitpunkt (bei abgeschlossenen oder rechts-
zensierten Studien) bzw. $t_s = \infty$ für zeitlich unbegrenzte Studien ist. Die
Intervalle müssen nicht gleich lang sein.

Für die statistische Analyse liegen folgende Informationen vor:

N = Anzahl der Untersuchungseinheiten ,

d_t = Anzahl der Verluste zum Zeitpunkt t ,

w_t = Anzahl der Zensierungen zum Zeitpunkt t .

Entsprechend der Intervalleinteilung wird diese Information umgeformt zu:

d_k = Anzahl der Verluste im k–ten Intervall ,

w_k = Anzahl der Zensierungen im k–ten Intervall ,

h_k = Länge des k–ten Intervalls ,

R_k = Anzahl der unter Risiko stehenden Einheiten zu Beginn des Intervalls.

Die Anzahl R_k der zu Beginn des k–ten Intervalls unter Risiko stehenden
Versuchseinheiten, d.h. aller Einheiten, die zu Beginn des Intervalls weder
einen Zustandswechsel hatten noch zensiert sind, berechnet sich wie folgt:

$$
R_1 \;=\; N \;, \tag{6.9}
$$

$$
R_k \;=\; R_{k-1} - d_{k-1} - w_{k-1} \quad (k = 2, \ldots, s) \;. \tag{6.10}
$$

Das Risiko für einen Verlust im k-ten Intervall wird geschätzt durch den Näherungswert (Berkson und Gage, 1950)

$$\hat{\lambda}_k = \frac{d_k}{R_k - \dfrac{w_k}{2}} \; . \tag{6.11}$$

Die exakte ML–Schätzung lautet (unter Voraussetzung gleichverteilter Zensierungen) (Elveback, 1958)

$$\hat{\lambda}_k = \frac{d_k}{R_k - \dfrac{w_k}{2 - \hat{\lambda}_k}} \; . \tag{6.12}$$

Da $\hat{\lambda}_k$ im allgemeinen klein ist, ergibt (6.11) eine gute Näherung.
Dabei ist das Verlustrisiko des k-ten Intervalls als die bedingte Wahrscheinlichkeit zu interpretieren, daß im k-ten Intervall Verluste eintreten unter der Bedingung, daß dieses Intervall erreicht wurde:

$$\lambda_k = P(\text{Verlust} \mid T \geq t_{k-1}) \; . \tag{6.13}$$

Bezeichnen wir mit p_k die bedingte Wahrscheinlichkeit, daß das k-te Intervall überlebt wird, unter der Bedingung, daß das $(k-1)$-te Intervall überlebt wird:

$$p_k = P(T \geq t_k \mid T \geq t_{k-1}) \; , \tag{6.14}$$

so gilt

$$p_k = 1 - \lambda_k \; . \tag{6.15}$$

Die Wahrscheinlichkeit für das Überleben des k-ten Intervalls, also die Survivorfunktion, ist

$$\begin{aligned}
S(t_k) \;\; &= \;\; P_k = P(T \geq t_k) \tag{6.16} \\
&= \;\; p_k \cdot p_{k-1} \cdot \ldots \cdot p_1 \; . \tag{6.17}
\end{aligned}$$

Mit der Schätzung $\hat{\lambda}_k$ (6.11) können wir die bedingten Überlebenswahrscheinlichkeiten p_k für das k-te Intervall und die Survivorfunktion $S(t_k)$ schätzen:

$$\hat{p}_k = 1 - \hat{\lambda}_k \tag{6.18}$$

und

$$\hat{S}(t_k) = \hat{P}_k = \hat{p}_k \cdot \hat{p}_{k-1} \cdot \ldots \cdot \hat{p}_1 \; . \tag{6.19}$$

Damit gilt folgende Rekursivformel

$$\hat{P}_k = \hat{p}_k \cdot \hat{P}_{k-1} \; . \tag{6.20}$$

Die geschätzte Ereigniswahrscheinlichkeit im k-ten Intervall ist dann

$$P(t_{k-1} \leq T < t_k) = \hat{P}_{k-1} - \hat{P}_k \tag{6.21}$$

$$= \hat{P}_{k-1}(1 - \hat{p}_k) = \hat{P}_{k-1}\hat{\lambda}_k \ . \tag{6.22}$$

Setzt man diese Intervallwahrscheinlichkeit der Verweildauer T ins Verhältnis zur Intervallänge h_k, so erhält man eine Schätzung der Dichtefunktion $f(t)$ im k-ten Intervall:

$$\hat{f}_k = \frac{\hat{P}_{k-1} - \hat{P}_k}{h_k} = \frac{\hat{P}_{k-1}\hat{\lambda}_k}{h_k} \ . \tag{6.23}$$

wobei $\hat{P}_0 = 1$ zu setzen ist.

Ausgehend von der Beziehung (6.3) zwischen der stetigen Hazardrate $\lambda(t)$ und der Dichte $f(t)$ sowie der stetigen Survivorfunktion $S(t)$ können wir nun eine auf den intervallbezogenen, also diskretisierten Schätzungen $\hat{f}_k$ und $\hat{S}(t_k)$ basierende Schätzung der Hazardrate ableiten. Da wir nur Informationen an den Intervallgrenzen haben, läßt sich die geschätzte Hazardrate $\hat{\lambda}(t)$ im Innern der Intervalle durch (z.B. lineare) Interpolation bestimmen. Man wählt z.B. den Mittelpunkt m_k des k-ten Intervalls und erhält an dieser Stelle als lineare Näherung

$$\hat{P}(T \geq m_k) = (\hat{P}_{k-1} + \hat{P}_k)/2$$

$$= \hat{P}_{k-1}(1 + \hat{p}_k)/2 \ . \tag{6.24}$$

Damit wird die Schätzung der Hazardrate an der Stelle m_k

$$\hat{\lambda}(m_k) = \frac{\hat{f}_k}{\hat{P}(T \geq m_k)} = \frac{2\hat{\lambda}_k}{h_k(1 + \hat{p}_k)} \ . \tag{6.25}$$

Der Wert $\hat{\lambda}(m_k)$ gibt also das geschätzte Risiko eines Zustandswechsels im k-ten Intervall zum Zeitpunkt m_k unter Berücksichtigung der Intervallänge an, während $\hat{\lambda}_k$ (6.11) das geschätzte Risiko für das k-te Intervall ohne Berücksichtigung der Intervallänge ist. Anders ausgedrückt — die Hazardrate $\hat{\lambda}(m_k)$ *ist das Risiko pro Zeiteinheit zum Zeitpunkt m_k*, während $\hat{\lambda}_k$ *der Hazard im k-ten Intervall* ist. Dieser Zusammenhang wird noch deutlicher, wenn wir die Hazardrate an den beiden Intervallendpunkten t_{k-1} und t_k berechnen. Es gilt

$$\hat{\lambda}(t_{k-1}) = \frac{\hat{f}_k}{\hat{P}(T \geq t_{k-1})} = \frac{\hat{P}_{k-1}\hat{\lambda}_k}{h_k\hat{P}_{k-1}} = \frac{\hat{\lambda}_k}{h_k} \tag{6.26}$$

und

$$\hat{\lambda}(t_k) = \frac{\hat{f}_k}{\hat{P}(T \geq t_k)} = \frac{\hat{P}_{k-1}\hat{\lambda}_k}{h_k\hat{P}_{k-1}\hat{p}_k} = \frac{\hat{\lambda}_k}{h_k(1 - \hat{\lambda}_k)} \ . \tag{6.27}$$

Der Vergleich mit $\hat{\lambda}(m_k)$ ergibt

$$\hat{\lambda}(t_{k-1}) \leq \hat{\lambda}(m_k) \leq \hat{\lambda}(t_k) \ . \tag{6.28}$$

Die Wahl des Mittelpunktes m_k als Repräsentant des Intervalls führt gemäß der linearen Interpolation zu einem Kompromiß bei der Schätzung der Hazardrate des k-ten Intervalls. Bei der Wahl der unteren Intervallgrenze t_{k-1} würde man die Hazardrate des k-ten Intervalls unterschätzen, bei Wahl von t_k überschätzen.

Beispiel 6.2: (Fortsetzung von Beispiel 6.1)
Wir wollen die Berechnung der Schätzungen anhand von Tabelle 6.2 demonstrieren und wählen z.B. das dritte Intervall [12 Monate, 18 Monate). Im ersten Intervall hatten wir $d_1 = 5$ Verluste und $w_1 = 1$ Zensierungen, im zweiten Intervall sind $d_2 = 0$ und $w_2 = 0$. Damit stehen zu Beginn des dritten Intervalls $R_3 = 20$ Versuchseinheiten unter Risiko. Das geschätzte Risiko für das dritte Intervall ist nach (6.11)

$$\hat{\lambda}_3 = \frac{d_3}{R_3 - w_3/2} = \frac{2}{20 - 1/2} = 0.1026$$

Somit ist die bedingte Wahrscheinlichkeit, daß das dritte Intervall überlebt wird (vgl. (6.18)), nachdem es bereits erreicht wurde:

$$\hat{p}_3 = 1 - \hat{\lambda}_3 = 0.8974 \ .$$

Die Überlebensrate (Survivorfunktion) ist die bedingte Wahrscheinlichkeit für das Überleben des dritten Intervalls unter der Bedingung, daß das erste und das zweite Intervall überlebt wurden. Sie wird geschätzt durch (vgl. (6.19))

$$\begin{aligned}
\hat{S}(18 \text{ Monate}) &= \hat{P}_3 = P(T \geq 18 \text{ Monate}) \\
&= \hat{p}_3 \cdot \hat{P}_2 \\
&= 0.8974 \cdot 0.8039 \\
&= 0.7215
\end{aligned}$$

Mit der einheitlichen Intervalllänge $h = 6$ (Monate) wird die Dichtefunktion im dritten Intervall nach (6.23) wie folgt geschätzt

$$\hat{f}_3 = \frac{\hat{P}_2 \cdot \hat{\lambda}_3}{h} = \frac{0.8039 \cdot 0.1026}{6} = 0.0137 \ .$$

Die Schätzung für das Risiko eines Zustandswechsels in der Mitte des dritten Intervalls, also im 15. Monat nach Start der Studie, ist nach (6.25) gleich

$$\hat{\lambda}(15) = \frac{2\hat{\lambda}_3}{h(1 + \hat{p}_3)} = \frac{2 \cdot 0.1026}{6(1 + 0.8974)} = 0.0180 \ .$$

Die Berechnungen sind in Tabelle 6.2 aufgeführt.

Die so gewonnene Tabelle ist Grundlage für die grafische Darstellung von Überlebensfunktion, Dichtefunktion und Hazardrate und somit für deren visuelle Beurteilung (Abbildung 6.5).

Die Überlebenswahrscheinlichkeit sinkt innerhalb der ersten 6 Monate auf 0.8039. In der anschließenden Zeit ist der Abfall geringer. Bis zum 7. Intervall nach Inkorporation wird ein Wert von 0.4579 erreicht. Dies bedeutet, daß in einem Zeitraum von 42 Monaten anhand der vorliegenden Daten mit dem Verlust von 54% der Rekonstruktionen gerechnet werden muß. Für das 8. Intervall wird kein Kurvenverlauf gezeichnet, da in diesem Intervall kein weiterer Verlust aufgetreten ist.

Intervall Nr.	Start (Monat)	Einheiten zu Beginn des Intervalls	Zensiert w_k	Verlust d_k
1	0	26	1	5
2	6	20	0	0
3	12	20	1	2
4	18	17	2	1
5	24	14	2	2
6	30	10	4	0
7	36	6	2	1
8	42	3	3	0

Wahrscheinlichkeit Verlust $\hat{\lambda}_k$	Wahrscheinlichkeit Überleben $\hat{p}_k$	Survivorfunktion $\hat{P}_k$	Dichtefunktion der Verweildauer $\hat{f}_k$	Hazardrate $\hat{\lambda}(m_k)$
0.1961	0.8039	0.8039	0.0327	0.0362
0	1	0.8039	0	0
0.1026	0.8974	0.7214	0.0138	0.0180
0.0625	0.9375	0.6763	0.0075	0.0108
0.1538	0.8462	0.5723	0.0173	0.0278
0	1	0.5723	0	0
0.2000	0.8000	0.4578	0.0191	0.0370
0	1	0.4578	**	**

** Kalkulation ohne Bedeutung

Tabelle 6.2: Berechnung der Lebensdauerdaten für das Beispiel 6.2

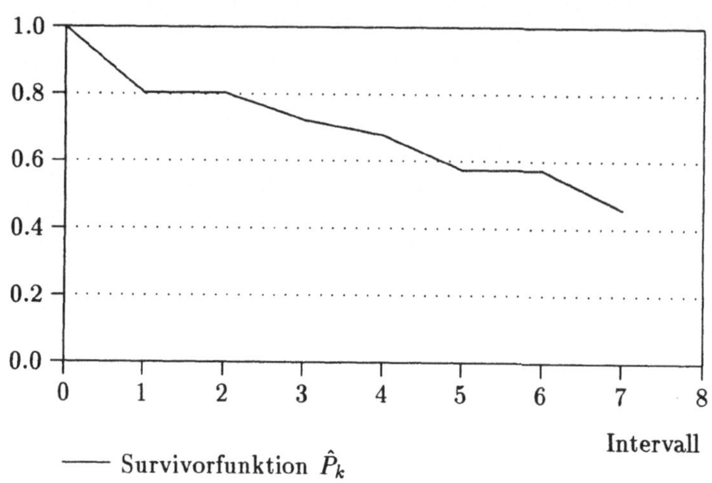

Abbildung 6.5: Sterbetafel–Schätzung der Survivorfunktion (Gesamtstichprobe)

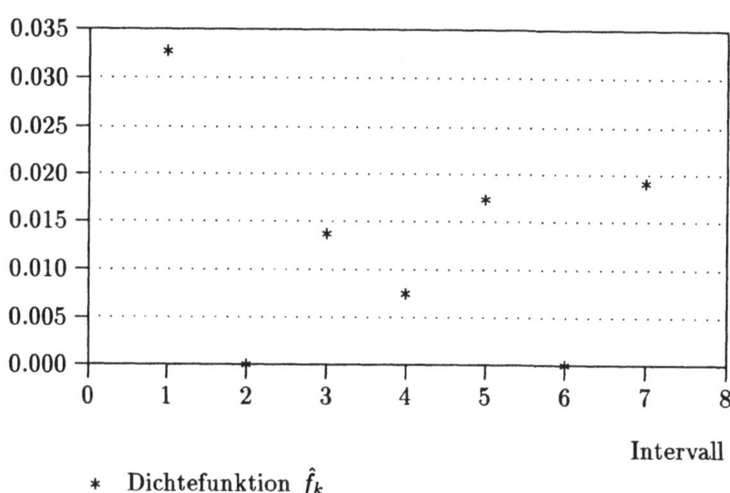

Abbildung 6.6: Nach der Sterbetafel–Methode geschätzte Dichtefunktion $\hat{f}_k$ (Sechs–Monats–Intervall)

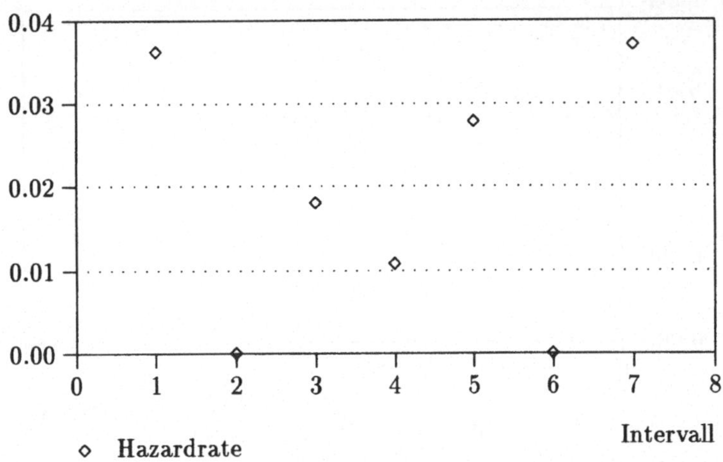

Abbildung 6.7: Geschätzte Hazardrate $\hat{\lambda}(m_k)$ (Sechs–Monats–Intervall)

In den Abbildungen 6.6 und 6.7 sind die Schätzungen der Dichtefunktion der Verweildauer T bzw. der Hazardrate für die gewählte Intervallänge von sechs Monaten dargestellt. Man kann aus Abbildung 6.7 entnehmen, daß das Risiko von einem höheren Anfangswert im Verlauf der Tragedauer zunächst abfällt und mit zunehmender Zeitdauer wieder ansteigt. Dies ist der typische Verlauf von Hazardkurven bei Prozessen, die nach Anfangsausfällen einen relativ stabilen Status erreichen, bis mit zunehmender Zeit Alterung oder Materialermüdung wieder zu einem Anstieg der Ausfälle führen. Bei zu klein gewählten Intervallen kann unter Umständen ein systematischer Verlauf der Hazardrate nicht erkannt werden, da zu viele Intervalle ohne Ereignis sind. Dann empfiehlt es sich, die Intervalle zu vergrößern. Wir demonstrieren dies durch Übergang von Sechs–Monats– zu Jahresintervallen in den Abbildungen 6.8 und 6.9. Insbesondere der Vergleich der Abbildung 6.7 und 6.9 zeigt den angespochenen Effekt des Erkennens einer Systematik im Kurvenverlauf.

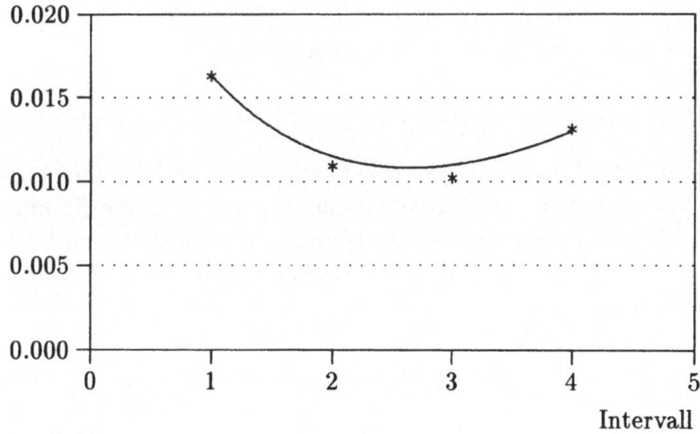

Abbildung 6.8: Dichtefunktion der Verweildauer für Jahresintervalle

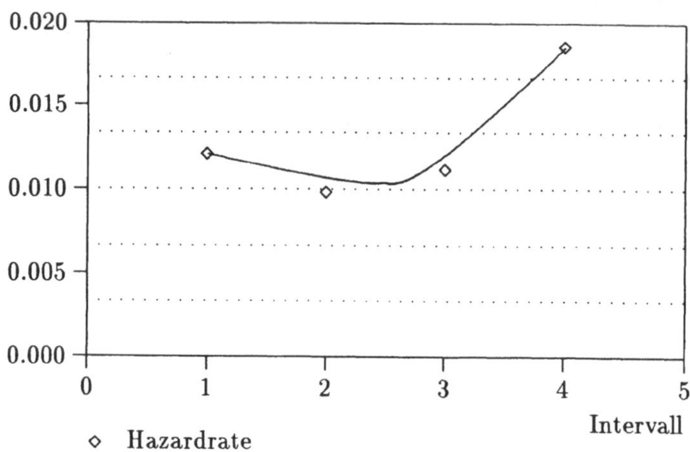

Abbildung 6.9: Hazardrate für Jahresintervalle

6.4 Kaplan–Meier–Schätzung

Die Idee von Kaplan und Meier (1958) war es, die tatsächlichen Zeitpunkte der Ereignisse (und Zensierungen) zur Konstruktion aneinandergrenzender, nicht überlappender Intervalle zu nutzen.

Die Güte der mit der Sterbetafel berechneten Schätzungen von Survivor– und Hazardrate wird durch die Breite und die Lage der Intervalle bestimmt. Je breiter die Intervalle sind, desto ungenauer können die Schätzungen werden. Um die Willkür bei der Wahl der Intervalle auszuschließen, haben Kaplan und Meier den sogenannten Product–Limit–Schätzer oder Kaplan–Meier–Schätzer für die Survivorfunktion vorgeschlagen. Ausgangspunkt ist wiederum eine Zerlegung der Zeitachse in Intervalle, wobei jedoch hier die beobachteten Ereigniszeitpunkte (Tage des Verlusts) als Intervallgrenzen gewählt werden. Wir halten uns an die Darstellung in Blossfeld et al. (1986) und bezeichnen die zeitlich aufsteigend geordneten Verlustzeitpunkte mit

$$t_{(1)} < t_{(2)} < \ldots < t_{(m)}$$

wobei $m \leq N$ (N: Gesamtzahl der Versuchseinheiten) ist und angenommen wird, daß Zensierungen und Zustandswechsel nicht gleichzeitig eintreten. Es sei d_k die Anzahl der zum gleichen Zeitpunkt $t_{(k)}$ eingetretenen Verluste. $R_{(k)}$ bezeichne die zum Zeitpunkt $t_{(k)}$ unter Risiko stehenden Versuchseinheiten. Wir bilden die Intervalle

$$[0, t_{(1)}) \quad , \quad [t_{(1)}, t_{(2)}) , \ldots, [t_{(m)}, \infty) \; . \tag{6.29}$$

Die Anzahl der Verluste d_k innerhalb des k–ten Intervalls kann als binomialverteilte Variable angesehen werden. Die Anzahl $R_{(k)}$ der Patienten, die zu Beginn des k–ten Intervalls unter Beobachtung und damit unter Risiko stehen, stellt eine Anzahl unabhängiger Versuche mit identischer Null–Eins–Verteilung dar, wobei die Zuordnung

$$
\begin{aligned}
0 &: \quad \text{Überleben} \\
1 &: \quad \text{Tod (Ereignis eingetreten)}
\end{aligned}
$$

bei fester Sterbewahrscheinlichkeit

$$
P(X = 1) \;=\; \lambda_{(k)} \tag{6.30}
$$

erfolgt.
Die Überlebenswahrscheinlichkeit ist dann

$$
P(X = 0) \;=\; 1 - \lambda_{(k)} = p_{(k)} \; . \tag{6.31}
$$

Wie wir aus der Theorie der Maximum–Likelihood–Schätzung wissen, ist bei der Binomialverteilung $b(R_{(k)}, \lambda_{(k)})$ die ML–Schätzung durch

$$
\hat{\lambda}_{(k)} \;=\; \frac{d_k}{R_{(k)}} \tag{6.32}
$$

gegeben. Damit ist die Schätzung der Wahrscheinlichkeit zum Überleben des k–ten Intervalls unter der Bedingung, daß es erreicht wurde,

$$
\hat{p}_{(k)} \;=\; 1 - \hat{\lambda}_{(k)} = \frac{R_{(k)} - d_k}{R_{(k)}} \tag{6.33}
$$

ebenfalls eine ML–Schätzung. Wir erhalten also

— Risiko zum Zeitpunkt $t_{(k)}$

$$
\hat{\lambda}_{(k)} \;=\; \frac{d_k}{R_{(k)}} \tag{6.34}
$$

— bedingte Überlebenswahrscheinlichkeit zum Zeitpunkt $t_{(k)}$

$$
\hat{p}_{(k)} \;=\; 1 - \hat{\lambda}_{(k)} \tag{6.35}
$$

— Survivorfunktion zum Zeitpunkt t

$$
\hat{S}(t) = 1 \qquad \text{für } t < t_{(1)}
$$
$$
\hat{S}(t) = \hat{P}_{(k)} = \hat{p}_{(k)} \cdot \hat{p}_{(k-1)} \cdot \ldots \cdot \hat{p}_{(1)} \qquad \text{für } t_{(k)} \leq t < t_{(k+1)} \; . \tag{6.36}
$$

Als Weiterentwicklung dieser Idee haben Kaplan und Meier vorgeschlagen, daß jedes Ereignis ein Intervall durch sich selbst besetzt. Sei $t_{(j)}$ die Überlebenszeit des j–ten Ereignisses (verursacht durch die definierte Krankheit der Studie) innerhalb der Gruppe von N Patienten und $\hat{S}(t_{(j)})$ die geschätzte kumulative Überlebenswahrscheinlichkeit unmittelbar nach dem Ereigniszeitpunkt. Wenn wir voraussetzen, daß zwei Ereignisse nicht zum exakt gleichen Zeitpunkt auftreten können, so ist die geschätzte Hazardrate

$$\hat{\lambda}_{(k)} = \frac{1}{R_{(k)}} \qquad \text{(also stets } d_i = 1) \ . \qquad (6.37)$$

Die Schätzungen sind damit für die bedingte Überlebenswahrscheinlichkeit

$$\hat{p}_k = \frac{R_{(k)} - 1}{R_{(k)}} \qquad (6.38)$$

und die kumulierte Überlebenswahrscheinlichkeit

$$\hat{S}(t_{(j)} + 0) = \prod_{k=1}^{j} \frac{R_{(k)} - 1}{R_{(k)}} \ . \qquad (6.39)$$

Diese Schreibweise besagt, daß die geschätzte Überlebenskurve nur an den beobachteten Zeitpunkten $t_{(j)}$ definiert ist.

Tatsächlich ist die K–M–Schätzung jedoch an allen Zeitpunkten definiert, allerdings ist sie eine schrittweise Funktion. Dies drückt man auch aus durch die Schreibweise

$$\hat{S}(t) = \prod_{j:\, t_{(j)} < t} \frac{R_{(j)} - 1}{R_{(j)}} \quad (t > 0) \qquad (6.40)$$

$$\hat{S}(0) = 1 \ . \qquad (6.41)$$

Falls gebundene (gleichzeitige) Ereignisse eintreten, wird die 1 durch die Anzahl d_j der Ereignisse zum Zeitpunkt $t_{(j)}$ ersetzt. Da Lebenszeiten stetige Variablen sind, haben gebundene Ereignisse die Wahrscheinlichkeit Null. Durch die zeitdiskrete Messung kann es jedoch zu Bindungen kommen.

Zensierungen, die zeitlich mit Ereignissen zusammenfallen, erhalten eine geringfügig nach rechts verschobene Korrektur, zählen also zur Risikomenge des nächsten Ereignisses.

Eine moderne Darstellung hat sich inzwischen durchgesetzt (Harris und Albert, 1991). Jeder Patient (Nr. $j = 1, \ldots, N$) hat eine Verweildauer T_j in der Studie. Wir schreiben:

$T_j = t_j$: falls der j-te Patient ein Ereignis hatte und
$T_j = t_j^+$: falls der j-te Patient eine zensierte Lebenszeit hat.

Es sei δ_j eine Indikatorvariable:

$\delta_j = 0$: für zensierte Überlebenszeiten $(T_j > t_j^+)$
$\delta_j = 1$: für bekannte Überlebenszeiten $(T_j = t_j)$.

Wir können nun den Index t_j^+ wieder weglassen und ordnen alle Verweildauern der Größe nach. Bindungen zwischen zensierten und nichtzensierten Daten

werden überwunden, indem man den zensierten Daten höhere Ränge zuordnet
(diese Patienten werden zeitlich nach rechts verschoben). Sei r_j der Rang von
$t_{(j)}$, so läßt sich der Kaplan–Meier–Schätzer auch schreiben als

$$\hat{S}(t) = \prod_{j:\, t_{(j)} < t} \left[\frac{N - r_j}{N - r_j + 1} \right]^{\delta_j} \quad (t \leq t_{max}) \,. \tag{6.42}$$

Die zensierten Patienten $(\delta_j = 0)$ haben keinen Einfluß auf die K–M–
Schätzung.

Die K–M–Schätzung ist ebenso wie die Sterbetafelmethode in dem Sinne nichtparametrisch, daß sie keine spezifische mathematische Form der zugrundelie-
genden Überlebenskurve voraussetzt. Eine grundlegende Voraussetzung ist
die Annahme, daß die Patienten mit zensierten Verweildauern eine zufällige
Stichprobe derselben Population wie die nichtzensierten Patienten sind. D.h.
die Wahrscheinlichkeit einer zensierten Verweildauer ist unabhängig von der
unbeobachteten tatsächlichen Verweildauer. Dann stellt die K–M–Schätzung
eine unverzerrte Schätzung für die gesamte Studienpopulation dar.

Beispiel 6.3: (Fortsetzung von Beispiel 6.2)
Für die Berechnung werden zunächst die Verlust– und Zensierungszeiten aufsteigend
sortiert. Für jeden Verlustzeitpunkt ist somit festzustellen, wieviele Rekonstruktionen sich nach entsprechend langer Prozeßzeit unter Risiko eines Verlustes befanden,
also nach vorliegender Dokumentation noch intakt waren. Tabelle 6.3 enthält diese
Werte und die auf ihnen aufbauenden Kalkulationen. So ist zum Beispiel (nach
(6.33))

$$\hat{p}_{(3)} = 1 - \hat{\lambda}_{(3)} = 1 - \frac{d_3}{R_{(3)}} = 1 - \frac{2}{24} = 0.91667$$

und

$$\hat{S}(t_{(3)} + 0) = \hat{P}_{(3)} = \hat{p}_{(3)} \cdot \hat{p}_{(2)} \cdot \hat{p}_{(1)} = 0.96154 \cdot 0.96000 \cdot 0.91667 = 0.84610 \,.$$

Die Überlebensfunktion nach der Kaplan–Meier–Schätzung ist in Abbildung 6.10
dargestellt. Da es im vorgestellten Beispiel zensierte Zeiten gibt, die größer sind als
die Mißerfolgszeiten, strebt die geschätzte Funktion nicht nach 0. Um eine Fehl-
einschätzung des Mittelwertes zu vermeiden, sollte die Kurve nur bis zum letzten
Verlust betrachtet werden. Der auf ihn folgende Beobachtungszeitraum ist mit einer
gestrichelten Linie dargestellt.

Die Survivorfunktion sinkt im Beobachtungszeitraum auf einen Wert, der etwa in
der gleichen Höhe liegt wie mit der Sterbetafel geschätzt. Der Kurvenverlauf stellt
allerdings eine wesentlich genauere Schätzung dar. Um einen Vergleich mit Abbildung 6.5 zu vereinfachen, sind in Abbildung 6.10 die für die Sterbetafel gewählten
Intervalle mit senkrechten Linien angedeutet. Es ist zu erkennen, daß im zweiten
und sechsten Intervall kein Verlust dokumentiert ist, was bei Abbildung 6.5 eine
Verzerrung der Darstellung bewirkt. Wären die Intervallgrenzen enger gewählt, so
wäre eine größere Ähnlichkeit mit der Kaplan–Meier–Schätzung erreicht. Bei sehr
kleinen Intervallen erreicht die Kalkulation mit der Sterbetafelmethode dieselben
Ergebnisse wie die Kaplan–Meier–Schätzung.

k	$t_{(k)}$	$R_{(k)}$	d_k	$\hat{p}_{(k)}$	$\hat{P}_{(k)}$
0	0	26	0	1	1
1	34	26	1	0.96154	0.96154
2	98	25	1	0.96000	0.92308
3	116	24	2	0.91667	0.84615
4	172	21	1	0.95238	0.80586
5	393	20	1	0.95000	0.76557
6	406	19	1	0.94737	0.72528
7	669	15	1	0.93333	0.67692
8	899	13	1	0.92308	0.62485
9	912	11	1	0.90909	0.56805
10	1263	4	1	0.75000	0.42604

Tabelle 6.3: Kaplan–Meier–Schätzung für die Survivorfunktion der gesamten Stichprobe

6.5 Nichtparametrische Methoden zum Vergleich von Überlebenskurven

Die Überlebensfunktion einer Population (oder Stichprobe) ist — für sich genommen — wenig aussagekräftig. Erst im Vergleich von Therapien anhand ihrer Überlebenskurven lassen sich statistisch relevante Fragen stellen und beantworten (Zweistichprobenproblematik).

Für einen ersten Vergleich der Rekonstruktionen A und B (Gruppe 1 von Patienten und Gruppe 2 von Patienten) wird die Kalkulation separat für die entsprechenden Gruppen durchgeführt (Tabellen 6.4 und 6.5).

k	$t_{(k)}$	$R_{(k)}$	d_k	$\hat{p}_{(k)}$	$\hat{P}_{(k)}$
0	0	14	0	1	1
1	34	14	1	0.92857	0.92857
2	98	13	1	0.92308	0.85714
3	116	12	1	0.91667	0.78571
4	393	11	1	0.90909	0.71429
5	669	8	1	0.87500	0.62500
6	912	6	1	0.83333	0.52083
7	1263	3	1	0.66667	0.34722

Tabelle 6.4: Kaplan–Meier–Schätzung (Gruppe 1)

In Abbildung 6.11 ist der Kaplan–Meier–Schätzer für beide Gruppen graphisch dargestellt. Durch Betrachtung der Kurven kann eine erste Einschätzung der Unterschiede im Überlebensverhalten der Therapiegruppen dahingehend ge-

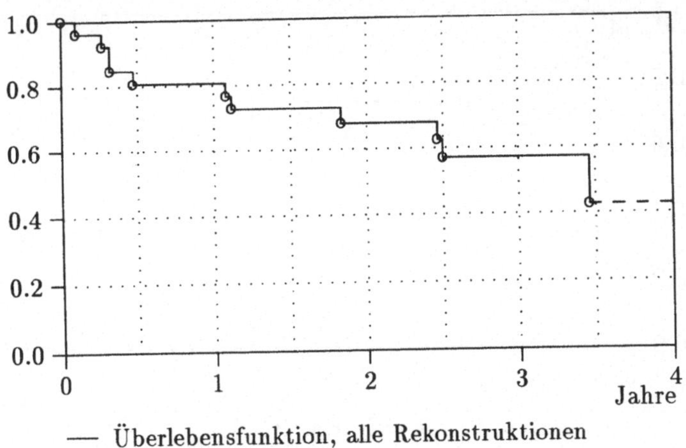

Abbildung 6.10: Kaplan–Meier–Schätzung der Survivorfunktion (Gesamtstichprobe)

k	$t_{(k)}$	$R_{(k)}$	d_k	$\hat{p}_{(k)}$	$\hat{P}_{(k)}$
0	0	12	0	1	1
1	116	12	1	0.91667	0.91667
2	172	10	1	0.90000	0.82500
3	406	9	1	0.88889	0.73333
4	899	7	1	0.85714	0.62857

Tabelle 6.5: Kaplan–Meier–Schätzung (Gruppe 2)

wonnen werden, daß Gruppe 2 eine höhere Überlebenswahrscheinlichkeit zu besitzen scheint.

6.6   Vergleich der Methoden

Die beiden Methoden — gruppierte Lifetable (Sterbetafel) und ungruppierte Lifetable (K–M–Schätzer) — weisen einige grundlegende Unterschiede auf.
Die Sterbetafel mit ihren festen Intervallen ist unempfindlich gegen die tatsächlichen Ereigniszeitpunkte innerhalb eines Intervalls. Hat man wiederholte unabhängige Stichproben (mehrere Kliniken etc.) mit derselben Zeiteinteilung, so wird man eine relative Stabilität der Sterbetafelschätzung erwarten. Die KM–Schätzung setzt voraus, daß die Patienten mit zensierter Verweildauer eine zufällige Stichprobe der Population sind. Damit folgt das Zensierungsmuster einer Wahrscheinlichkeitsverteilung (wie z.B. der Gleichverteilung). Sofern also der Zensierungsmechanismus unabhängig vom Ereignisrisiko ist, liefert die KM–Schätzung erwartungstreue Resultate.

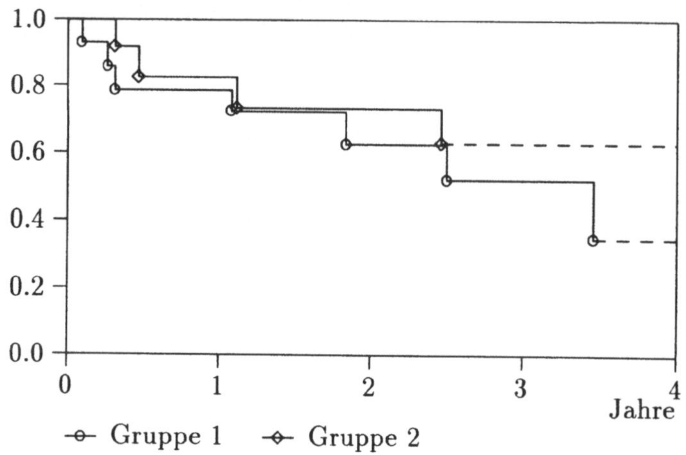

Abbildung 6.11: Kaplan–Meier–Schätzungen der beiden Therapiegruppen

6.7 Log–Rank–Statistik zum Vergleich von Survivorfunktionen

Der Log–Rank–Test dient zur Feststellung signifikanter Unterschiede des Überlebensverhaltens der zu überprüfenden Subgruppen. Er kann angewandt werden, wenn sich die Überlebensfunktionen nicht überschneiden und wenn die Zensierungsfälle in den Untergruppen in etwa gleich verteilt sind.

Um dies zu überprüfen, wird das Zensierungsmuster zunächst graphisch dargestellt (Abbildung 6.12). Ein geeigneter Test zum Prüfen der Hypothese H_0: *Zensierungszeitpunkte in beiden Gruppen gleichmäßig verteilt* ist mit dem Iterationstest gegeben.

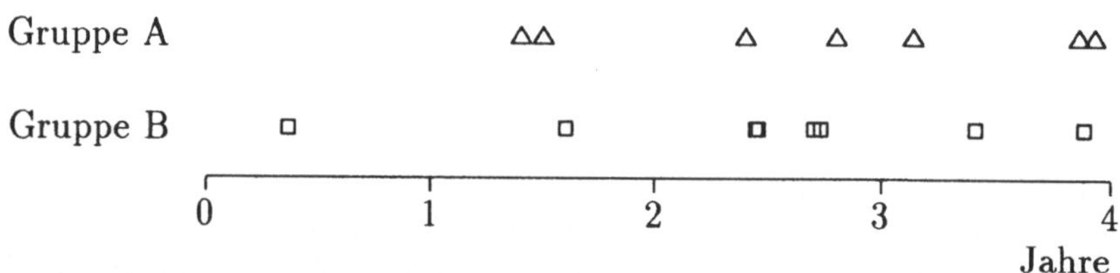

Abbildung 6.12: Zensierungsmuster der beiden Gruppen ($n_1 = 7$, $n_2 = 8$)

Iterationstest zum Vergleich der Zensierungsmuster:
Iterationen: $1 + 1 + 1 + 1 + 1 + 1 + 1 \quad +1 = 8$
$$\text{oder} \mid \ +1 + 1 + 1 = 10$$
für H_0: $\quad r_u \ < \ r \ < \ r_o \quad$ (vgl. z.B. Tabelle 9.17 in
$\qquad 4 \ < \ 8 \ < \ 13 \quad$ Toutenburg et al., 1991)
$$\text{oder}$$
$$10$$
$\Longrightarrow H_0$ wird nicht abgelehnt.

Der Log–Rank–Test summiert die Abweichungen der beobachteten Verluste
von den erwarteten (entsprechend dem Verhältnis der Anzahl der Versuchseinheiten unter Risiko) zu den einzelnen Verlustzeitpunkten und kontrolliert
dadurch die Abweichungen der beiden Kurven voneinander in allen Zeitpunkten. Die zensierten Zeitpunkte gehen insofern ein, als die Untersuchungseinheiten solange zu den unter Risiko stehenden gerechnet werden, wie sie nicht
ausgefallen sind. Wir folgen der Darstellung in Blossfeld et al. (1986) und
bezeichnen mit $u_1, \ldots, u_{n_1}$ und $v_1, \ldots, v_{n_2}$ die Meßwerte der Verweildauer T in
den beiden Stichproben (in unserem Beispiel: die Gruppen A und B). Es sei
$n_1 + n_2 = n$. Die beiden Stichproben werden zusammengelegt und zwar mit
den der Größe nach geordneten Verlustzeitpunkten

$$t_{(1)} \le t_{(2)} \le \ldots \le t_{(m)} \qquad (m \le n) \ .$$

Die Risikomenge $R_{(k)}$ ist diejenige Zahl von Versuchseinheiten, die unmittelbar
vor dem Zeitpunkt $t_{(k)}$ noch kein Ereignis hatten und die im Zeitabschnitt von
$t_{(k-1)}$ bis $t_{(k)}$ nicht zensiert wurden.
Da wir die Nullhypothese

$$H_0 : S_A(t) = S_B(t) \qquad \text{für alle } t \ , \tag{6.43}$$

d.h. die Gleichheit der Survivorfunktion beider Subgruppen (Therapie A und
B) überprüfen wollen, notieren wir zu den Ereigniszeitpunkten $t_{(k)}$ die Risikomengen beider Subgruppen. Es sei also

— $R_{(k)}$ die Anzahl aller zum Zeitpunkt $t_{(k)}$ unter Risiko stehenden Versuchseinheiten,

— n_{Ak} die unter Risiko stehenden Versuchseinheiten der Gruppe A,

— n_{Bk} die unter Risiko stehenden Versuchseinheiten der Gruppe B,

— d_k die Anzahl der Verluste zum Zeitpunkt $t_{(k)}$ in beiden Gruppen insgesamt,

— d_{Ak} bzw. d_{Bk} die Anzahl der Verluste zum Zeitpunkt $t_{(k)}$ in den Subgruppen A bzw. B.

Die Daten zum Zeitpunkt $t_{(k)}$ bilden de facto jeweils eine 2×2-Kontingenztafel
(Vierfeldertafel) aus d_k Verlusten und $R_{(k)} - d_k$ Nicht–Verlusten (Survivors).

	Gruppe		
	A	B	
mit Ereignis	d_{AK}	d_{Bk}	d_k
ohne Ereignis	$n_{Ak} - d_{Ak}$	$n_{Bk} - d_{Bk}$	$R_{(k)} - d_k$
	n_{Ak}	n_{Bk}	$R_{(k)}$

Die erwartete Anzahl von Verlusten zum Zeitpunkt $t_{(k)}$ ist

$$w_{Ak} = \frac{n_{Ak}}{R_{(k)}} \cdot d_k \qquad \text{(Gruppe A)} \qquad\qquad (6.44)$$

bzw.

$$w_{Bk} = \frac{n_{Bk}}{R_{(k)}} \cdot d_k \qquad \text{(Gruppe B)} . \qquad\qquad (6.45)$$

Die Varianzen von d_{Ak} bzw. d_{Bk} sind

$$v_{Ak} = \frac{n_{Ak}(R_{(k)} - n_{Ak})d_k(R_{(k)} - d_k)}{R_{(k)}^2(R_{(k)} - 1)} \qquad\qquad (6.46)$$

bzw.

$$v_{Bk} = \frac{n_{Bk}(R_{(k)} - n_{Bk})d_k(R_{(k)} - d_k)}{R_{(k)}^2(R_{(k)} - 1)} . \qquad\qquad (6.47)$$

Unter der Nullhypothese (6.43) ist die auf der Gruppe A basierende *Log–Rank–Teststatistik* (Woolson, 1987, S.455) mit Stetigkeitskorrektur nach Mantel–Haenszel:

$$\chi_{MH}^2 = S = \frac{\left[\left|\sum_{k=1}^{m}(d_{Ak} - w_{Ak})\right| - \frac{1}{2}\right]^2}{\sum_{k=1}^{m} v_{Ak}} . \qquad\qquad (6.48)$$

Für den Test ist es gleichgültig, ob man Gruppe A oder Gruppe B zur Berechnung von S heranzieht. Die Teststatistik S ist χ_1^2–verteilt. Im Prinzip summiert S die Abweichungen in allen m Vierfeldertafeln.

Beispiel 6.4: (Fortsetzung von Beispiel 6.3)
Zur Veranschaulichung des Rechengangs zum Erhalt der Teststatistik dient Tabelle 6.7. Als Beispiel sei der Rechengang in der dritten Zeile erläutert:

$$w_{A3} = \frac{12}{24} \cdot 2 = 1 ,$$

$$v_{A3} = \frac{12 \cdot (24 - 12) \cdot 2 \cdot (24 - 2)}{24^2 \cdot 23} = \frac{6336}{13248} = 0.47826 .$$

Die erwarteten Verluste werden über alle Zeitpunkte summiert. Dies ergibt für die Gruppe A in der Beispielrechnung 5.94891. Es wird die Differenz zu den wirklich beobachteten Verlusten gebildet:

$$7 - 5.94891 = 1.05109$$

k	Verlust–Zeitpkt. (t)	Unter Risiko A∪B $R_{(k)}$	Unter Risiko Gruppe A n_{Ak}	Unter Risiko Gruppe B n_{Bk}
1	34	26	14	12
2	98	25	13	12
3	116	24	12	12
4	172	21	11	10
5	393	20	11	9
6	406	19	10	9
7	669	15	8	7
8	899	13	6	7
9	912	11	6	5
10	1263	4	3	1

Tabelle 6.6: Risikomengen der beiden Gruppen

Die Summe der Varianzen über alle Zeitpunkte beträgt 2.65547.
Die Testgröße S errechnet sich als

$$S = (1.05109 - 0.5)^2 / 2.65547 = 0.11437 \ .$$

Die Testgröße wird mit dem kritischen Wert der χ^2–Verteilung mit einem Freiheitsgrad verglichen. Mit $S = 0.11437 < \chi^2_{1;0.95} = 3.84$ besteht kein Anlaß, die Nullhypothese auf Gleichheit der Überlebensfunktionen der Gruppen A und B abzulehnen. Die beobachteten Unterschiede sind statistisch nicht signifikant.

Für den Test ist es ausreichend, die erwarteten Verluste nur für eine Gruppe auszurechnen, da sich die Differenzen immer zu 0 aufaddieren. Für die Überprüfung von mehr als zwei Gruppen sollten statistische Programmpakete angewandt werden, da hierbei noch Kovarianzen berücksichtigt werden müssen. Als Alternative bietet sich die Methode von Peto–Pike an.

6.8 Vergleich von mehr als zwei Überlebenskurven — die Methode von Peto–Pike

Die Mantel–Haenszel–Statistik für mehr als $K > 2$ Therapien läßt sich schreiben als (Harris und Albert, 1991, S.73)

$$\chi^2_{MH} = \Delta' V^{-1} \Delta \tag{6.49}$$

mit dem Vektor $\Delta = (\delta_1, \ldots, \delta_{K-1})'$ aus den $K-1$ aufsummierten Differenzen, d.h.

$$\delta_k = \sum_{i=1}^{m} (d_{ik} - E(d_{ik})) \quad , \quad k = 1, \ldots, K-1 \ . \tag{6.50}$$

Verlust d_k	Verlust Gruppe A d_{Ak}	Verlust Gruppe B d_{Bk}	erwatet Gruppe A w_{Ak}	Varianz v_{Ak}
1	1		0.53846	0.24852
1	1		0.52000	0.24960
2	1	1	1	0.47826
1		1	0.52381	0.24943
1	1		0.55000	0.24750
1		1	0.52632	0.24931
1	1		0.53333	0.24889
1		1	0.46154	0.24852
1	1		0.54545	0.24793
1	1		0.75000	0.18750
$\sum$ 11	7	4	5.94891	2.65547

Tabelle 6.7: Berechnung der Log–Rank–Teststatistik

V ist die Kovarianzmatrix mit den Varianzen $\sum_{i=1}^{t_{max}} \mathrm{Var}\, d_{ik}$ $(k = 1, \ldots, K - 1)$ auf der Hauptdiagonalen und Kovarianzelementen außerhalb der Hauptdiagonalen. Diese Elemente haben die Gestalt

$$-\sum_{i=1}^{m} \frac{E(d_{ik})\, n_{i\tilde{k}}(R_i - D_i)}{R_i(R_i - 1)} \qquad (k, \tilde{k} = 1, \ldots, K - 1,\ k \neq \tilde{k})\,, \qquad (6.51)$$

wobei D_i die Summe der Ereignisse über alle K Gruppen und R_i die Gesamtzahl der unter Risiko stehenden Patienten zum Zeitpunkt t_i sind.

Unter $H_0 : S_1(t) = \ldots = S_K(t)$ ist χ^2_{MH} näherungsweise nach χ^2_{K-1}-verteilt. Peto und Pike (1973) haben eine Vereinfachung vorgeschlagen, die die Berechnung der Kovarianzmatrix umgeht. Nach dem allgemeinen Konstruktionsprinzip

$$\sum \frac{(\text{``Beobachtet – Erwartet``})^2}{\text{Erwartet}}$$

bilden sie die Teststatistik

$$\chi^2_{K-1} = \sum_{k=1}^{K} \frac{\left(\sum_{i=1}^{m} d_{ik} - \sum_{i=1}^{m} E(d_{ik})\right)^2}{\sum_{i=1}^{m} E(d_{ik})}\,. \qquad (6.52)$$

Der Peto–Pike–Ansatz gilt auch für $K = 2$.
Wenden wir die Peto–Pike–Formel auf unser Beispiel an, so erhalten wir

$$\chi^2_1 = \frac{(7 - 5.94891)^2}{5.94891} + \frac{(4 - 5.05109)^2}{5.05109} = 0.40444\,,$$

also einen etwas kleineren Wert als mit der Mantel–Haenszel–Formel ohne Stetigkeitskorrektur:

$$\chi^2_{MH|unkorrigiert} = \frac{\left(\sum(d_{AK} - w_{AK})\right)^2}{\sum v_{AK}} = \frac{1.05109^2}{2.65547} = 0.41604 \ .$$

Dieses Resultat gilt allgemein (Peto und Pike, 1973, und Elandt–Johnson und Johnson, 1980, S.259):

$$\chi^2_{MH} \geq \chi^2_{Peto-Pike} \ . \tag{6.53}$$

Damit ist der Peto–Pike–Test geringfügig konservativ. Dieser Effekt wächst, sobald die Zensierungsmuster sich stärker unterscheiden.

6.9 Relation zwischen Überlebenskurven

Der Log–Rank–Test von Mantel–Haenszel hat die Eigenschaft, am sensibelsten auf Abweichungen von $H_0: S_1(t) = \ldots = S_K(t)$ zu reagieren, sofern die Überlebensraten in der Alternativhypothese durch folgende Beziehung untereinander verknüpft sind:

$$S_i(t) = [S_j(t)]^\alpha \ , \tag{6.54}$$

wobei $\alpha = \alpha_{ij}$ zeitunabhängig ist. Für exponentielle Lebensdauern

$$S_k(t) = \exp(-\lambda_k t) \ , \quad k = 1, \ldots, K \tag{6.55}$$

gilt

$$S_{k_1}(t) = [S_{k_2}(t)]^{\lambda_{k_2}/\lambda_{k_1}} \ , \tag{6.56}$$

also ist mit $\alpha = \lambda_{k_2}/\lambda_{k_1}$ die Potenzbeziehung (6.54) erfüllt.

Gegen andere Alternativen hat der Log–Rank–Test nicht diese Optimalitätseigenschaft.

Eine Verallgemeinerung des Log–Rank–Tests wird durch Übergang zum gewichteten Log–Rank–Test vollzogen, der flexibler auf Alternativen reagiert, die von dem Potenz–Gesetz (6.54) abweichen.

Die Teststatistik lautet für zwei Überlebenskurven (ohne Stetigkeitskorrektur $\frac{1}{2}$, alternativ die Gruppe A oder B wählen)

$$\chi^2_1 = \frac{\left[\sum_{i=1}^{m} w_i \left(d_{iA} - E(d_{iA})\right)\right]^2}{\sum_{i=1}^{m} w_i^2 \, \mathrm{Var}(d_{iA})} \ . \tag{6.57}$$

Es gibt verschiedene Vorschläge für Gewichte, z.B. den von Gehan (1965): $w_i = R_{(i)}$ mit $R_{(i)}$ der Risikogruppe zum Zeitpunkt $t_{(i)}$. Der Test mit den Gewichten von Gehan ist jedoch empfindlich gegenüber Verschiebungen im Zensierungsmuster der beiden Gruppen. $w_i = 1$ liefert die Peto–Pike–Formel (6.52).

6.10 Standardfehler und Konfidenzbänder für Überlebensraten und –kurven

Anders als bei Laborversuchen läßt sich bei einer klinischen Studie keine Kontrolle über die wesentlichen Quellen der Variation ausüben. Die Ursachen der Variation lassen sich selten identifizieren, so daß auch keine Aussagen über ihre Anteile an der Gesamtvariation möglich sind.

Da wichtige praktische Entscheidungen über Therapieempfehlungen auf der Basis von Schätzungen der Überlebensrate gemacht werden, benötigen wir einen quantitativen Indikator ihrer Variabilität.

Als angemessenes Maß der Zuverlässigkeit der gesamten Überlebenskurve werden wir ein simultanes Konfidenzband, das die gesamte Menge von Raten überdeckt, konstruieren. Im Falle eines einzelnen Parameters (Raten zum Zeitpunkt t_j) ist der Standardfehler der Schätzung von zentraler Bedeutung. Falls die Schätzung normalverteilt ist, läßt sich ein Konfidenzintervall finden.

6.10.1 Standardfehler der Sterbetafel–Überlebensrate

Die allgemein akzeptierte Formel zur Bestimmung des Standardfehlers der gruppierten Lifetableschätzung des kumulierten Überlebens von einem Startereignis bis zu einem zukünftigen (späteren) Zeitpunkt stammt von Greenwood (1926). Die Formel lautet

$$\widehat{SE}[\hat{S}(x+1)] = \hat{S}(x+1) \left[\sum_{j=0}^{x} \frac{d_j}{\hat{R}_j(\hat{R}_j - d_j)} \right]^{1/2} , \qquad (6.58)$$

wobei die aktuellen Werte d_j (Verluste), die nach der Sterbetafel–Methode geschätzte (korrigierte) Zahl $\hat{R}_j = R_j - \dfrac{w_j}{2}$ von Personen unter Risiko und die bestmögliche (im Sinne der gruppierten Lifetable) Schätzung $\hat{S}(x+1) = \hat{p}_0 \cdot \ldots \cdot \hat{p}_x$ einzusetzen sind.

Der Nachteil dieser Schätzung ist, daß sie nur asymptotisch für große Werte von $\hat{R}_j$ exakt ist. Deshalb muß man mit Unterschätzungen der Standardfehler rechnen, insbesondere am Ende der Tafel.

Ableitung der Greenwood–Formel

Die Sterbetafel–Schätzung der Überlebensrate (Survivorfunktion) ist rekursiv (vgl. 6.19)

$$\hat{S}(x+1) = \hat{S}(x)\hat{p}_x \qquad \text{für } x > 0 \qquad (6.59)$$

mit

$$\hat{S}(1) = \hat{p}_0 \qquad \text{(die Überlebensrate zum Ende des 1.Intervalls)} \qquad (6.60)$$

und

$$\hat{p}_x = 1 - \hat{\lambda}_x = 1 - \frac{d_x}{R_x - \dfrac{w_x}{2}} = 1 - \frac{d_x}{\hat{R}_x} \ . \tag{6.61}$$

Dabei sind $\hat{R}_x = R_x - \dfrac{w_x}{2}$ die Personeneinheiten unter Risiko und $\hat{p}_x$ die (bedingte) Wahrscheinlichkeit, vom Zeitpunkt x bis zum Zeitpunkt $(x+1)$ zu überleben.

Nun gilt für zwei beliebige unabhängige Zufallsvariablen u und v

$$E(uv) \;=\; E(u)E(v)$$

$$
\begin{aligned}
\text{und} \quad \text{Var}(uv) \;=\;& E\left[uv - E(u)E(v)\right]^2 \\
=\;& E\left[(u - E(u))(v - E(v)) + E(u)v + E(v)u - 2E(u)E(v)\right]^2 \\
=\;& E[(u - E(u))(v - E(v)) + E(u)(v - E(v) + E(v)) \\
& + E(v)(u - E(u) + E(u)) - 2E(u)E(v)]^2 \\
=\;& \text{Var}(u)\text{Var}(v) + [E(u)]^2\text{Var}(v) + [E(v)]^2\text{Var}(u) \ ,
\end{aligned}
$$

also gilt näherungsweise

$$\text{Var}(uv) \approx [E(u)]^2\text{Var}(v) + [E(v)]^2\text{Var}(u) \ , \tag{6.62}$$

da häufig das erste Produkt gegenüber den beiden anderen relativ klein ist. Schätzt man die unbekannten Erwartungswerte durch die Stichprobenwerte — also u und v selbst —, so erhält man die geschätzte Näherung

$$\widehat{\text{Var}}(uv) = u^2\text{Var}(v) + v^2\text{Var}(u) \ . \tag{6.63}$$

Wendet man diese Formel auf

$$\hat{S}(2) = \hat{p}_0 \cdot \hat{p}_1 \qquad (\text{also } u = \hat{p}_0, \ v = \hat{p}_1) \tag{6.64}$$

und speziell auf

$$\text{Var}\left(\hat{S}(2)\right) = \text{Var}\left(\hat{p}_0 \cdot \hat{p}_1\right) \tag{6.65}$$

an, so folgt

$$
\begin{aligned}
\widehat{\text{Var}}\left(\hat{S}(2)\right) \;=\;& \hat{p}_1^2\text{Var}\left(\hat{p}_0\right) + \hat{p}_0^2\text{Var}\left(\hat{p}_1\right) \\
=\;& \hat{p}_0^2\hat{p}_1^2\left[\frac{\text{Var}\left(\hat{p}_0\right)}{\hat{p}_0^2} + \frac{\text{Var}\left(\hat{p}_1\right)}{\hat{p}_1^2}\right] \\
=\;& \left[\hat{S}(2)\right]^2\left[\frac{\text{Var}\left(\hat{p}_0\right)}{\hat{p}_0^2} + \frac{\text{Var}\left(\hat{p}_1\right)}{\hat{p}_1^2}\right] \ . \tag{6.66}
\end{aligned}
$$

Nun ist $\hat{S}(3) = \hat{S}(2) \cdot \hat{p}_2$.
Also erhalten wir

$$
\begin{aligned}
\widehat{\mathrm{Var}}\left(\hat{S}(3)\right) &= \left[\hat{S}(2)\right]^2 \mathrm{Var}\left(\hat{p}_2\right) + \hat{p}_2^2 \widehat{\mathrm{Var}}\left(\hat{S}(2)\right) \\
&= \left[\hat{S}(2)\right]^2 \left[\mathrm{Var}\left(\hat{p}_2\right) + \hat{p}_2^2 \left(\frac{\mathrm{Var}\left(\hat{p}_0\right)}{\hat{p}_0^2} + \frac{\mathrm{Var}\left(\hat{p}_1\right)}{\hat{p}_1^2}\right)\right] \\
&= \left[\hat{S}(3)\right]^2 \left[\frac{\mathrm{Var}\left(\hat{p}_0\right)}{\hat{p}_0^2} + \frac{\mathrm{Var}\left(\hat{p}_1\right)}{\hat{p}_1^2} + \frac{\mathrm{Var}\left(\hat{p}_2\right)}{\hat{p}_2^2}\right] .
\end{aligned}
\tag{6.67}
$$

Durch wiederholtes Anwenden dieser Prozedur erhalten wir schließlich allgemein

$$
\widehat{\mathrm{Var}}\left(\hat{S}(x+1)\right) = \left[\hat{S}(x+1)\right]^2 \sum_{i=1}^{x} \frac{\mathrm{Var}\left(\hat{p}_i\right)}{\hat{p}_i^2} .
\tag{6.68}
$$

Die Anzahl der Ereignisse (Sterbefälle) von $\hat{R}_i$ unter dem Risiko λ_i stehenden Patienten folgt einer Binomialverteilung $b(\hat{R}_i, \lambda_i)$. Die Maximum–Likelihood–Schätzung $\hat{\lambda}_i = \dfrac{d_i}{\hat{R}_i}$ ist erwartungstreu und hat die Varianz

$$
\mathrm{Var}(\hat{\lambda}_i) = \frac{\lambda_i(1-\lambda_i)}{\hat{R}_i} .
\tag{6.69}
$$

Wegen $\hat{p}_i = 1 - \hat{\lambda}_i$ gilt

$$
\mathrm{Var}(\hat{p}_i) = \mathrm{Var}(\hat{\lambda}_i) = \frac{p_i(1-p_i)}{\hat{R}_i}
\tag{6.70}
$$

($\lambda_i = 1 - p_i$ eingesetzt).
Die erwartungstreue Schätzung lautet also mit

$$
\hat{p}_i = 1 - \hat{\lambda}_i = \frac{\hat{R}_i - d_i}{\hat{R}_i}
\tag{6.71}
$$

$$
\widehat{\mathrm{Var}}(\hat{p}_i) = \frac{\hat{p}_i(1-\hat{p}_i)}{\hat{R}_i} = \frac{d_i(\hat{R}_i - d_i)}{\hat{R}_i^3} .
\tag{6.72}
$$

Damit wird

$$
\frac{\widehat{\mathrm{Var}}(\hat{p}_i)}{\hat{p}_i^2} = \frac{d_i}{\hat{R}_i(\hat{R}_i - d_i)} ,
\tag{6.73}
$$

so daß die Greenwood–Formel (6.58) unter Verwendung der Näherung (6.63) bewiesen ist.

Beispiel 6.5: (Fortsetzung von Beispiel 6.4)

Wir demonstrieren die Greenwood–Formel für die Sterbetafelschätzung aus Tabelle 6.1 für das 5.Intervall: $\hat{S}(5) = \hat{S}(4+1)$

$$\widehat{SE}[\hat{S}(5)] = \hat{S}(5)\left[\frac{5}{25.5(25.5-5)} + \frac{0}{20\cdot 20} + \frac{2}{19.5\cdot 17.5} + \frac{1}{16\cdot 15}\right]^{1/2}$$

$$= 0.5723\cdot(0.0337)^{1/2} = 0.1051\ .$$

i	x bis $x+1$	d_x	$\hat{R}_x$	$\dfrac{d_x}{\hat{R}_x(\hat{R}_x - d_x)}$	$\displaystyle\sum_{j=0}^{x}\dfrac{d_j}{\hat{R}_j(\hat{R}_j - d_j)}$	$\hat{S}(x+1)$	$\widehat{SE}[\hat{S}(x+1)]$
1	$0-1$	5	25.5	0.0096	0.0096	0.8039	0.0786
2	$1-2$	0	20	0	0.0096	0.8039	0.0786
3	$2-3$	2	19.5	0.0059	0.0155	0.7215	0.0898
4	$3-4$	1	16	0.0042	0.0197	0.6764	0.0949
5	$4-5$	2	13	0.0140	0.0337	0.5723	0.1051
6	$5-6$	0	8	0	0.0337	0.5723	0.1051
7	$6-7$	1	5	0.0500	0.0837	0.4579	0.1325
8	$7-8$	0	1.5	0	0.0837	0.4579	0.1325

Tabelle 6.8: Rechenschema für die Greenwood–Formel zum Beispiel 6.5

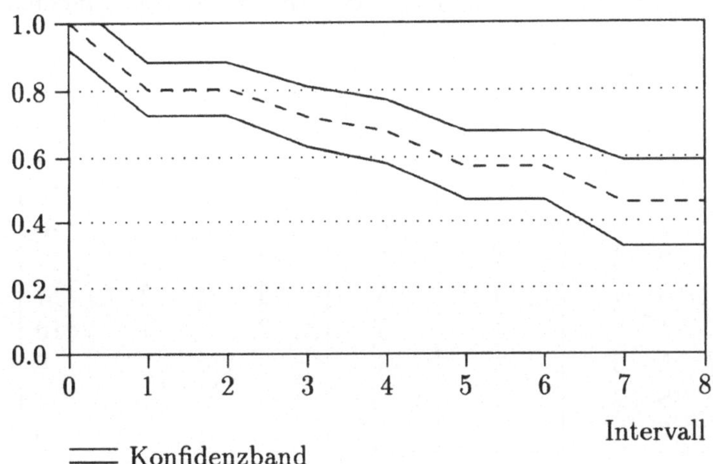

Abbildung 6.13: Greenwood–Formel für die Sterbetafelschätzung

Alternativen zur Greenwood–Formel

Da die Greenwood–Formel nur asymptotisch gültig ist und im allgemeinen zur Unterschätzung der Standardabweichungen führt, wurde von Peto et al. (1977)

eine einfachere Formel vorgeschlagen (R_{x+1}: Patienten unter Risiko zu Beginn des Intervalls $(x+1, x+2)$)

$$SE[\hat{S}(x+1)] = S(x+1) \left[\frac{1 - S(x+1)}{R_{x+1}}\right]^{1/2}, \qquad (6.74)$$

die konservativ gegenüber der optimistischen Greenwood–Formel ist.
Die Peto–Formel ist praktisch nahezu äquivalent zur direkten Methode, bei der nur die nichtzensierten Elemente R_i zur Schätzung beitragen:

$$SE[\hat{S}(x+1)] = \left[\frac{S(x+1)(1 - S(x+1))}{R_0}\right]^{1/2} \qquad (6.75)$$

mit R_0 der Anzahl der Patienten, die dem vollen "$x+1$"-Risiko ausgesetzt waren. Diese Formel ist die direkte Anwendung der Binomialverteilung $b(R_0, S(x+1))$, bei der die Varianz der Überlebenswahrscheinlichkeit $S(x+1)$ zum Zeitpunkt $x+1$ durch die übliche Formel der $b(n,p)$-Verteilung

$$\text{Var}(\hat{p}) = \frac{\hat{p}(1 - \hat{p})}{n} \qquad (6.76)$$

geschätzt wird.
Die Schätzung $\widehat{SE}[\hat{S}(x+1)]$ erfordert, daß auf der rechten Seite von (6.75) eine Schätzung für $S(x+1)$ eingesetzt wird. Dabei wird man die bestmögliche Schätzung bei gruppierten Lifetables — also die Sterbetafelschätzung und nicht die direkte Methode — verwenden.
Ein Vergleich der drei Formeln liefert für unser Beispiel die Tabelle 6.10:

	Inkorporationsdatum				
x bis $x+1$	1.7.85– 31.12.85	1.1.86– 30.6.86	1.7.86– 31.12.86	1.1.87– 30.6.87	$\sum$
0 – 1	7	8	7	4	26
1 – 2	5	6	5	4	20
2 – 3	4	5	4	4	17
3 – 4	3	5	3	3	14
4 – 5	3	3	3	1	10
5 – 6	3	3	—	—	6
6 – 7	3	—	—	—	3
7 – 8	—	—	—	—	0

Tabelle 6.9: Bestimmung der Patientenanzahl R_0 unter vollem Risiko über das jeweilige Intervall

Als praktische Empfehlung geben Harris and Albert (1991, S.33) den Hinweis, eher mit der Peto–Formel oder der direkten Methode zu arbeiten, falls die Anzahl der Patienten unter Risiko kleiner als 20 wird.

i	6–Monats–Intervalle nach Inkorporation (x bis $x+1$)	$\widehat{SE}[\hat{S}(x+1)]$			R_0
		Greenwood	Peto	Direkt	
1	0 – 1	0.0786	0.0796	0.0779	26
2	1 – 2	0.0786	0.0796	0.0888	20
3	2 – 3	0.0898	0.0923	0.1087	17
4	3 – 4	0.0949	0.1028	0.1250	14
5	4 – 5	0.1051	0.1184	0.1565	10
6	5 – 6	0.1051	0.1528	0.2020	6
7	6 – 7	0.1325	0.1946	0.2877	3
8	7 – 8	0.1325	— *	—	0

* nicht definiert, da $R_{x+1} = 3 - 3$ (zensiert) $= 0$

Tabelle 6.10: Vergleich der geschätzten Standardabweichungen für Beispiel 6.1

Basierend auf der Bootstrap–Methode von Efron (1981) lassen sich die Standardfehler durch computergestütztes Resampling schätzen. Die Anwendung der Greenwood–Formel auf Kaplan–Meier–Schätzungen ist ziemlich genau, auch für kleine Stichproben (etwa unter 10).

Die Peto– und die direkte Formel sind gegenüber der optimistischen Greenwood–Formel zu konservativ, insbesondere bei höheren Jahresraten, so daß sie zu große Konfidenzbereiche liefern und für Vorhersagen nicht mehr geeignet sind. Beispielsweise hätte ein 90%–Intervall auf der Basis der direkten Formel bei Nutzung der Näherung durch die Normalverteilung für das 2–Jahresrisiko (entspricht vier Halbjahren) die Gestalt (vgl. Tabelle 6.2 und 6.10) $0.6764 \pm 1.64 \cdot 0.1250$, wäre also mit [0.4714 , 0.8814] wenig informativ.

6.10.2 Konfidenzbereiche für die nach Kaplan–Meier geschätzte Survivorkurve

Sei $S(t)$ die Survivorkurve einer Population, aus der N Patienten als Zufallsstichprobe ausgewählt wurden. Mit anderen Worten, $S(t)$ ist die Wahrscheinlichkeit dafür, daß die Überlebenszeit eines zufällig ausgewählten Patienten $\geq t$ ist. Die K–M–Schätzung $\hat{S}(t)$ [vgl. (6.40) oder (6.42)] ist eine Punktschätzung von $S(t)$. Ein Konfidenzband für die gesamte Survivorkurve würde aus einer Menge gepaarter Treppenfunktionen bestehen, wobei Sprünge an den Ereigniszeiten auftreten. Das Problem besteht darin, eine $100(1 - \alpha)$%–Konfidenzhülle zu finden, die $S(t)$ — die wahre, aber unbekannte Survivorfunktion der Population — umschließt. Dieses Problem kann nur nichtparametrisch gelöst werden, sofern über die Gestalt und den Funktionstyp von $S(t)$ keine Voraussetzungen gemacht werden.

Wenn die Ereigniszeiten aller N Elemente der Stichprobe bekannt sind, also keine Zensierungen vorliegen, wird der Abstand zwischen den Treppenfunktionen eine Funktion von α und N, aber unabhängig von den Zeitpunkten und damit konstant über die Zeit sein. Liegen dagegen zensierte Daten vor, so wird dieser Abstand nach den Zensierungszeitpunkten ständig größer.

Keine Zensierung

Wenn alle N Survivorzeitpunkte (Ereigniszeitpunkte) bekannt sind, kann man zur Bestimmung des gesuchten Konfidenzbandes für $S(t)$ auf die Standardtheorie zur Konstruktion nichtparametrischer Konfidenzbänder für eine kumulierte Verteilungsfunktion aus einer Stichprobe vom Umfang N zurückgreifen. Grundlage ist die größte absolute beobachtete Abweichung

$$D_N = \max_{t \le t_{max}} \mid S(t) - \hat{S}_N(t) \mid \tag{6.77}$$

(nach Kolmogoroff).
Für die asymptotische Verteilungsfunktion von D_N gilt nach Nair (1984)

$$P\left(D_N > \frac{d}{\sqrt{N}}\right) \xrightarrow{N \to \infty} 2e^{-2d^2} + \text{Restglied} , \tag{6.78}$$

wobei das Restglied im allgemeinen vernachlässigt werden kann.
Aus der Gleichung

$$P\left(D_N > \frac{d_\alpha}{\sqrt{N}}\right) = \alpha \tag{6.79}$$

läßt sich mit dieser Nähreung d_α bestimmen, so daß das Konfidenzintervall aus der Gleichung (für $0 \le t \le t_{max}$)

$$\lim_{N \to \infty} P\left[\hat{S}_N(t) - \frac{d_\alpha}{\sqrt{N}} < S(t) < \hat{S}_N(t) + \frac{d_\alpha}{\sqrt{N}}\right] = 1 - \alpha \tag{6.80}$$

bestimmt werden kann:

$$\left[\hat{S}_N(t) - \frac{d_\alpha}{\sqrt{N}}, \hat{S}_N(t) + \frac{d_\alpha}{\sqrt{N}}\right] \tag{6.81}$$

Nair (1984) hat gezeigt, daß der asymptotische kritische Wert $\dfrac{d_\alpha}{\sqrt{N}}$ auch für kleiner werdende N bis zu $N = 25$ gültig ist.
Kritische Werte sind in der Tabelle 6.11 angegeben. So beträgt z.B. der kritische Wert für $N = 50$ und $\alpha = 0.05$ $d_{0.05}/\sqrt{50} = 0.19$, so daß das Konfidenzband die Gestalt $\hat{S}(t) \pm 0.19$, also eine konstante Breite von 0.38 besitzt. Eine Verdopplung des Stichprobenumfangs auf $N = 100$ ergibt $d_{0.05}/\sqrt{100} = 1.36/10 = 0.136$, also eine Reduzierung der Spannbreite des Bandes auf 0.272 und damit auf 71.6% der ursprünglichen Breite für $N = 50$.

		α	
N	0.10	0.05	0.01
25	0.24	0.27	0.32
30	0.22	0.24	0.29
40	0.19	0.21	0.25
50	0.17	0.19	0.23
>50	$\dfrac{1.22}{\sqrt{N}}$	$\dfrac{1.36}{\sqrt{N}}$	$\dfrac{1.63}{\sqrt{N}}$

Tabelle 6.11: Kritische Werte $d_\alpha/\sqrt{N}$ für die Konfidenzbänder (6.81) nach Kolmogoroff (Dixon und Massey, 1983, S.598)

Zensierte Verweildauern

Zensierung führt zur Verbreiterung des Konfidenzbandes gegenüber dem Kolmogoroff–Ansatz. Zwei Methoden sollen hier vorgestellt werden (vgl. Harris und Albert, 1991, S.37).

Hall–Wellner–Konfidenzband

Unter Verwendung der K–M–Schätzformel (6.42) erhalten wir nach dem Greenwoodansatz

$$SE\left[\hat{S}_N(t)\right] = \hat{S}_N(t)\left[\sum_{j:\,t_j<t}\frac{\delta_j}{(N-r_j)(N-r_j+1)}\right]^{1/2}. \tag{6.82}$$

Mit den Termen

$$C_N(t) = N\left[\frac{SE\left[\hat{S}_N(t)\right]}{\hat{S}_N(t)}\right]^2, \tag{6.83}$$

$$K_N(t) = \frac{C_N(t)}{1+C_N(t)} \tag{6.84}$$

und

$$\overline{K}_N(t) = 1 - K_N(t) = [1+C_N(t)]^{-1} \tag{6.85}$$

gilt (Hall und Wellner, 1980)

$$\lim_{N\to\infty} P\left\{\hat{S}_N(t) - \frac{d_\alpha}{\sqrt{N}}\left[\frac{\hat{S}_N(t)}{\overline{K}_N(t)}\right] < S(t) < \hat{S}_N(t) + \frac{d_\alpha}{\sqrt{N}}\left[\frac{\hat{S}_N(t)}{\overline{K}_N(t)}\right]\right\}$$
$$= 1 - \alpha, \tag{6.86}$$

wobei $\dfrac{d_\alpha}{\sqrt{N}}$ der asymptotische kritische Wert nach Kolmogoroff ist.

Damit verändert sich die Breite des Konfidenzbandes bei zensierten Daten um den Faktor $\dfrac{\hat{S}_N(t)}{\overline{K}_N(t)} \geq 1$, der für nichtzensierte Daten den Wert 1 annimmt und sonst größer als 1 ist. Der Faktor mißt also die Kosten der Zensierung. Computersimulationen (Nair, 1984) mit verschiedenen mathematischen Formen für $S(t)$ zeigen, daß das Hall–Wellner–Konfidenzband bis zu $N = 25$ und bis zur 50%-Zensierung gültig bleibt. Hall und Wellner stellten fest, daß ihr Ansatz leicht konservativ ist und lieferten eine Tabelle mit korrigierten (kleineren) d_α-Werten, die für $1 - \overline{K}_N(t_{max}) \leq 0.75$ verwendet werden sollten.

	$1 - \overline{K}_N(t)$				
α	0.25	0.40	0.50	0.60	0.75
0.01	1.256	1.470	1.552	1.600	1.626
0.05	1.014	1.198	1.273	1.321	1.354
0.10	0.894	1.062	1.133	1.181	1.217

Tabelle 6.12: Kritische Werte d_α für (6.86) in Abhängigkeit von $1 - \overline{K}_N(t)$

Harris und Albert (1991) haben ein Computerprogramm für die Hall–Wellner–Konfidenzbänder unter diesen Korrekturen erarbeitet.

Beispiel 6.6: (Fortsetzung von Beispiel 6.5)

1) Beispielhafte Berechnung von $\dfrac{\hat{S}_{26}(t)}{\overline{K}_{26}(t)}$ an der Stelle (bzw. unmittelbar nach der Stelle) $t_{(j)} = 172$ mit Rang 6 (Schreibweise: 172+0):

$$
\begin{aligned}
C_{26}(172 + 0) &= 6\left[\frac{1}{25 \cdot 26} + \frac{1}{24 \cdot 25} + \frac{1}{23 \cdot 24} + \frac{1}{22 \cdot 23}\right.\\
&\qquad \left. + \frac{0}{21 \cdot 22} + \frac{1}{20 \cdot 21}\right]\\
&= 0.243723
\end{aligned}
$$

Damit erhält man:

$$\overline{K}_{26}(172 + 0) = [1 + C_{26}(172 + 0)]^{-1} = 0.80404$$

und

$$\frac{\hat{S}_{26}(172 + 0)}{\overline{K}_{26}(172 + 0)} = 1.0023 \; .$$

Patient Nr.	Gruppe	Verweildauer	zensiert (0) nichtzensiert (1)	Rang
1	A	1431	0	24
2	A	1456	0	26
3	B	1435	0	25
4	A	116	1	3
5	B	602	0	11
6	B	406	1	8
7	A	98	1	2
8	B	1260	0	22
9	A	1263	1	23
10	B	172	1	6
11	A	393	1	7
12	B	911	0	15
13	A	34	1	1
14	A	912	1	16
15	A	1167	0	21
16	B	1003	0	18
17	B	151	0	5
18	A	669	1	12
19	A	533	0	9
20	A	1044	0	20
21	B	1015	0	19
22	B	116	1	4
23	A	570	0	10
24	B	914	0	17
25	B	899	1	14
26	A	898	0	13

Tabelle 6.13: Bestimmung der Rangordnung der zensierten und nichtzensierten Daten aus Tabelle 6.1

2) Bestimmung von $d_\alpha/\sqrt{26}$ mit $\alpha = 0.1$:

Der größte betrachtete unzensierte Zeitpunkt ist $t_{(16)} = 912$. Dafür erhält man

$$C_{26}(t) = 0.035193 \, ,$$
$$\overline{K}_{26}(912) = 0.52219$$

und

$$1 - \overline{K}_{26}(912) = 0.47781 < 0.75 \, .$$

Der $d_{0.1}$-Wert, berechnet nach Kolmogoroff, ergibt sich aus Tabelle 6.11 durch Interpolation als

$$\frac{d_{0.1}^{Kol}}{\sqrt{26}} = 0.236 \, .$$

(1)	(2)	(3)	(4)	(5)	(6)
$t_{(k)}$	Rang	$\hat{S}_{26}(t)$	$\sum \dfrac{\delta_j}{(N - r_j)(N - r_j + 1)}$	$\overline{K}_{26}(t)$	$\dfrac{\hat{S}_{26}(t)}{\overline{K}_{26}(t)}$
34	1	0.96154	0.001538	0.96154	1.0000
98	2	0.92308	0.003205	0.92308	1.0000
116	3	0.84615	0.006993	0.84615	1.0000
116	4				
172	6	0.80586	0.009374	0.80404	1.0023
393	7	0.76345	0.012005	0.76211	1.0045
406	8	0.72528	0.014936	0.72037	1.0068
669	12	0.67692	0.019692	0.66139	1.0235
899	14	0.62485	0.026102	0.59572	1.0489
912	16	0.56805	0.035193	0.52219	1.0878
1263	23	0.42604	**	**	**

** Die Berechnung wird nur bis zur vorletzten beobachteten Ereigniszeit geführt, um die Gültigkeit der Gleichungen zu sichern.

Tabelle 6.14: Korrigiertes Hall–Wellner Konfidenzband

Der $d_{0.1}$–Wert, berechnet mit Hilfe der korrigierten Werte aus Tabelle 6.12 ergibt sich als (lineare Interpolation)

$$d_{0.1}^{HW} = \frac{0.47781 - 0.40}{0.50 - 0.40}(1.133 - 1.062) + 1.062 = 1.117245$$

und damit ist

$$\frac{d_{0.1}^{HW}}{\sqrt{26}} = 0.219\ .$$

3) Konfidenzbänder

In Tabelle 6.15 ist das Hall–Wellner–Band für das Zahlenbeispiel angegeben als "Untergrenze – Obergrenze".

Bemerkung 6.1 *Es wurde die dem Buch von Harris und Albert (1991) beigelegte Diskette benutzt, also mit dem Wert $\dfrac{d_{0.1}}{\sqrt{26}} = 0.236$ nach Kolmogoroff gerechnet.*

So ergibt sich z.B. die Obergrenze zum Zeitpunkt $t_{(12)} = 669$ als

$$\hat{S}_{26}(669 + 0) + 0.236 \cdot \frac{\hat{S}_{26}(669 + 0)}{\overline{K}_{26}(669 + 0)}$$
$$= 0.6769 + 0.236 \cdot 1.0235 = 0.9185\ .$$

$t_{(j)}$	Rang	Kolmogoroff	Hall–Wellner	Bootstrap
34	1	$0.7255 - 1.0000$	$0.7255 - 1.0000$	$0.7611 - 1.0000$
98	2	$0.6871 - 1.0000$	$0.6871 - 1.0000$	$0.7226 - 1.0000$
116	3u.4	$0.6102 - 1.0000$	$0.6102 - 1.0000$	$0.6457 - 1.0000$
172	6	$0.5699 - 1.0000$	$0.5693 - 1.0000$	$0.6049 - 1.0000$
393	7	$0.5296 - 1.0000$	$0.5285 - 1.0000$	$0.5642 - 0.9669$
406	8	$0.4893 - 0.9613$	$0.4877 - 0.9629$	$0.5234 - 0.9271$
669	12	$0.4409 - 0.9129$	$0.4354 - 0.9185$	$0.4717 - 0.8821$
899	14	$0.3889 - 0.8609$	$0.3773 - 0.8724$	$0.4146 - 0.8351$
912	16	$0.3320 - 0.8040$	$0.3113 - 0.8248$	$0.3500 - 0.7861$

Tabelle 6.15: Verschiedene Typen von Konfidenzbändern für die nach Kaplan–Meier geschätzte Survivorfunktion aus Tabelle 3

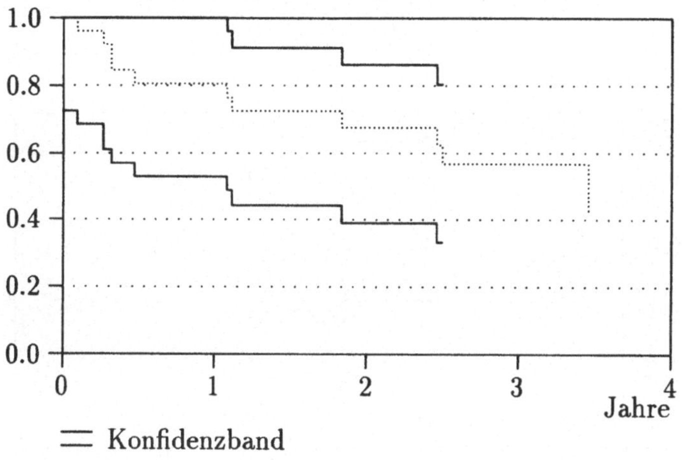

Abbildung 6.14a: Konfidenzband nach Kolmogoroff

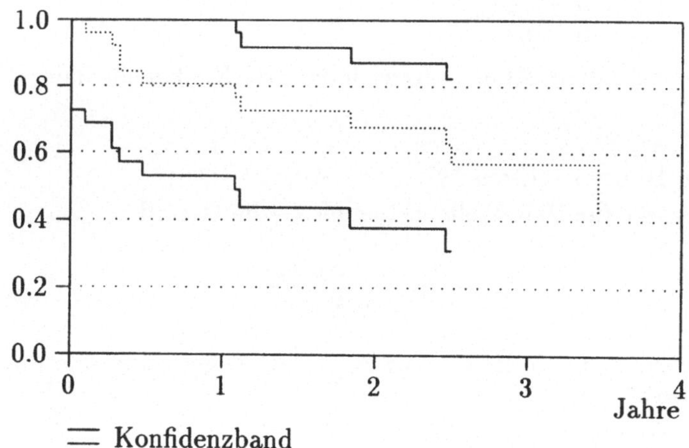

Abbildung 6.14b: Konfidenzband nach Hall–Wellner

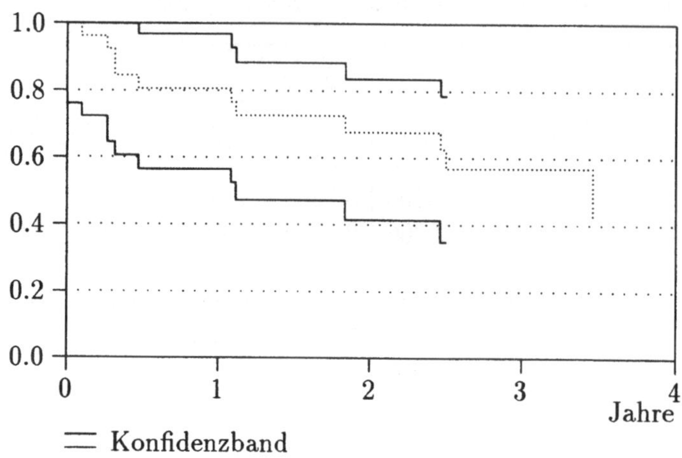

Abbildung 6.14c: Bootstrap–Konfidenzband

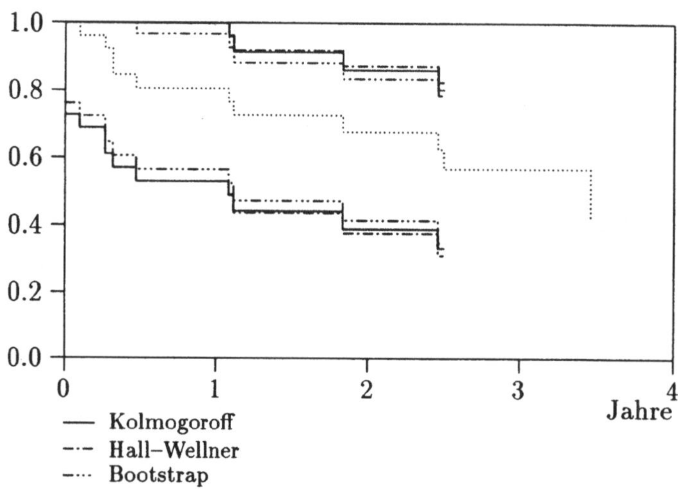

Abbildung 6.14d: Vergleich der drei Konfidenzbänder

Bootstrap–Bänder (Efron 1979,1981; Akritas 1986)

Sie haben — wie die Hall–Wellner–Bänder — die Gestalt

$$\hat{S}_N(t) \pm \frac{d_\alpha}{\sqrt{N}} \frac{\hat{S}_N(t)}{\overline{K}_N(t)} \; . \tag{6.87}$$

Allerdings wird d_α durch das Bootstrap–Verfahren geschätzt und im folgenden mit d_α^{Boot} bezeichnet.

Gegeben sei die geordnete Stichprobe

$$(t_{(1)}, \delta_{(1)}) \quad , \quad \ldots \quad , \quad (t_{(N)}, \delta_{(N)})$$

154

mit $\delta_{(i)} = 0$ für Zensierungs- und $\delta_{(i)} = 1$ für Ereigniszeitpunkte. Damit wird wie üblich der Kaplan–Meier–Schätzer $\hat{S}_N(t)$ berechnet.

Bootstrap–Prinzip:

1) Ziehe aus $(t_{(1)}, \delta_{(1)}), \ldots, (t_{(N)}, \delta_{(N)})$ zufällig mit Zurücklegen eine Stichprobe vom Umfang N. Dadurch können Paare $(t_{(j)}, \delta_{(j)})$ aus der Originalstichprobe mehr als einmal gezogen werden oder gar nicht.

Definiere m_j^* als die Häufigkeit des Auftretens von $(t_{(j)}, \delta_{(j)})$ und

$$M_j^* = \sum_{i=j}^{N} m_i^* \qquad j = 1, 2, \ldots, N \; . \tag{6.88}$$

Man erhält also

$$M_1* = N \quad , \quad M_2^* = N - m_1^* \quad , \quad M_3^* = N - m_1^* - m_2^* \quad \text{usw.} \tag{6.89}$$

2) Dann ist (Efron, 1981)

$$\hat{S}_N^*(t) = \prod_{t_{(j)} \leq t} \left(1 - \frac{m_j^*}{M_j^*} \right)^{\delta_j} \tag{6.90}$$

eine äquivalente Schreibweise für den Kaplan–Meier–Schätzer (M_j^* ist also die Risikomenge zum Zeitpunkt einschließlich der zum Zeitpunkt $t_{(j)}$ stattfindenden Verluste), falls keine Bindungen zwischen zensierten und unzensierten Daten auftreten.

3) Bestimme den Abstand

$$D_N^* = \sqrt{N} \max_{t \leq t_{max}} \left| \hat{S}_N^*(t) - \hat{S}_N(t) \right| \cdot \frac{\overline{K}_N(t)}{\hat{S}_N(t)} \; . \tag{6.91}$$

Der Faktor $\dfrac{\overline{K}_N(t)}{\hat{S}_N(t)}$ wird also nicht "gebootstrappt".

4) Wiederhole die Schritte 1)–3) mehr als 200 mal (Faustregel).

Bemerkung 6.2: Die Verteilung von D_N^* ließe sich exakt bestimmen, wenn man alle Möglichkeiten, eine Stichprobe vom Umfang N mit Zurücklegen aus der Originalstichprobe (vom Umfang N) zu ziehen, berücksichtigen würde.

Dies ergäbe in unserem Beispiel ($N = 26$) aber bereits (ohne Berücksichtigung der Reihenfolge)

$$\binom{2N-1}{N} = \binom{51}{26} = 2.47 \cdot 10^{14}$$

Möglichkeiten. Man hofft also, mit z.B. 200 Ziehungen die Verteilung von D_N^* bereits gut approximiert zu haben.

5) Ordne die (mehr als 200) D_N^*'s der Größe nach.

6) d_α^{Boot} ist dann das $(1-\alpha)$-Quantil dieser geordneten Statsitik, d.h. d_α^{Boot} erfüllt die Bedingung

$$P\left(D_N^* > d_\alpha^{Boot}\right) \le \alpha \ . \tag{6.92}$$

Die Bootstrap–Bänder für unser Beispiel ($\alpha = 0.1$) werden, neben den Hall–Wellner–Bändern, in Tabelle 6.14 dargestellt.
Es ergab sich ein Wert von $\dfrac{d_{0.1}^{Boot}}{\sqrt{26}} = 0.2004$ und damit ein kleinerer Wert als für das Hall–Wellner–Band.

Abschließende Bemerkungen:

1) Es sollte $N > 25$ sein für das Bootstrap–Verfahren.

2) Das zufällige Ziehen mit Zurücklegen erreicht man durch Erzeugung gleichverteilter Zufallszahlen im Intervall $[0, N]$. Man nimmt dann z.B. den i–ten Wert der Stichprobe, falls die Zufallszahl $\epsilon\,[i-1,\ i]$.

3) Engere und aussagekräftigere Bänder als Hall–Wellner– und Bootstrap–Bänder sind nur mit parametrischen Modellen zu erhalten. Miller (1983) und Efron (1988) diskutierten die relative Effizienz von nichtparametrischen Verfahren gegenüber parametrischen Modellen.

5) Die Bootstrap–Bänder sind schmaler als Kolmogoroff– und Hall–Wellner–Bänder.

6) Für Hall–Wellner– und Bootstrap–Bänder wird vorausgesetzt, daß die Zensierungen zufällig und unabhängig von der Verteilung der Verweildauer sind.

Hinweis: In unserem Beispiel sind 15 von 26 Patienten, also 58% der Daten — ein relativ hoher Anteil — zensiert. Dies erklärt die Breite der Konfidenzbänder.

6.11 Einbeziehung von Kovariablen in die Überlebensanalyse

Die Hazardrate $\lambda(t)$ war definiert als die Wahrscheinlichkeit für das Eintreten eines Ereignisses zum Zeitpunkt t für ein Individuum, das den Zeitpunkt t erlebt hat. Es galt (6.3)

$$\lambda(t) = \frac{f(t)}{S(t)} \ . \tag{6.93}$$

Bezieht man einen (zeitunabhängigen) Kovariablenvektor x_i für das i-te Individuum als einen die Lebenszeit beeinflussenden Faktor mit ein, so ergibt sich für die Hazardrate

$$\lambda_i(t) = f(x_i, t) \; . \tag{6.94}$$

Glasser (1967) schlug den Ansatz vor

$$\lambda_i = \lambda \cdot \exp(-x_i'\beta) \; , \tag{6.95}$$

der von einer konstanten Hazardrate λ in der Behandlungsgruppe ausgeht und den individuellen Effekt des Patienten im zweiten Term separiert. Dieser Ansatz heißt *proportionaler Hazard*. Unter diesem Ansatz ist das Verhältnis der Hazardraten zweier Patienten

$$\frac{\lambda_1}{\lambda_2} = \exp(-(x_1 - x_2)'\beta) \tag{6.96}$$

als eine Funktion der Differenzen der Komponenten der Kovariablenvektoren $(x_{1j} - x_{2j})$ unabhängig von einem festen Zeitpunkt, d.h. konstant über den gesamten Verlauf.

6.11.1 Das Proportional–Hazard–Modell von Cox

Der Ansatz von Cox (1972) ist ein semiparametrisches Modell für die Hazardfunktion des i-ten Individuums:

$$\lambda_i(t) = \lambda_0(t)\exp(x_i'\beta) \; , \tag{6.97}$$

wobei $\lambda_0(t)$ die unbekannte Baseline–Hazardrate der Population (Therapiegruppe) ist. $x_i = (x_{1i}, \ldots, x_{ki})'$ ist der Vektor der prognostischen Variablen des i-ten Individuums. Wenn $\beta = 0$ ist, folgen alle Individuen der Hazardrate $\lambda_0(t)$.

Der Quotient $\dfrac{\lambda_i(t)}{\lambda_0(t)}$ heißt relativer Hazard. Es gilt

$$\ln\left(\frac{\lambda_i(t)}{\lambda_0(t)}\right) = x_i'\beta \; , \tag{6.98}$$

so daß das Cox–Modell auch häufig *loglineares Modell für den relativen Hazard* heißt.

Der Vorteil des Cox–Modells liegt darin, daß die Zeitabhängigkeit der Verweildauer nur in die Baseline–Hazardrate $\lambda_0(t)$ einbezogen wird. Die Schätzung des Parametervektors β wird nur an den tatsächlichen Ereigniszeitpunkten vorgenommen, da zum Versuchsplan X nur die Anzahl der Ereignisse bzw. die Odds festgestellt werden. Wegen der eindeutigen Beziehung (6.4) zwischen Hazardrate und Überlebensfunktion

$$\begin{aligned} S(t) \; &= \; \exp\left(-\int_0^t \lambda(s)\,ds\right) \\ &= \; \exp(-\Lambda(t)) \end{aligned} \tag{6.99}$$

mit $\Lambda(t)$ der kumulativen Hazardfunktion läßt sich das Cox–Modell auch alternativ schreiben als

$$S(t) = S_0(t)^{\exp(x'\beta)} \;, \tag{6.100}$$

da

$$
\begin{aligned}
S(t) &= \exp\left(\exp(x'\beta)\left(-\int_0^t \lambda_0(s)\,ds\right)\right) \\
&= \exp\left(-\int_0^t \lambda_0(s)\,ds\right)^{\exp(x'\beta)} \\
&= S_0(t)^{\exp(x'\beta)} \;, \tag{6.101}
\end{aligned}
$$

wobei $\exp\left(-\int_0^t \lambda_0(s)\,ds\right) = \exp(-\Lambda_0(t))$ gesetzt werden kann. Die kumulative Baseline–Hazardrate $\Lambda_0(t)$ steht dann zur "Baseline"–Überlebenskurve $S_0(t)$ in der Beziehung

$$\Lambda_0(t) = -\ln S_0(t) \;. \tag{6.102}$$

6.11.2 Überprüfung der Proportionalitätsannahme

Grundlage des Cox–Modells ist die Annahme der zeitunabhängigen Proportionalität der Hazardraten von verschiedenen Patientengruppen (d.h. nach X geschichteten Subgruppen).

In Blossfeld et al. (1986, S.139) wird folgendes Beispiel gegeben.

Betrachtet man die geschlechtsspezifische Schichtung nach Männern und Frauen, so hat man für beide Subgruppen folgende Überlebenskurven:

$$
\begin{aligned}
S_M(t \mid x) &= S_0(t)^{\exp(x'\beta)\exp(\gamma)} \tag{6.103} \\
S_F(t \mid x) &= S_0(t)^{\exp(x'\beta)} \;, \tag{6.104}
\end{aligned}
$$

wobei in X die anderen Kovariablen gegeben sind.

Nach doppelter Logarithmierung beider Gleichungen erhält man

$$
\begin{aligned}
M &: \ln\left(-\ln S_M(t \mid x)\right) = \ln\left(-\ln S_0(t)\right) + x'\beta + \gamma \tag{6.105} \\
F &: \ln\left(-\ln S_F(t \mid x)\right) = \ln\left(-\ln S_0(t)\right) + x'\beta \;. \tag{6.106}
\end{aligned}
$$

Trägt man die so transformierten Überlebenskurven über der Zeitachse auf, so dürfen sich beide Kurven über dem gesamten Verlauf nur um eine Konstante (nämlich γ) unterscheiden, wenn die Proportionalitätsannahme zutreffend ist.

6.11.3 Schätzung des Cox–Modells

Wir betrachten die Schätzung von β im proportionalen Hazardmodell

$$\lambda(t) = \lambda_0(t)\exp(x'\beta) \tag{6.107}$$

bei unbekannter Baseline–Hazardrate $\lambda_0(t)$. Cox führte eine neue Form einer Likelihoodfunktion ein.

Sei t_k ein bekannter Ereigniszeitpunkt und sei R_k die Risikogruppe unmittelbar vor diesem Zeitpunkt. Falls genau ein Ereignis (Verlust) zum Zeitpunkt t_k diese Risikogruppe trifft, so ist die bedingte Wahrscheinlichkeit für das Eintreten des Ereignisses beim Element k^* der Risikogruppe unter dem Cox–Modell

$$\frac{\lambda_0(t_k)\exp(x'_{k*}\beta)}{\sum\limits_{i:R_k}\lambda_0(t_k)\exp(x'_i\beta)} = \frac{\exp(x'_{k*}\beta)}{\sum\limits_{i:R_k}\exp(x'_i\beta)} \; . \tag{6.108}$$

Die Likelihoodfunktion nach Cox ist das Produkt dieser Wahrscheinlichkeiten über alle Ereigniszeitpunkte:

$$L(\beta) = \prod_{k=1}^{L}\left\{\frac{\exp(x'_k\beta)}{\sum\limits_{i:R_k}\exp(x'_i\beta)}\right\} \; . \tag{6.109}$$

Damit wird der Loglikelihood

$$\ln L = \sum_{k=1}^{L}\left\{x'_k\beta - \ln\left(\sum_{i:R_k}\exp(x'_i\beta)\right)\right\} \; . \tag{6.110}$$

Diese Funktion enthält also weder die unbekannte Baseline–Hazardrate noch die zensierten Daten. Da eine Likelihood–Funktion jedoch alle Stichprobensituationen berücksichtigen muß — was durch Weglassen der zensierten Daten hier nicht der Fall ist — gab Cox dieser Funktion die Bezeichnung partieller (parital) Likelihood. Die vollständige Likelihoodfunktion hätte die Gestalt

$$L(\text{complete}) = L(\text{partial}) \times L(\text{censored}) \; . \tag{6.111}$$

Der Cox-Ansatz liefert jedoch Schätzungen für β, die zumindest asymptotisch äquivalent zu den ML–Schätzungen auf der Basis der vollständigen Daten sind. Falls Bindungen auftreten (mehrere Ereignisse zum selben Zeipunkt), d.h. falls $d_k > 1$ ist, so wird in Formel (6.108) der Nenner durch $(\sum\exp(x'_i\beta))^{d_k}$ ersetzt. Die Bestimmung der ML–Schätzungen $\hat{\beta}$ erfolgt iterativ.

6.11.4 Schätzung der Überlebensfunktion unter dem Cox–Ansatz

Die Baseline–Hazardrate kürzt sich bei den Likelihood–Komponenten heraus. Wenn wir jedoch die Überlebenszeit eines Individuums schätzen wollen nach

$$S_i(t) = S_0(t)^{\exp(x'_i\hat{\beta})} \; , \tag{6.112}$$

so benötigen wir eine (zumindest nichtparametrische) Schätzung von $S_0(t)$. Lawless (1982, S.362) schlägt folgende Formel vor zur Schätzung der kumulativen Hazardfunktion $\Lambda_0(t)$

$$\hat{\Lambda}_0(t) = \sum_{t_k < t} \left[\frac{d_i}{\sum_{i:R_k} \exp(x_i'\hat{\beta})} \right] , \qquad (6.113)$$

so daß wir gemäß (6.102) die nichtparametrische Schätzung von $S_0(t)$ erhalten als:

$$\hat{S}_0(t) = \exp\left(-\hat{\Lambda}_0(t)\right) . \qquad (6.114)$$

Die Schätzung der individuellen Überlebensfunktion z.B. des i–ten Patienten ($i = 1, \ldots, I$) erfolgt dann durch Berücksichtigung seines Kovariablenvektors x_i gemäß

$$\hat{S}_i(t) = \hat{S}_0(t)^{\exp(x_i'\hat{\beta})} . \qquad (6.115)$$

Falls $\hat{\beta} = 0$ ist, entspricht der Kurvenverlauf über alle Patienten der Kaplan-Meier-Schätzung. Für $\hat{\beta} \neq 0$ stellt (6.115) die Kaplan-Meier-Schätzung dar, die durch Einbeziehung von Kovariablen korrigiert wurde. Solange kein parametrisches Modell für $S_0(t)$ wie Exponential- oder Weibullverteilung spezifiziert ist, bleibt $\hat{S}_i(t)$ eine Treppenfunktion. Bei Vorliegen einer Parametrisierung von $S_0(t)$ schätzt man die Parameter und hat mit der stetigen Darstellung von $\hat{S}_0(t)$ auch einen stetigen Verlauf von $\hat{S}_i(t)$.

6.11.5 Einige Wahrscheinlichkeitsverteilungen für die Verweildauer

Die Verweildauer T ist eine stetige Zufallsvariable. Wir wollen nun einige wichtige Verteilungen für T angeben.

Exponentialverteilung

Für den wichtigen Spezialfall der zeitkonstanten Hazardrate

$$\lambda(t) = \lambda > 0 \qquad (6.116)$$

erhalten wir für die Überlebensfunktion (vgl. (6.6))

$$S(t) = \exp\left(-\int_0^t \lambda(u)\,du\right) = \exp(-\lambda t) , \qquad (6.117)$$

also die Exponentialverteilung, für die gilt

$$E(t) = \frac{1}{\lambda} \qquad (6.118)$$

und

$$\mathrm{Var}(T) = \frac{1}{\lambda^2}\,. \tag{6.119}$$

Je größer das Ereignisrisiko λ ist, desto kleiner fällt die mittlere Verweildauer $E(T)$ aus.

Weibull–Verteilung

Für die zeitabhängige Hazardrate der Gestalt

$$\lambda(t) = \lambda\alpha(\lambda t)^{\alpha-1} \qquad (\lambda > 0, \alpha > 0) \tag{6.120}$$

ergibt sich als zugehörige Überlebensverteilung die Weibull–Verteilung

$$S(t) = \exp\left(-\lambda^\alpha\alpha \int_0^t r^{\alpha-1}\,du\right) = \exp\left(-(\lambda t)^\alpha\right) \tag{6.121}$$

Der Parameter α steuert die Hazardrate. Für $\alpha = 1$ ist $\lambda(t) = \lambda$ konstant, die Überlebensfunktion ist wieder die Exponentialverteilung. Für $\alpha > 1$ bzw. $\alpha < 1$ ist $\lambda(t)$ monoton wachsend bzw. fallend (Abbildung 6.15).

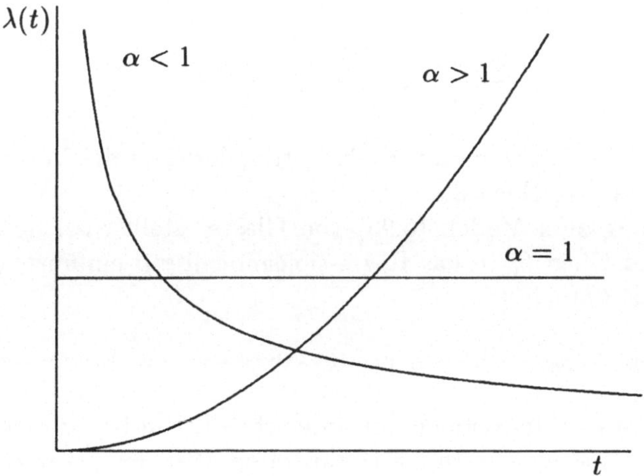

Abbildung 6.15: Hazardrate der Weibull–Verteilung für verschiedene α

Extremwertverteilung

Für die Hazardrate

$$\lambda(\tilde{t}) = \frac{1}{\sigma} \exp\left(\frac{\tilde{t} - \mu}{\sigma}\right) \tag{6.122}$$

mit $\tilde{T} = \ln T$ erhalten wir

$$S(\tilde{t}) = \exp\left(-\exp\left(\frac{\tilde{t} - \mu}{\sigma}\right)\right) \qquad -\infty < \tilde{t} < \infty \ . \tag{6.123}$$

Besitzt T eine Weibullverteilung (6.121), so folgt $\tilde{T} = \ln T$ einer Extremwertverteilung mit $\sigma = \alpha^{-1}$ und $\mu = -\ln \lambda$.

6.11.6 Modellierung der Hazardrate

Wir wollen die Verknüpfung der Verweildauer–Verteilung mit der Hazardrate nun durch Einbeziehung von Kovariablen ergänzen.

Im Fall der Exponentialverteilung ist die Hazardrate der Population konstant. Die interindividuelle Variabilität der Hazardraten verschiedener Patienten kann also nur durch die spezifischen Kovariablenvektoren erklärt werden. Ihr Einfluß auf die Hazardrate wird modelliert durch eine positive Funktion, z.B. durch

$$\lambda(x) = \exp(-x'\beta) \ . \tag{6.124}$$

Dann ist die Verweildauer T exponentialverteilt mit diesem Parameter λ.
Zwei Patienten mit verschiedenen Kovariablenvektoren x_1 bzw. x_2 haben dann als Verhältnis ihrer Hazardraten

$$\frac{\lambda(x_1)}{\lambda(x_2)} = \exp(-(x_1 - x_2)'\beta) \ . \tag{6.125}$$

Damit erfüllt die Exponentialverteilung trivialerweise die Voraussetzung der Proportionalität der Hazards.
Die Verbindung zum Modell (6.95) von Glasser stellt man her, indem man ein konstantes Glied β_0 in das Regressionsmodell $x'\beta$ einführt, also mit dem Modell $\beta_0 + x'\beta$ arbeitet:

$$\lambda(x) = \exp(-\beta_0 - x'\beta) = \exp(-\beta_0) \cdot \exp(-x'\beta) = \lambda_0 \exp(-x'\beta) \ . \tag{6.126}$$

Vergleicht man zwei Individuen mit unterschiedlichen Kovariablenvektoren x_1 und x_2, so unterscheiden sich die Hazardraten über den gesamten Zeitverlauf nur um eine Konstante (siehe Abbildung 6.16)
Mit dem Ansatz

$$\frac{1}{\lambda(x)} = \exp(\beta_0 + x'\beta) = \exp(\tilde{x}'\beta) \tag{6.127}$$

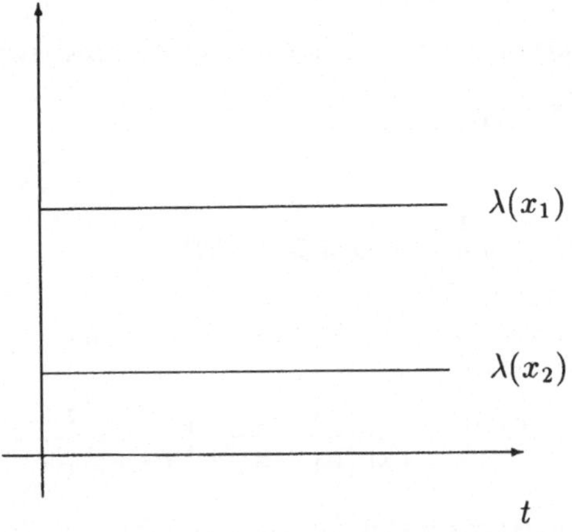

Abbildung 6.16: Hazardrate zu verschiedenen x–Designs bei exponentieller Lebensdauer

und

$$\frac{1}{\lambda(x)} = E(T \mid x) = \theta_x \tag{6.128}$$

läßt sich die Dichte der transformierten Lebensdauer

$$Y = \ln T \qquad \text{mit} \qquad EY = \tilde{x}'\beta \tag{6.129}$$

berechnen. Die logarithmische Transformation stellt den natürlichen Link zwischern $EY = \tilde{x}'\beta$ und der Hazardrate her. Sei

$$y = \ln t = g(t)$$

und damit

$$t = g^{-1}(y) = h(y) = \exp(y)$$

die Umkehrfunktion, wobei $h'(y) = h(y)$ ist. Die Dichte von y wird nach der üblichen Transformationsregel (vgl. z.B. Fisz, 1962, S.38) berechnet:

$$\begin{aligned}
f(h(y) \mid x) \cdot h'(y) &= \lambda(x) \exp(-\lambda(x)h(y)) \cdot h(y) \\
&= \lambda(x) \exp(y - \lambda(x) \exp(y)) \\
&= \theta_x^{-1} \exp\left(y - \frac{\exp(y)}{\theta_x}\right) ,
\end{aligned}$$

also

$$\tilde{f}(y \mid x) = \exp\left((y - \tilde{x}'\beta) - \exp(y - \tilde{x}'\beta)\right) . \tag{6.130}$$

Weibull-Ansatz

Wählt man als Parametrisierung für $\lambda(x)$ wieder die positive Funktion

$$\lambda(x) = \exp(-\beta_0 - x'\beta)$$

bzw.

$$\frac{1}{\lambda(x)} = \exp(\beta_0 + x'\beta) \; ,$$

so erhält man für die Hazardrate der Weibull-Verteilung (vgl. (6.120))

$$\lambda(t \mid x) = \lambda(x)\alpha(\lambda(x)\,t)^{\alpha-1} = \frac{\alpha}{\exp(\beta_0 + x'\beta)} \left(\frac{t}{\exp(\beta_0 + x'\beta)}\right)^{\alpha-1} . \quad (6.131)$$

Die Proportionalität der Hazardraten ist hier ebenfalls erfüllt:

$$\frac{\lambda(t \mid x_1)}{\lambda(t \mid x_2)} = \exp\left((x_2 - x_1)'\beta\right)^{\alpha} \; . \qquad (6.132)$$

Bemerkung 6.3: Die Auswahl des passenden parametrischen Regressionsmodells erfolgt über die Güte der Anpassung. Daneben gibt es zahlreiche Vorschläge, durch Plots in geeignet transformierten Skalen die Adäquatheit des gewählten parametrischen Ansatzes zu überprüfen (vgl. z.B. Elandt–Johnson und Johnson, 1980, Kapitel 7).

Kapitel 7

Loglineare Modelle

7.1 Zweifache Klassifikation

Die bisherigen Modelle haben sich auf bivariaten Response, also auf $I \times 2$–Tafeln konzentriert. Wir verallgemeinern die bisherige Betrachtungsweise zunächst auf $I \times J$– und dann auf $I \times J \times K$–Tafeln, wobei sich zeigen wird, daß erst die komplexe und multiple Analyse zu widerspruchsfreien Resultaten im Gegensatz zur isolierten Betrachtung von nur zwei Variablen führt. Dies ist insbesondere auf Berücksichtigung von Wechselwirkungen und Risikozeiten zurückzuführen.

Wir benutzen folgende Bezeichnungen:
Die Betrachtung von zwei kategorialen Variablen mit I bzw. J Kategorien in einer Realisierung (Stichprobe) vom Umfang n liefert Beobachtungen n_{ij} in $N = I \times J$ Zellen der Kontingenztafel.
Die Wahrscheinlichkeiten π_{ij} der zugehörigen Multinomialverteilung bilden den Kern der gemeinsamen Verteilung, wobei Unabhängigkeit der Variablen äquivalent ist mit

$$\pi_{ij} = \pi_{i+}\pi_{+j} \qquad \text{(für alle } i,j\text{)}. \tag{7.1}$$

Übertragen auf die zugehörigen erwarteten Zellhäufigkeiten $m_{ij} = n\pi_{ij}$ ist diese Bedingung der Unabhängigkeit zu schreiben als

$$m_{ij} = n\pi_{i+}\pi_{+j} \ . \tag{7.2}$$

Die Modellierung der $I \times J$–Tafel erfolgt auf der Basis dieser Relation als Unabhängigkeitsmodell in der logarithmischen Skala:

$$\ln(m_{ij}) = \ln n + \ln \pi_{i+} + \ln \pi_{+j} \ , \tag{7.3}$$

so daß die Effekte der Zeilen und Spalten additiv auf $\ln(m_{ij})$ wirken.
Eine alternative Darstellung in Anlehnung an die Modelle der Varianzanalyse der Gestalt

$$y_{ij} = \mu + \alpha_i + \beta_j + \varepsilon_{ij} \ , \quad \left(\sum \alpha_i = \sum \beta_j = 0 \right) \tag{7.4}$$

ist gegeben durch

$$\ln m_{ij} = \mu + \lambda_i^X + \lambda_j^Y \tag{7.5}$$

mit

$$\lambda_i^X = \ln \pi_{i+} - \frac{1}{I} \left(\sum_{k=1}^{I} \ln \pi_{k+} \right) , \tag{7.6}$$

$$\lambda_j^Y = \ln \pi_{+j} - \frac{1}{J} \left(\sum_{k=1}^{J} \ln \pi_{+k} \right) , \tag{7.7}$$

$$\mu = \ln n + \frac{1}{I} \left(\sum_{k=1}^{I} \ln \pi_{k+} \right) + \frac{1}{J} \left(\sum_{k=1}^{J} \ln \pi_{+k} \right) , \tag{7.8}$$

wobei die Reparametrisierungsbedingungen

$$\sum_{i=1}^{I} \lambda_i^X = \sum_{j=1}^{J} \lambda_j^Y = 0 \tag{7.9}$$

gelten, die erst die Schätzbarkeit der Parameter sichern.

Bemerkung 7.1 *Die λ_i^X sind die Abweichungen der $\ln \pi_{i+}$ von ihrem Mittelwert $\frac{1}{I} \sum_{i=1}^{I} \pi_{i+}$, so daß $\sum_{i=0}^{I} \lambda_i^X = 0$ folgt.*

Das Modell (7.5) heißt Loglineares Modell für die Unabhängigkeit in einer zweidimensionalen Kontingenztafel.

Das zugehörige saturierte Modell enthält zusätzlich die Wechselwirkungen λ_{ij}^{XY}:

$$\ln m_{ij} = \mu + \lambda_i^X + \lambda_j^Y + \lambda_{ij}^{XY} . \tag{7.10}$$

Es beschreibt die perfekte Anpassung. Für die Wechselwirkungen gilt die Reparametrisierungsbedingung

$$\sum_{i=1}^{I} \lambda_{ij}^{XY} = \sum_{j=1}^{J} \lambda_{ij}^{XY} = 0 . \tag{7.11}$$

Hat man die λ_{ij} in den ersten $(I-1)(J-1)$ Zellen gegeben, so sind durch diese Bedingung die anderen λ_{ij} (in der letzten Zeile bzw. letzten Spalte) bestimmt. Damit hat das saturierte Modell insgesamt

$$\underset{(\mu)}{1} + \underset{(\lambda_i^X)}{(I-1)} + \underset{(\lambda_j^Y)}{(J-1)} + \underset{(\lambda_{ij}^{XY})}{(I-1)(J-1)} = I \cdot J \tag{7.12}$$

unabhängige Parameter.

Für das Unabhängigkeitsmodell haben wir entsprechend

$$1 + (I - 1) + (J - 1) = I + J - 1 \qquad (7.13)$$

unabhängige Parameter.

Interpretation der Parameter

Die loglinearen Modelle schätzen die Abhängigkeit von $\ln m_{ij}$ von Zeilen- und Spalteneffekten. Dabei wird nicht zwischen Einfluß- und Responsevariable unterschieden; die Information aus Zeilen oder Spalten geht symmetrisch in m_{ij} ein.

Betrachten wir den einfachsten Fall — die $I \times 2$-Tafel (Unabhängigkeitsmodell). Der Logit der binären Variable ist unter (7.5)

$$
\begin{aligned}
\ln\left(\frac{\pi_{1/i}}{\pi_{2/i}}\right) &= \ln\left(\frac{m_{i1}}{m_{i2}}\right) \\
&= \ln(m_{i1}) - \ln(m_{i2}) \\
&= (\mu + \lambda_i^X + \lambda_1^Y) - (\mu + \lambda_i^X + \lambda_2^Y) \\
&= \lambda_1^Y - \lambda_2^Y \qquad (7.14)
\end{aligned}
$$

und damit für alle Zeilen gleich, also unabhängig von X bzw. den Kategorien $i = 1, \ldots, I$.

Die Reparametrisierungsbedingung

$$\lambda_1^Y + \lambda_2^Y = 0 \qquad \text{ergibt} \qquad \lambda_1^Y = -\lambda_2^Y \, ,$$

so daß

$$\ln\left(\frac{\pi_{1/i}}{\pi_{2/i}}\right) = 2\lambda_1^Y \qquad (i = 1, \ldots, I)$$

und damit

$$\frac{\pi_{1/i}}{\pi_{2/i}} = \exp(2\lambda_1^Y) \qquad (i = 1, \ldots, I) \qquad (7.15)$$

gilt. D.h. in jeder X-Kategorie ist der Odds dafür, daß Y in Kategorie 1 statt in Kategorie 2 fällt, gleich $\exp(2\lambda_1^Y)$, sofern das Unabhängigkeitsmodell gilt. Der Odds-Ratio einer 2×2-Tafel und das saturierte loglineare Modell stehen in folgendem Zusammenhang:

$$
\begin{aligned}
\ln \theta &= \ln\left(\frac{m_{11}\, m_{22}}{m_{12}\, m_{21}}\right) \\
&= \ln(m_{11}) + \ln(m_{22}) - \ln(m_{12}) - \ln(m_{21}) \\
&= (\mu + \lambda_1^X + \lambda_1^Y + \lambda_{11}^{XY}) + (\mu + \lambda_2^X + \lambda_2^Y + \lambda_{22}^{XY}) \\
&\quad - (\mu + \lambda_1^X + \lambda_2^Y + \lambda_{12}^{XY}) - (\mu + \lambda_2^X + \lambda_1^Y + \lambda_{21}^{XY}) \\
&= \lambda_{11}^{XY} + \lambda_{22}^{XY} - \lambda_{12}^{XY} - \lambda_{21}^{XY} \, .
\end{aligned}
$$

Wegen $\sum\limits_{i=1}^{2} \lambda_{ij}^{XY} = \sum\limits_{j=1}^{2} \lambda_{ij}^{XY} = 0$ folgt $\lambda_{11}^{XY} = \lambda_{22}^{XY} = -\lambda_{12}^{XY} = -\lambda_{21}^{XY}$ und damit $\ln\theta = 4\lambda_{11}^{XY}$.

Der Odds–Ratio in einer 2×2–Tafel ist also

$$\theta = \exp(4\lambda_{11}^{XY}) \,, \qquad\qquad (7.16)$$

d.h. er ist direkt abhängig vom Zusammenhangsmaß im saturierten loglinearen Modell.

Besteht kein Zusammenhang, ist also $\lambda_{ij} = 0$, so ergibt sich $\theta = 1$.

7.2 Dreifache Klassifikation

Wir haben bereits in Abschnitt 4.3 einen dreifach klassifizierten Datensatz für das Risiko des Pfeilerverlustes in Abhängigkeit vom Alter des Patienten und der Konstruktionsform kennengelernt (Beispiel 4.4). Für die Auswertung einer Kontingenztafel vom Typ $2 \times J \times K$, wobei das erste Merkmal eine bivariate Risiko– oder Responsevariable ist, werden wir in diesem Kapitel Methoden unter Einbeziehung von Verweildauern kennenlernen. Dazu werden wir aus Walther (1991) einen weiteren Datensatz auswerten (Tabellen 7.1 und 7.6), der das Risiko einer endodontischen Behandlung in Abhängigkeit vom Alter und der Konstruktionsform (zeitabhängig) erfaßt.

Alters-gruppe	Konstruk-tionsform	endodont. Behandlung ja	nein
< 60	H	62	1041
	B	23	463
≥ 60	H	70	755
	B	30	215
Σ		185	2474

Tabelle 7.1: $2 \times 2 \times 2$–Tafel: Endodontisches Risiko

Neben den bivariaten Zusammenhängen scheint auch ein übergreifender Zusammenhang zu existieren, den wir nun modellieren wollen.

Falls die drei Variablen insgesamt unabhängig sind, müßte für die erwarteten Besetzungen m_{ijk} in der logarithmische Skala das folgende Unabhängigkeitsmodell gelten (gegenseitige Unabhängigkeit)

$$\ln(m_{ijk}) = \mu + \lambda_i^X + \lambda_j^Y + \lambda_k^Z \qquad\qquad (7.17)$$

(Im Beispiel wäre X: Altersgruppe, Y: Konstruktionsform, Z: endodontische Behandlung).

Falls Z unabhängig von der gemeinsamen Verteilung von X und Y ist, gilt (gemeinsame Unabhängigkeit)

$$\ln(m_{ijk}) = \mu + \lambda_i^X + \lambda_j^Y + \lambda_k^Z + \lambda_{ij}^{XY} \ . \tag{7.18}$$

Ein dritter Typ von Unabhängigkeit (bedingte Unabhängigkeit zweier Variablen für eine feste Kategorie der dritten Variablen) wird durch das folgende Modell ausgedrückt (j fest!):

$$\ln(m_{ijk}) = \mu + \lambda_i^X + \lambda_j^Y + \lambda_k^Z + \lambda_{ij}^{XY} + \lambda_{jk}^{YZ} \ . \tag{7.19}$$

Das ist der Ansatz der bedingten Unabhängigkeit von X und Z für die Ausprägung j von Y. Gilt dies für alle $j = 1, \ldots, J$, so heißen X und Z bedingt unabhängig von Y. Analog würden bei bedingter Unabhängigkeit von X und Y für die Ausprägung k von Z die Terme λ_{ik}^{XZ} und λ_{jk}^{YZ} die beiden Terme λ_{ij}^{XY} und λ_{jk}^{YZ} in (7.19) ersetzen. Die Terme mit zwei Indizes sind die Zweifach–Wechselwirkungseffekte. Die entsprechenden Bedingungen für die Zellwahrscheinlichkeiten lauten:

a) gegenseitige Unabhängigkeit von X, Y, Z

$$\pi_{ijk} = \pi_{i++}\pi_{+j+}\pi_{++k} \quad (\text{alle } i, j, k) \tag{7.20}$$

b) gemeinsame Unabhängigkeit
Y ist gemeinsam unabhängig von X und Z, wenn

$$\pi_{ijk} = \pi_{i+k}\pi_{+j+} \quad (\text{alle } i, j, k) \tag{7.21}$$

gilt.

c) bedingte Unabhängigkeit
X und Y sind bedingt von Z unabhängig, wenn

$$\pi_{ijk} = \frac{\pi_{i+k}\pi_{+jk}}{\pi_{++k}} \quad (\text{alle } i, j, k) \tag{7.22}$$

gilt.

Das allgemeinste loglineare Modell (saturiertes Modell) für die dreidimensionale Tafel hat die Gestalt

$$\ln(m_{ijk}) = \mu + \lambda_i^X + \lambda_j^Y + \lambda_k^Z + \lambda_{ij}^{XY} + \lambda_{ik}^{XZ} + \lambda_{jk}^{YZ} + \lambda_{ijk}^{XYZ} \ , \tag{7.23}$$

wobei der letzte Term die 3–Faktor–Wechselwirkung beschreibt.
Für alle Wechselwirkungseffekte, die die Abweichung vom Gesamtmittel μ beschreiben, gelten die Reparametrisierungsbedingungen

$$\sum_{i=1}^{I} \lambda_{ij}^{XY} = \sum_{j=1}^{J} \lambda_{ij}^{XY} = \ldots = \sum_{k=1}^{K} \lambda_{ijk}^{XYZ} = 0 \ . \tag{7.24}$$

Für die Haupteffekte gilt dies ebenso:

$$\sum_{i=1}^{I} \lambda_i^X = \sum_{j=1}^{J} \lambda_j^Y = \sum_{k=1}^{K} \lambda_k^Z = 0 \ . \tag{7.25}$$

Aus dem generellen Modell (7.23) sind Submodelle zu konstruieren, wobei man das hierarchische Konstruktionsprinzip bevorzugt. Ein Modell heißt hierarchisch, wenn es mit einem höheren Effekt auch die Haupteffekte der beteiligten Variablen enthält, selbst wenn die Parameterschätzungen nicht signifikant sind. Ist z.B. der Wechselwirkungseffekt λ_{ik}^{XZ} im Modell enthalten, so werden die Effekte λ_i^X und λ_k^Z mit einbezogen:

$$\ln(m_{ijk}) = \mu + \lambda_i^X + \lambda_k^Z + \lambda_{ik}^{XZ} \ . \tag{7.26}$$

Die verschiedenen Modelle der Hierarchie werden mit klaren Kurzbezeichnungen versehen (Tabelle 7.2).

loglineares Modell	Bezeichnung
$\ln(m_{ij+}) \ = \ \mu + \lambda_i^X + \lambda_j^Y$	(X,Y)
$\ln(m_{i+k}) \ = \ \mu + \lambda_i^X + \lambda_k^Z$	(X,Z)
$\ln(m_{+jk}) \ = \ \mu + \lambda_j^Y + \lambda_k^Z$	(Y,Z)
$\ln(m_{ijk}) \ = \ \mu + \lambda_i^X + \lambda_j^Y + \lambda_k^Z$	(X,Y,Z)
$\ln(m_{ijk}) \ = \ \mu + \lambda_i^X + \lambda_j^Y + \lambda_k^Z + \lambda_{ij}^{XY}$	(XY,Z)
$\vdots$	$\vdots$
$\ln(m_{ijk}) \ = \ \mu + \lambda_i^X + \lambda_j^Y + \lambda_{ij}^{XY}$	(XY)
$\vdots$	$\vdots$
$\ln(m_{ijk}) \ = \ \mu + \lambda_i^X + \lambda_j^Y + \lambda_k^Z + \lambda_{ij}^{XY} + \lambda_{ik}^{XZ}$	(XY,XZ)
$\vdots$	$\vdots$
$\ln(m_{ijk}) \ = \ \mu + \lambda_i^X + \lambda_j^Y + \lambda_k^Z + \lambda_{ij}^{XY} + \lambda_{ik}^{XZ} + \lambda_{jk}^{YZ}$	(XY,XZ,YZ)
$\vdots$	$\vdots$
$\ln(m_{ijk}) \ = \ \mu + \lambda_i^X + \lambda_j^Y + \lambda_k^Z + \lambda_{ij}^{XY} + \lambda_{ik}^{XZ} + \lambda_{jk}^{YZ} + \lambda_{ijk}^{XYZ}$	(XYZ)

Tabelle 7.2: Symbolik der hierarchischen Modelle für dreidimensionale Kontingenztafeln

Analog zur 2×2-Tafel besteht zwischen den Modellparametern und Odds-Ratios ein enger Zusammenhang. Liegt eine $2 \times 2 \times 2$-Tafel vor, so gilt unter den Reparametrisierungsbedingungen (7.24) und (7.25) z.B.

$$\frac{\theta_{11(1)}}{\theta_{11(2)}} = \frac{\frac{\pi_{111}\pi_{221}}{\pi_{211}\pi_{121}}}{\frac{\pi_{112}\pi_{222}}{\pi_{212}\pi_{122}}} = \exp(8\lambda_{111}^{XYZ}) \ . \tag{7.27}$$

Dies ist der bedingte Odds–Ratio von X und Y unter der Ausprägung $k = 1$ (Zähler) und $k = 2$ (Nenner) von Z. Analoges gilt für X und Z unter Y bzw. für Y und Z unter X. D.h. es gilt in der Population für die dreifache Wechselwirkung λ_{111}^{XYZ}

$$\frac{\theta_{11(1)}}{\theta_{11(2)}} = \frac{\theta_{1(1)1}}{\theta_{1(2)1}} = \frac{\theta_{(1)11}}{\theta_{(2)11}} = \exp(8\lambda_{111}^{XYZ}) \ . \tag{7.28}$$

Bei Unabhängigkeit innerhalb der damit äquivalenten Subtafeln sind die (Populations–) Odds–Ratios gleich 1. Die Stichproben–Odds–Ratios liefern erste Hinweise auf Abweichungen von der Unabhängigkeit.

Betrachten wir den bedingten Odds–Ratio (7.27) für Tabelle 7.1, so ergibt sich also ein Wert von 1.80, also eine positive Tendenz für ein erhöhtes Risiko der endodontischen Behandlung beim Vergleich der Subtafeln

	H	B
< 60	62	23
≥ 60	70	30

(endodontische Behandlung)

und

	H	B
< 60	1041	463
≥ 60	755	215

(keine endodontische Behandlung)

Die Beziehung (7.28) gilt auch in der Stichprobenversion, so daß der Vergleich der Subtafeln

	Behandlung ja	nein
H	62	1041
B	23	463

(< 60)

und

	Behandlung ja	nein
H	70	755
B	30	215

(≥ 60)

bzw.

	Behandlung ja	nein
< 60	62	1041
≥ 60	70	755

(H)

und

	Behandlung ja	nein
< 60	23	463
≥ 60	30	215

(B)

denselben Stichprobenwert 1.80 und damit $\hat{\lambda}_{111}^{XYZ} = 0.073$ ergibt. Berechnungen zu Tabelle 7.1:

$$\frac{\hat{\theta}_{11(1)}}{\hat{\theta}_{11(2)}} = \frac{\frac{n_{111}n_{221}}{n_{211}n_{121}}}{\frac{n_{112}n_{222}}{n_{212}n_{122}}} = \frac{\frac{62 \cdot 30}{70 \cdot 23}}{\frac{1041 \cdot 215}{755 \cdot 463}} = \frac{1.1553}{0.6403} = 1.80 \ ,$$

$$\frac{\hat{\theta}_{(1)11}}{\hat{\theta}_{(2)11}} = \frac{\frac{n_{111}n_{122}}{n_{121}n_{112}}}{\frac{n_{211}n_{222}}{n_{221}n_{212}}} = \frac{\frac{62 \cdot 463}{23 \cdot 1041}}{\frac{70 \cdot 215}{30 \cdot 755}} = \frac{1.1989}{0.6645} = 1.80 \ ,$$

$$\frac{\hat{\theta}_{1(1)1}}{\hat{\theta}_{1(2)1}} = \frac{\frac{n_{111}n_{212}}{n_{211}n_{112}}}{\frac{n_{121}n_{222}}{n_{221}n_{122}}} = \frac{\frac{62 \cdot 755}{70 \cdot 1041}}{\frac{23 \cdot 215}{30 \cdot 463}} = \frac{0.6424}{0.3560} = 1.80 \ .$$

7.3 Parameterschätzung im loglinearen Modell

Für ein gewähltes loglineares Modell und ein angenommenes Wahrscheinlichkeitsmodell der Population (Poisson– oder Multinomialverteilung) sind aus den Stichprobenbesetzungen n_{ijk} die erwarteten Besetztungen m_{ijk} durch $\hat{m}_{ijk}$ zu schätzen. Wie bereits im Modell für den binären Response (Abschnitt 4.4) demonstriert wurde, hängen die ML–Schätzungen nur über die erschöpfenden Statistiken (Randsummen) von den Daten n_{ijk} ab (vgl. auch Fahrmeir and Hamerle, 1984, Kapitel 10).

Das einfachste Modell (X, Y, Z) ohne Wechselwirkungen benötigt zur Parameterschätzung von λ_i^X, λ_j^Y, und λ_k^Z nur die zweifachen Randsummen n_{i++}, n_{+j+} und n_{++k}. Modelle mit Wechselwirkungen benötigen dann die entsprechenden einfachen Randsummen (z.B. n_{i+k} bei XZ–Wechselwirkung). Die ML–Schätzungen der Randerwartungen sind gleich den Randsummen, z.B.

$$\begin{aligned}
\hat{m}_{ij+} &= n_{ij+} \\
\hat{m}_{i++} &= n_{i++} \qquad \text{usw.}
\end{aligned}$$

Die geschätzten Einzelwerte $\hat{m}_{ijk}$ müssen diese ML–Gleichungen erfüllen, wobei die Randbedingungen der jeweiligen Modelle zu beachten sind. In zahlreichen Submodellen des hierarchischen Modells sind die ML–Gleichungen explizit lösbar, in anderen nicht. Dafür existieren iterative Algorithmen, z.B. die iterative proportionale Anpassung (IPA), die wir in 7.4 behandeln.

Beim Modell der dreifachen Klassifikation existieren mit einer Ausnahme für alle Submodelle exakte Lösungen der Schätzgleichungen für die $\hat{m}_{ijk}$ (Tabelle 7.3).

Die Berechnung der $\hat{m}_{ijk}$ erfolgt dabei nach der üblichen Regel

$$\text{ML–Schätzung von } f(\alpha, \beta, \gamma) = f(\hat{\alpha}, \hat{\beta}, \hat{\gamma})$$

mit $\hat{\alpha}, \hat{\beta}, \hat{\gamma}$ den ML–Schätzungen der Parameter und mit $\hat{m}_{ijk} = \hat{\pi}_{ijk} \cdot n$.

Für das Modell (XY, XZ, YZ) existiert keine explizite Lösung.

Die Güte der Anpassung der Modelle wird wieder mit der Statistik

$$G^2 = 2 \sum_{i,j,k} n_{ijk} \ln\left(\frac{n_{ijk}}{\hat{m}_{ijk}}\right) \tag{7.29}$$

gemessen, die asymptotisch χ^2–verteilt ist mit den Freiheitsgraden

df = Gesamtzahl der Zellen – Anzahl linear unabhängiger Parameter im Modell.

Tabelle 7.4 enthält eine Aufstellung der Freiheitsgrade für die dreifache Klassifikation und die Submodelle der Hierarchie.

Im saturierten Modell (XYZ) beträgt die Freiheitsgradzahl df = 0. Im Unabhängigkeitmodell (X, Y, Z) haben wir

Modell	$\hat{m}_{ijk}$	Wahrscheinlichkeit
(X,Y,Z)	$\dfrac{n_{i++}n_{+j+}n_{++k}}{n^2}$	$\pi_{ijk} = \pi_{i++}\pi_{+j+}\pi_{++k}$ (Unabhängigkeitsmodell)
(XY,Z)	$\dfrac{n_{ij+}n_{++k}}{n}$	$\pi_{ijk} = \pi_{ij+}\pi_{++k}$
(XZ,Y)	$\dfrac{n_{i+k}n_{+j+}}{n}$	$\pi_{ijk} = \pi_{i+k}\pi_{+j+}$
(YZ,X)	$\dfrac{n_{+jk}n_{i++}}{n}$	$\pi_{ijk} = \pi_{+jk}\pi_{i++}$
(XY,XZ)	$\dfrac{n_{ij+}n_{i+k}}{n_{i++}}$	$\pi_{ijk} = \dfrac{\pi_{ij+}\pi_{i+k}}{\pi_{i++}}$
(XY,YZ)	$\dfrac{n_{ij+}n_{+jk}}{n_{+j+}}$	$\pi_{ijk} = \dfrac{\pi_{ij+}\pi_{+jk}}{\pi_{+j+}}$
(XZ,YZ)	$\dfrac{n_{i+k}n_{+jk}}{n_{++k}}$	$\pi_{ijk} = \dfrac{\pi_{i+k}\pi_{+jk}}{\pi_{++k}}$
(XYZ)	n_{ijk}	kein Ansatz (saturiertes Modell)

Tabelle 7.3: ML–Schätzungen $\hat{m}_{ijk}$ (Agresti, 1990, S.170)

$$\underset{(\mu)}{1} \; + \; \underset{(\lambda_i^X)}{(I-1)} \; + \; \underset{(\lambda_j^Y)}{(J-1)} \; + \; \underset{(\lambda_k^Z)}{(K-1)}$$

unabhängige Parameter (es gilt jeweils $\displaystyle\sum_{i=1}^{I} \lambda_i^X = \sum_{j=1}^{J} \lambda_j^Y = \sum_{k=1}^{K} \lambda_k^Z = 0$) und IJK Zellen, also

$$\mathrm{df} = IJK - (1 + (I-1) + (J-1) + (K-1)) = IJK - I - J - K + 2 \,.$$

Dies ist gleich der Anzahl der Parameter, die im saturierten Modell gleich Null gesetzt werden müssen, um das Modell (X,Y,Z) zu erhalten:

$$\underset{(\lambda_{ij}^{XY})}{(I-1)(J-1)} \; + \; \underset{(\lambda_{ik}^{XZ})}{(I-1)(K-1)} \; + \; \underset{(\lambda_{jk}^{YZ})}{(J-1)(K-1)} \; +$$
$$\underset{(\lambda_{ijk}^{XYZ})}{(I-1)(J-1)(K-1)} \quad ,$$

also

$$\begin{aligned}
\mathrm{df} &= IJ - I - J + 1 + IK - I - K + 1 + JK - J - K + 1 \\
&\quad + IJK - IK - JK - IJ + K + I + J - 1 \\
&= IJK - (I + J + K) + 2 \,.
\end{aligned}$$

Modell	df
(X,Y,Z)	$IJK - (I+J+K) + 2$
(XY,Z)	$(K-1)(IJ-1)$
(XZ,Y)	$(J-1)(IK-1)$
(YZ,X)	$(I-1)(JK-1)$
(XY,YZ)	$J(I-1)(K-1)$
(XZ,YZ)	$K(I-1)(J-1)$
(XY,XZ)	$I(J-1)(K-1)$
(XY,XZ,YZ)	$(I-1)(J-1)(K-1)$
(XYZ)	0

Tabelle 7.4: Freiheitsgrade der Submodelle der dreifachen Klassifikation

7.4 Der Spezialfall des binären Response

Die Modelle gestatten den Zugang zum bereits bekannten Logitmodell für den Fall, daß eine Variable (in unserem Beispiel Z: Endodontische Behandlung) eine binäre Responsevariable ist.

Sei das Unabhängigkeitsmodell

$$\ln(m_{ijk}) = \mu + \lambda_i^X + \lambda_j^Y + \lambda_k^Z \qquad (7.30)$$

gegeben, so folgt für den Logit der Responsevariablen Z

$$\ln\left(\frac{m_{ij1}}{m_{ij2}}\right) = \lambda_1^Z - \lambda_2^Z \qquad (7.31)$$

und mit der Restriktion $\sum_{k=1}^{2} \lambda_k^Z = 0$ folgt

$$\ln\left(\frac{m_{ij1}}{m_{ij2}}\right) = 2\lambda_1^Z \qquad \text{(alle } i,j\text{)} . \qquad (7.32)$$

Je größer der Wert von λ_1^Z, desto größer ist das Risiko für die Ausprägung $Z = 1$ (endodontische Behandlung).

Sind die beiden anderen Variablen auch binär, liegt also eine $2 \times 2 \times 2$–Tafel vor, so läßt sich das Modell (7.30) unter Berücksichtigung der Restriktionen

$$\lambda_2^X = -\lambda_1^X \quad , \quad \lambda_2^Y = -\lambda_1^Y \quad , \quad \lambda_2^Z = -\lambda_1^Z$$

zusammengefaßt wie folgt darstellen:

$$
\begin{pmatrix} \ln(m_{111}) \\ \ln(m_{112}) \\ \ln(m_{121}) \\ \ln(m_{122}) \\ \ln(m_{211}) \\ \ln(m_{212}) \\ \ln(m_{221}) \\ \ln(m_{222}) \end{pmatrix} = \begin{pmatrix} 1 & 1 & 1 & 1 \\ 1 & 1 & 1 & -1 \\ 1 & 1 & -1 & 1 \\ 1 & 1 & -1 & -1 \\ 1 & -1 & 1 & 1 \\ 1 & -1 & 1 & -1 \\ 1 & -1 & -1 & 1 \\ 1 & -1 & -1 & -1 \end{pmatrix} \begin{pmatrix} \mu \\ \lambda_1^X \\ \lambda_1^Y \\ \lambda_1^Z \end{pmatrix} , \tag{7.33}
$$

d.h. als

$$
\ln(m) = X\beta . \tag{7.34}
$$

Dies entspricht der Effektkodierung kategorialer Variablen (Abschnitt 7.5). Diese Darstellung ist in den üblichen Regressionsansätzen äquivalent zum Modell

$$
y = X\beta + \varepsilon \quad | \quad r = R\beta
$$

wobei $r = R\beta$ die exakten Restriktionen an die Parameter kodiert (vgl. Toutenburg, 1982).
Die ML–Gleichung lautet

$$
X'n = X'\hat{m} . \tag{7.35}
$$

Die geschätzte asymptotische Kovarianzmatrix lautet für das Poissonschema

$$
\widehat{\mathrm{Cov}}(\hat{\beta}) = [X'(\mathrm{Diag}(\hat{m}))X]^{-1} , \tag{7.36}
$$

wobei $\mathrm{Diag}(\hat{m})$ die Elemente $\hat{m}$ auf der Hauptdiagonalen hat. Die Lösung der Normalgleichung (7.35) erfolgt z.B. nach Newton–Raphson (vgl. Abschnitt 4.5) oder nach einem anderen iterativen Algorithmus — dem IPA.

7.4.1 Iterative Proportionale Anpassung (IPA)

Dieser Algorithmus (Deming und Stephan, 1940, vgl. Agresti, 1990, S.185) ist leicht selbst zu programmieren. Er adjustiert Startwerte $\{\hat{m}_{ijk}^{(0)}\}$ im Wechsel zu den jeweiligen erwarteten Randsummen des Modells bis zu einer vorgegebenen Abbruchgenauigkeit. Für das Unabhängigkeitsmodell sind dies die Iterationsschritte:

$$
\hat{m}_{ijk}^{(1)} = \hat{m}_{ijk}^{(0)} \left(\frac{n_{i++}}{\hat{m}_{i++}^{(0)}} \right) ,
$$

$$
\hat{m}_{ijk}^{(2)} = \hat{m}_{ijk}^{(1)} \left(\frac{n_{+j+}}{\hat{m}_{+j+}^{(1)}} \right) ,
$$

$$
\hat{m}_{ijk}^{(3)} = \hat{m}_{ijk}^{(2)} \left(\frac{n_{++k}}{\hat{m}_{++k}^{(2)}} \right) .
$$

Dieser 3-er Zyklus wird bis zum Abbruch wiederholt.

Der IPA erzeugt ML–Schätzungen, da die iterativen Werte sowohl dem Modell als auch den zugehörigen Randbedingungen in den erschöpfenden Statistiken genügen. Wir demonstrieren den IPA im folgenden Abschnitt.

7.4.2 Einbeziehung von kumulierten Verweildauern — Analyse von Raten

Bei Längsschnittanalysen mit kategorialen Kovariablen hat man neben der Zellbesetzung n_{ij} der (i,j)–ten Faktorkombination häufig zumindest Information über die totale Verweildauer E_{ij} der n_{ij} Individuen, so daß man die Raten $r_{ij} = \frac{n_{ij}}{E_{ij}}$ z.B. durch loglineare Modelle analysieren kann.

Der Zusammenhang zwischen der Analyse von Raten in Kontingenztafeln und der Lebensdaueranalyse wird von Holford (1980) beschrieben (vgl. auch Holford, 1976, Laird und Oliver, 1981). Wir benutzen wieder die bereits mehrfach demonstrierte Anordnung der $\{n_{ij}\}$ als $\{n_i\}$ bzw. $\{r_i = \frac{n_i}{E_i}\}$, $i = 1, \ldots, I$.

Angenommen, die Individuen in der i–ten Zelle haben die Verweildauern t_{ih}, $(h = 1, \ldots, n_i)$ mit $\sum_{h=1}^{n_i} t_{ih} = E_i$. Sei ferner $r_i = \exp(x_i'\beta)$. Wenn die Verweildauern in jeder Zelle einer Exponentialverteilung mit Parameter r_i folgen und die Zellbesetzungen n_i unabhängige Poissonverteilungen mit den Parametern $r_i E_i$ besitzen, sind die ML–Schätzungen $\hat{\beta}$ im loglinearen Modell für r_i äquivalent. Mit anderen Worten: falls für die Lebensdauerdaten eine Intervalleinteilung derart existiert, daß in den Intervallen die Hazardrate jeweils konstant ist, so liefert das loglineare Modell für die Raten $r_i = \frac{n_i}{E_i}$ der Kontingenztafel (Zellen gleich Intervalle) äquivalente Resultate wie die Lebensdaueranalyse mit kategorialen Kovariablen (Kategorien wie in der Kontingenztafel).

Falls die Verweildauern der einzelnen Objekte nicht explizit sondern nur als kumulierte Verweildauer E_{ij} je Element n_{ij} der Kontingenztafel bekannt sind, bietet die im folgenden vorgestellte Methodik durch Adjustierung der Klassenbesetzungen einen Informationsgewinn gegenüber der üblichen Kontingenztafelanalyse einschließlich der zugehörigen loglinearen Modelle.

Wir demonstrieren die Methode für 2×2–Tafeln.

In Tabelle 7.7 betrachten wir die zweifache Ausprägung der endodontischen Behandlung (ja/nein) und zwei Altergruppen (unter 60, über 60 Jahre). Wir beziehen nun zusätzlich für jede Zelle die Lebenszeit der Pfeiler (Zeit bis zum Ereignis bzw. zensierte Zeit) mit ein. Wir wählen eine allgemeine 2×2–Tafel (Tabelle 7.5), um die Berechnungen zu demonstrieren:

Das Stichprobenrisiko $\dfrac{n_{ij}}{E_{ij}}$ ist die Rate je Zeiteinheit (z.B. Monate). Sei m_{ij} die erwartete Anzahl der Ereignisse, so daß $\dfrac{m_{ij}}{E_{ij}}$ das erwartete Risiko der Kombination (i,j) darstellt.

Als einfachstes Modell (ohne Wechselwirkung) für den Effekt der Behandlung B und der Altersguppe A auf die Rate wählen wir den Ansatz (Unabhängig-

Alters- gruppe		Behandlung		
		B_1	B_2	
A_1	Ereignisse	n_{11}	n_{12}	n_{1+}
	Totale Zeit unter Risiko	E_{11}	E_{12}	E_{1+}
	Risiko (Rate)	$\dfrac{n_{11}}{E_{11}}$	$\dfrac{n_{12}}{E_{12}}$	
A_2	Ereignisse	n_{21}	n_{22}	n_{2+}
	Totale Zeit unter Risiko	E_{21}	E_{22}	E_{2+}
	Risiko (Rate)	$\dfrac{n_{21}}{E_{21}}$	$\dfrac{n_{22}}{E_{22}}$	
		n_{+1}	n_{+2}	n
		E_{+1}	E_{+2}	E

Tabelle 7.5: Ereignisse und Verweildauern in einer 2×2–Tafel

keitsmodell)

$$\ln\left(\frac{m_{ij}}{E_{ij}}\right) = \mu + \lambda_i^A + \lambda_j^B \ . \tag{7.37}$$

Würde man die Startwerte für m_{ij} z.B. nach dem Unabhängigkeitsmodell als

$$\hat{m}_{ij}^{(0)} = \frac{n_{i+}n_{+j}}{n}$$

berechnen, bliebe die Zusatzinformation der Risikozeiten unberücksichtigt. Man muß also nach einem Verfahren suchen, das diese Information zur Adjustierung der Ereigniszahlen nutzt.

Aus (7.37) folgt:

$$m_{ij} = E_{ij}e^{\mu}e^{\lambda_i^A}e^{\lambda_j^B} \ .$$

Bildet man den Odds–Ratio für die erwarteten Besetzungen, so folgt

$$\theta = OR = \frac{m_{11}m_{22}}{m_{21}m_{12}} = \frac{E_{11}E_{22}}{E_{21}E_{12}} \ . \tag{7.38}$$

Dies gilt analog für die Stichprobenversion und damit für jeden Iterationsschritt.

Damit bietet sich als Iteration an:

$$\hat{m}_{ij}^{(0)} = E_{ij} \tag{7.39}$$

$$\hat{m}_{ij}^{(s)} = \frac{\hat{m}_{ij}^{(s-1)}}{\hat{m}_{i+}^{(s-1)}} \cdot n_{i+} \tag{7.40}$$

und

$$\hat{m}_{ij}^{(s+1)} \;=\; \frac{\hat{m}_{ij}^{(s)}}{\hat{m}_{+j}^{(s)}} \cdot n_{+j} \qquad (s = 1, \ldots) \,. \tag{7.41}$$

Diese Iterationsschritte adjustieren die Schätzungen sowohl bezüglich der Randsummen der Risikozeiten E_{ij} als auch bezüglich der Scores n_{i+} bzw. n_{+j} der Zeilen bzw. Spalten. Wegen der Beziehung (7.38) haben die Lösungen $\hat{m}_{ij}$ denselben Odds–Ratio wie die Risikozeiten und sind — entsprechend dem Algorithmus — nach den Zeilen- und Spaltensummen proportional zu ihren relativen Risiken aufgeteilt. Dies entspricht dem üblichen Vorgehen unter H_0: "X, Y unabhängig" (d.h. Modell (7.37) gilt). Damit haben die geschätzten Raten $\dfrac{\hat{m}_{ij}}{E_{ij}}$ den Odds–Ratio $OR = 1$ und folgen dem Unabhängigkeitsmodell (7.37).

Beispiel 7.1: Altersabhängigkeit des Risikos einer endodontischen Behandlung. Für die in der Studie von Walther (1991) enthaltenen 2659 Pfeilerzähne stellt die endodontische Behandlung (das Zahnmarkgewebe ist erkrankt und muß mit Wurzelfüllung versorgt werden) einen Risikofaktor dar. Dieses Risiko soll in Abhängigkeit vom Alter des Patienten geschätzt und modelliert werden, wobei zunächst keine Verweildauern berücksichtigt werden. Tabelle 7.6 enthält die Behandlungen (ja/nein) in Abhängigkeit von 5 Altersgruppen. In Klammern stehen die summierten Verweildauern (in Tagen) der jeweiligen Besetzungszahlen.

		Endodontische Behandlung		
i	Altersgruppe	ja	nein	
1	< 40	4	251	255
		(721)	(217113)	(217834)
2	$40 - 50$	45	522	567
		(37279)	(517900)	(555179)
3	$50 - 60$	36	731	767
		(31229)	(751622)	(782851)
4	$60 - 70$	72	665	737
		(63968)	(742551)	(806519)
5	> 70	28	305	333
		(13113)	(304663)	(317776)
		185	2474	2659
		(146310)	(2533849)	(2680159)

Tabelle 7.6: Risiko (endodontische Behandlung) in Abhängigkeit vom Alter (in Klammern: Summe der Verweildauern in Tagen)

Die üblichen Analyse für zeitunabhängige Kontingenztafeln — d.h. die Analyse der

Zellhäufigkeiten n_{ij} — ergibt

$$\chi_4^2 = 28.44 \quad \text{und} \quad G^2 = 33.04 \,,$$

also hochsignifikante Werte.
Die Zerlegung von G^2 ergibt

$$
\begin{array}{ccccccc}
G^2 & = & 15.83 & + & 1.26 & + & 14.77 & + & 1.18 \\
\text{Effekt:} & & 1/2 & & 1+2/3 & & 1+2+3/4 & & 1+2+3+4/5
\end{array}
$$

also zwei signifikante Subeffekte ($1/2$ und $1+2+3/4$).
Die Modellierung mit dem Logit–Modell zeigt einen deutlichen Trend des Risikos für endodontische Behandlung mit steigendem Alter.

i	Stichproben–logits	$\hat{\pi}_{1/i}$	Odds $= \dfrac{n_{1i}}{n_{2i}}$
1	-4.14	0.01569	0.016
2	-2.45	0.07937	0.086
3	-3.01	0.04694	0.049
4	-2.22	0.09769	0.108
5	-2.39	0.08408	0.092

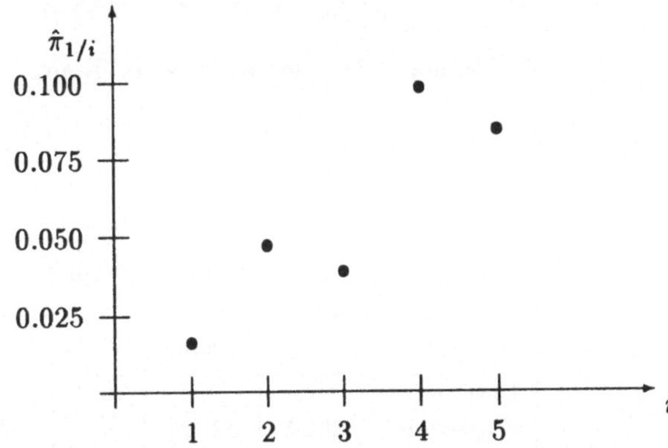

Die Anpassung eines logistischen Modells mit den Scores $x_i = i$ ($i = 1, \ldots, 5$) liefert

$$\widehat{\text{Logits}} = -3.961 + 0.373 x_i$$

mit der Restvarianz $\hat{\sigma}_e^2 = 0.596^2$.

i	$\hat{\pi}_1(x_i)$	$\hat{m}_{1i}$
1	0.0269	6.86
2	0.0386	21.89
3	0.0551	42.36
4	0.0781	57.53
5	0.1095	36.46

Die Waldstatistik

$$Z^2 = \frac{0.373^2}{\dfrac{0.596^2}{3.16^2}} = 3.92 > 3.84 \ ,$$

ist schwach signifikant, lehnt also $H_0 : \beta = 0$ auf dem 5%-Niveau ab.
Der weniger konservative LQ-Test zum Vergleich des Unabhängigkeitsmodells (I)
und des logistischen Modells (L) lehnt $H_0 : \beta = 0$ schon deutlicher ab:

$$G^2(I \mid L) = G^2(I) - G^2(L) = 33.04 - 28.15 = 4.89 \ ,$$
$$\text{df: } 1 \quad = \quad 4 \quad - \quad 3 \quad .$$

Die bisherige Analyse bringt eine Bestätigung des Trends, gibt aber auch einen
Hinweis auf einen gruppierten Effekt. Deshalb fassen wir die ersten drei und die
letzten beiden Altersgruppen zusammen (Tabelle 7.7), wobei wir in Tabelle 7.7b die
Verweildauern auf Monate umrechnen.

Alters-gruppe	Endodontische Behandlung	
	ja	nein
≤ 60	85	1504
	69229	1486635	(Tage)
> 60	100	970
	77081	1047214	(Tage)

Tabelle 7.7a: Verweildauer in Tagen

		ja	nein	n_{i+}	
≤ 60	Ereignisse	85	1504	1589	
	Risikozeit	2308	49555		(Monate)
	Risiko	0.0368	0.0304		
> 60	Ereignisse	100	970	1070	
	Risikozeit	2569	34907		(Monate)
	Risiko	0.0389	0.0278		
	n_{+j}	185	2474	2659	

Tabelle 7.7b: 2 x 2-Tafel zum Risiko der endodontischen Behandlung unter Einbeziehung der Verweildauer in Monaten

Die Teststatistiken sind für die Besetzungen (ohne Verweildauer) signifikant:

$$\chi_1^2 = 15.78 \quad \text{und} \quad G^2 = 15.44 \ .$$

Wir wollen nun die Zeitabhängigkeit der Risiken durch das Adjustierungsverfah-
ren IPA berücksichtigen. Aus Tabelle 7.7b entnehmen wir, daß die zeitbezogenen
Besetzungen (Risiken, Raten) Unterschiede zeigen:

In der Altersgruppe ≤ 60 sind die auf einen Monat Verweildauer bezogenen Risiken für Behandlung/Nichtbehandlung mit 0.0368 bzw. 0.0304 nur unwesentlich verschieden (Quotient: 1.21). Bei der Altersgruppe > 60 dagegen erhalten wir mit $0.0389/0.0278 = 1.40$ ein etwas erhöhtes Risiko für die endodontische Behandlung.

Die Analyse ohne Berücksichtigung der Verweildauer nach dem Logit–Modell ergibt ein völlig anderes Bild:

	Logits	$\hat{\pi}_{1/i}$	$\hat{\pi}_{2/i}$
≤ 60	-2.87	0.0535	0.9465
> 60	-2.27	0.0935	0.9065

Die Anwendung des IPA (programmiert auf FRAMEWORK) auf Tabelle 7.7b liefert nach sechs Iterationsschritten (vgl. Tabelle 7.8) die folgende Tabelle 7.9:

				$\hat{m}_{i+}$	n_{i+}
0		2308	49555	51863	1589
		2569	34907	37476	1070
	$\hat{m}_{+j}$	4877	84462		
	n_{+j}	185	2474		

1	70.71	1518.29
	73.35	996.65
	144.06	2514.94

2	90.81	1493.57	1584.38
	94.19	580.43	1074.62

3	91.07	1497.93
	93.79	976.21
	184.86	2474.14

4	91.14	1497.84	1588.98
	93.86	976.16	1070.02

5	91.14	1497.84	1589.00
	93.86	976.16	1070.00
	185.00	2474.00	

6	91.14	1497.86	1589.00
	93.86	976.14	1070.00

Tabelle 7.8: Iterationsschritte des IPA zu Tabelle 7.7b

$$
\begin{array}{c|cc}
\text{Alters--} & \multicolumn{2}{c}{\text{endod. Behandlung}} \\
\text{gruppe} & \text{ja} & \text{nein} \\
\hline
\leq 60 & 91.14 & 1497.86 \\
> 60 & 93.86 & 976.14
\end{array}
$$

Tabelle 7.9: Nach IPA adjustierte Zellbesetzungen

Bemerkung zur Tafel:

$$
\begin{array}{c|cc}
\text{Alters--} & \multicolumn{2}{c}{\text{Behandlung}} \\
\text{gruppe} & \text{ja} & \text{nein} \\
\hline
\leq 60 & 85 & 1504 \\
> 60 & 100 & 970
\end{array}
$$

Berücksichtigt man die Verweildauer nicht, so liefert der IPA–Algorithmus für das Unabhängigkeitsmodell $\ln(m_{ij}) = \mu + \lambda_i^A + \lambda_j^B$ folgende erwarteten Häufigkeiten:

$$
\begin{array}{cc}
110.55 & 1478.45 \\
74.45 & 995.55
\end{array}
$$

und damit die gleichen Werte, wie bei der üblichen Kontingenztafel: (z.B. $\hat{m}_{11} = \dfrac{n_{1+} n_{+1}}{n} = \dfrac{1589 \cdot 185}{2659} = 110.55$). Damit ergibt sich der bereits früher berechnete G^2–Wert von 15.44 und damit Signifikanz (vgl. auch S.180).

Mit den Zellbesetzungen aus Tabelle 7.9 erhalten wir die korrigierten Risiken $\dfrac{\hat{m}_{ij}}{E_{ij}} = \hat{r}_{ij}$:

$$
\begin{array}{c|cc}
 & \text{ja} & \text{nein} \\
\hline
\leq 60 & 0.0395 & 0.0302 \\
> 60 & 0.0365 & 0.0280
\end{array}
$$

und den Odds–Ratio der geschätzten Risiken

$$
\widehat{OR} = \frac{\hat{m}_{11}\hat{m}_{22}}{\hat{m}_{12}\hat{m}_{21}} \Big/ \frac{E_{11}E_{22}}{E_{12}E_{21}} = 1 \ .
$$

Die Parameter des Modells (7.37) werden nun nach Einsetzen der $\hat{m}_{ij}$ auf der linken Seite berechnet. In der Effektkodierung lautet das Modell

$$
\begin{pmatrix}
\ln\left(\frac{\hat{m}_{11}}{E_{11}}\right) \\
\ln\left(\frac{\hat{m}_{12}}{E_{12}}\right) \\
\ln\left(\frac{\hat{m}_{21}}{E_{21}}\right) \\
\ln\left(\frac{\hat{m}_{22}}{E_{22}}\right)
\end{pmatrix}
=
\begin{pmatrix}
-3.2318 \\
-3.4990 \\
-3.3094 \\
-3.5768
\end{pmatrix}
=
\begin{pmatrix}
1 & 1 & 1 \\
1 & 1 & -1 \\
1 & -1 & 1 \\
1 & -1 & -1
\end{pmatrix}
\begin{pmatrix}
\mu \\
\lambda_1^A \\
\lambda_1^B
\end{pmatrix}
+ \varepsilon
\qquad (7.42)
$$

oder abgekürzt,

$$
y = X\beta + \varepsilon \ .
\qquad (7.43)
$$

Da die ML–Schätzungen für $\hat{m}_{ij}$ mit dem IPA berechnet wurden, die linke Seite y also bekannt ist, werden die Parameter in β nach der üblichen KQ–Methode als

$$\hat{\beta} = (X'X)^{-1}X'y$$

geschätzt. Mit dem speziellen X aus (7.42) gilt

$$X'X = 4I$$

und

$$(X'X)^{-1} = \frac{1}{4}I \ .$$

Mit $\dfrac{\hat{m}_{ij}}{E_{ij}} = \hat{r}_{ij}$ ergibt sich

$$X' \begin{pmatrix} \ln(\hat{r}_{11}) \\ \ln(\hat{r}_{12}) \\ \ln(\hat{r}_{21}) \\ \ln(\hat{r}_{22}) \end{pmatrix} = \begin{pmatrix} \ln(\hat{r}_{11}) + \ln(\hat{r}_{12}) + \ln(\hat{r}_{21}) + \ln(\hat{r}_{22}) \\ \ln(\hat{r}_{11}) + \ln(\hat{r}_{12}) - \ln(\hat{r}_{21}) - \ln(\hat{r}_{22}) \\ \ln(\hat{r}_{11}) - \ln(\hat{r}_{12}) + \ln(\hat{r}_{21}) - \ln(\hat{r}_{22}) \end{pmatrix} = \begin{pmatrix} -13.6170 \\ 0.1554 \\ 0.3450 \end{pmatrix} \ ,$$

also

$$\begin{pmatrix} \hat{\mu} \\ \hat{\lambda}_1^A \\ \hat{\lambda}_1^B \end{pmatrix} = \frac{1}{4} \begin{pmatrix} -13.6170 \\ 0.1554 \\ 0.5346 \end{pmatrix} = \begin{pmatrix} -3.4043 \\ 0.0389 \\ 0.1337 \end{pmatrix}$$

und damit

$$\begin{aligned} \hat{\lambda}_2^A &= -0.0389 \ , \\ \hat{\lambda}_2^B &= -0.1337 \ . \end{aligned}$$

Die Schätzung der asymptotischen Kovarianzmatrix von $\hat{\beta}$ erfolgt nach Formel (7.36), sofern ein Poissonstichprobenschema vorliegt, was in unserem Beispiel gegeben ist (zufällige Zellbesetzungen $\dfrac{n_{ij}}{E_{ij}}$ ohne feste Randsummen). Wir erhalten

$$\widehat{\mathrm{Cov}}(\hat{\beta}) = \begin{pmatrix} \hat{m}_{11}+\hat{m}_{12}+\hat{m}_{21}+\hat{m}_{22} & \hat{m}_{11}+\hat{m}_{12}-\hat{m}_{21}-\hat{m}_{22} & \hat{m}_{11}-\hat{m}_{12}+\hat{m}_{21}-\hat{m}_{22} \\ \hat{m}_{11}+\hat{m}_{12}-\hat{m}_{21}-\hat{m}_{22} & \hat{m}_{11}+\hat{m}_{12}+\hat{m}_{21}+\hat{m}_{22} & \hat{m}_{11}-\hat{m}_{12}-\hat{m}_{21}+\hat{m}_{22} \\ \hat{m}_{11}-\hat{m}_{12}+\hat{m}_{21}-\hat{m}_{22} & \hat{m}_{11}-\hat{m}_{12}-\hat{m}_{21}+\hat{m}_{22} & \hat{m}_{11}+\hat{m}_{12}+\hat{m}_{21}+\hat{m}_{22} \end{pmatrix}^{-1} \quad (7.44)$$

und damit die geschätzten asymptotischen Varianzen als die Elemente der Hauptdiagonale dieser Matrix:

$$\begin{aligned} \hat{\sigma}^2(\hat{\mu}) &= 0.0382^2 \ , \\ \hat{\sigma}^2(\hat{\lambda}_1^A) &= 0.0198^2 \ , \\ \hat{\sigma}^2(\hat{\lambda}_1^B) &= 0.0382^2 \ . \end{aligned}$$

Damit sind die Werte der standardisierten, asymptotisch normalverteilten Parameterschätzungen

$$\frac{\hat{\mu}}{\hat{\sigma}(\hat{\mu})} = -89.12 \quad , \quad \frac{\hat{\lambda}_1^A}{\hat{\sigma}(\hat{\lambda}_1^A)} = 7.85 \quad , \quad \frac{\hat{\lambda}_1^B}{\hat{\sigma}(\hat{\lambda}_1^B)} = 3.5 \ ,$$

die jeweils unter $H_0: \mu = 0$, $H_0: \hat{\lambda}_1^A = 0$, $H_0: \hat{\lambda}_1^B = 0$ im einseitigen Ablehnungs-
bereich $u < -1.64$ bzw. $u > 1.64$ zum 5%-Niveau liegen. Die Effekte Alter und
Behandlung sind also signifikant.

Interpretation der Ergebnisse:

Mit den nach der Verweildauer und den Randsummen adjustierten Zellbesetzungen
$\hat{m}_{ij}$ (Tabelle 7.9) ergibt sich für die 2×2-Tafel der Wert $G^2 = 0.88 < 3.84$, d.h. bei
Berücksichtigung der Verweildauer besteht keine Abhängigkeit zwischen Alters- und
Behandlungsausprägung. Zur Erinnerung: für die unkorrigierten Besetzungszahlen
hatten wir mit $G^2 = 15.44$ eine hochsignifikante Abhängigkeit. Damit zeigt dieses
Beispiel, zu welchen Fehlinterpretationen die Nichtberücksichtigung von kumulierten
Verweildauern führen kann.

Betrachten wir die geschätzten Effekte für das Alter

$$\hat{\lambda}_1^A - \hat{\lambda}_2^A = 0.0778 \tag{7.45}$$

und die Behandlung

$$\hat{\lambda}_1^B - \hat{\lambda}_2^B = 0.2674 \ , \tag{7.46}$$

so folgt für den Vergleich der Risiken der beiden Altersgruppen bei festgehaltener
Ausprägung der Behandlung (z.B. nein):

$$\frac{\dfrac{\hat{m}_{12}}{E_{12}}}{\dfrac{\hat{m}_{22}}{E_{22}}} = \frac{e^{\ln\left(\frac{\hat{m}_{12}}{E_{12}}\right)}}{e^{\ln\left(\frac{\hat{m}_{22}}{E_{22}}\right)}} = e^{\hat{\lambda}_1^A - \hat{\lambda}_2^A} = e^{0.0778} = 1.0809 \ . \tag{7.47}$$

D.h. bei "Behandlung: nein" (und analog bei "Behandlung: ja") beträgt das
geschätzte Risiko der Altersgruppe ≤ 60 das 1.0809-fache des Risikos der Altersgruppe > 60:

$$\frac{\hat{m}_{12}}{E_{12}} = \frac{\hat{m}_{22}}{E_{22}} \cdot 1.0809 \tag{7.48}$$

und

$$\frac{\hat{m}_{11}}{E_{11}} = \frac{\hat{m}_{21}}{E_{21}} \cdot 1.0809 \ . \tag{7.49}$$

Für festgehaltene Altersgruppe gilt für den Behandlungseffekt (die endodontische
Behandlung war mit 1 kodiert):

$$\frac{\hat{m}_{11}}{E_{11}} = \frac{\hat{m}_{12}}{E_{12}} \cdot e^{0.2674} = \frac{\hat{m}_{12}}{E_{12}} \cdot 1.3065 \ . \tag{7.50}$$

Das (korrigierte, ereigniszeitbezogene) Risiko für eine endodontische Behandlung ist
also für beide Altersgruppen 1.3065 mal größer als das "Risiko für Nichtbehand-
lung". Wir betrachten nun noch zusätzlich das saturierte Modell für die relativen
(unkorrigierten) Risiken $r_{ij} = m_{ij}/E_{ij}$ (Tabelle 7.7b)

$$\ln(r_{ij}) = \mu + \lambda_i^A + \lambda_j^B + \lambda_{ij}^{AB} \ , \tag{7.51}$$

um eine nachträgliche Rechtfertigung für unsere Annahme "keine Wechselwirkung zwischen Altersgruppe und Behandlungsausprägung", d.h. für die Verwendung des Unabhängigkeitsmodells (7.37) selbst zu geben.

In Effektkodierung (vgl. Abschnitt 7.5) lautet das Modell

$$
\begin{pmatrix} \ln(r_{11}) \\ \ln(r_{12}) \\ \ln(r_{21}) \\ \ln(r_{22}) \end{pmatrix} = \begin{pmatrix} -3.3015 \\ -3.4950 \\ -3.2461 \\ -3.5831 \end{pmatrix} = \begin{pmatrix} 1 & 1 & 1 & 1 \\ 1 & 1 & -1 & -1 \\ 1 & -1 & 1 & -1 \\ 1 & -1 & -1 & 1 \end{pmatrix} \begin{pmatrix} \mu \\ \lambda_1^A \\ \lambda_1^B \\ \lambda_{11}^{AB} , \end{pmatrix}
\tag{7.52}
$$

also

$$
y = X\beta + \varepsilon
$$

mit

$$
X'X = 4I \quad , \quad (X'X)^{-1} = \frac{1}{4}I ,
$$

$$
\hat{\beta} = \frac{1}{4}X'[\ln(r_{ij})] = \begin{pmatrix} -3.4064 \\ 0.0082 \\ 0.1326 \\ -0.0359 \end{pmatrix} = \begin{pmatrix} \hat{\mu} \\ \hat{\lambda}_1^A \\ \hat{\lambda}_1^B \\ \hat{\lambda}_{11}^{AB} \end{pmatrix}
\tag{7.53}
$$

Der Odds–Ratio der (unkorrigierten) Risiken ist

$$
\widehat{OR} = \frac{r_{11}r_{22}}{r_{12}r_{21}} = 0.8662 = \exp(4\hat{\lambda}_{11}^{AB}) .
\tag{7.54}
$$

Er liegt in der Nähe von 1 und signalisiert eine schwache Tendenz für die Abnahme des Risikos für endodontische Behandlung für die höhere Altersgruppe (in Übereinstimmung mit (7.47) und (7.48)).

Um einen Test auf $H_0 : \lambda_{11}^{AB} = 0$ oder, äquivalent, $H_0 : OR = 1$ durchführen zu können, berechnen wir die geschätzte Kovarianzmatrix nach (7.36) mit den Originalwerten m_{ij} aus Tabelle 7.7b (da das saturierte Modell vorliegt, vgl. Tabelle 7.3):

$$
\begin{pmatrix} 2659 & 519 & -2289 & -549 \\ 519 & 2629 & -549 & -2289 \\ -2289 & -549 & 2659 & 519 \\ -549 & -2289 & 519 & 2629 \end{pmatrix}^{-1}
$$

$$
= \begin{pmatrix} 0.001466 & 0.000087 & 0.001254 & 0.000133 \\ 0.000087 & 0.001466 & 0.000133 & 0.001254 \\ 0.001254 & 0.000133 & 0.001466 & 0.000087 \\ 0.000133 & 0.001254 & 0.000087 & 0.001466 \end{pmatrix}
$$

Es ist also $s^2 = \text{Var}(\hat{\lambda}_{11}^{AB}) = 0.001466 = 0.0383^2$. Die standardisierte Parameterschätzung

$$
\frac{\hat{\lambda}_{11}^{AB}}{s} = \frac{-0.0359}{0.0383} = -0.9373
$$

ist unter $H_0 : \lambda_{11}^{AB} = 0$ näherungsweise nach $u \sim N(0,1)$ verteilt, also gilt

$$
P(u \leq -0.9373) = 1 - \Phi(0.9373) = 0.1743 .
$$

Damit ist $H_0 : OR = 1$ bzw. $H_0 : \lambda_{11}^{AB} = 0$ nicht abzulehnen. Das gewählte Unabhängigkeitsmodell (7.41) und die darauf basierende ML–Schätzung der $\hat{m}_{ij}$ nach dem IPA sind also gerechtfertigt.

Hinweis: Eine ausführliche Darstellung der Parametertests in loglinearen Modellen findet man bei Fahrmeir und Hamerle (1984), Agresti (1990) und bei Bishop, Fienberg und Holland (1975).

Beispiel 7.2: Endodontische Behandlung in Abhängigkeit von Alter und Konstruktionsform.

Unter Einbeziehung der Verweildauern erhalten wir aus Tabelle 7.1 die Tabelle 7.10.

		H	B	
	endodont. Behandlung	62	23	85
< 60	Risikozeit	1627	681	
	Risiko (Rate)	0.0381	0.0338	
	endodont. Behandlung	70	30	100
≥ 60	Risikozeit	1735	834	
	Risiko (Rate)	0.0403	0.0360	
		132	53	185

Tabelle 7.10: Endodontische Behandlungen und totale Zeit unter Risiko, gegliedert nach Altersgruppen und Konstruktionsform (Risikozeit in Monaten)

Mit diesem Datensatz der nichtzensierten Patienten, dessen unkorrigierte Auswertung nach unseren bisherigen Ausführungen zu fehlerhaften Einschätzungen führen würde, wollen wir nach Gewinnung der ML–Schätzungen $\hat{m}_{ij}$ mittels IPA wiederum das loglineare Unabhängigkeitsmodell

$$\ln\left(\frac{\hat{m}_{ij}}{E_{ij}}\right) = \mu + \lambda_1^A + \lambda_1^B \tag{7.55}$$

prüfen, wobei A: Altersgruppe und B: Konstruktionsform (H oder B) bedeuten.
Die Anwendung des IPA (vgl. (7.39) – (7.41)) auf Tabelle 7.10 liefert die Tabelle 7.11 der ML–Schätzungen $\hat{m}_{ij}$ und der korrigierten Risiken $\dfrac{\hat{m}_{ij}}{E_{ij}}$, die sich kaum von den ursprünglichen Risiken unterscheiden:

		H	B
< 60	$\hat{m}_{ij}$	61.945	23.055
	$\hat{r}_{ij}$	0.0381	0.0339
≥ 60	$\hat{m}_{ij}$	70.055	29.945
	$\hat{r}_{ij}$	0.0404	0.0359

Tabelle 7.11: Adjustierte Zellbesetzungen und relative Risiken

Als Parameterschätzungen im Modell (7.55) ergeben sich mit den geschätzten Standardabweichungen die Werte

$$
\begin{pmatrix} \hat{\mu} \\ \hat{\lambda}_1^A \\ \hat{\lambda}_1^B \end{pmatrix} = \begin{pmatrix} -3.2976 \\ -0.0294 \\ -0.0587 \end{pmatrix} \pm \overset{\hat{\sigma}}{\begin{pmatrix} 0.0816 \\ 0.0738 \\ 0.0814 \end{pmatrix}} .
\tag{7.56}
$$

Die Werte der standardisierten, asymptotisch normalverteilten Schätzungen sind

$$
\frac{\hat{\mu}}{\hat{\sigma}} = -40.41 \quad , \quad \frac{\hat{\lambda}_1^A}{\hat{\sigma}} = -0.40 \quad , \quad \frac{\hat{\lambda}_1^B}{\hat{\sigma}} = 0.72 ,
$$

so daß $H_0 : \mu = 0$ abgelehnt wird, $H_0 : \lambda_1^A = 0$ und $H_0 : \lambda_1^B = 0$ jedoch nicht abgelehnt werden. Der Behandlungseffekt (H oder B) und der Alterseffekt sind also nicht signifikant. Dieses Ergebnis war nach Tabelle 7.11 zu erwarten, da die Risiken $\hat{r}_{ij}$ innerhalb der beiden Altersgruppen fast identisch sind. Entsprechend dem hierarchischen Modellprinzip prüfen wir zunächst den Wechselwirkungseffekt λ_{11}^{AB}, ehe wir uns zum Übergang zum Modell ohne Behandlungseffekt entschließen. Das saturierte Modell (7.51) ist in Effektkodierung in (7.52) gegeben. Mit den nicht adjustierten Risiken (Tabelle 7.10) wird

$$
\begin{aligned}
\hat{\beta} \;&=\; \frac{1}{4}X'[\ln(r_{ij})] = \frac{1}{4}X' \begin{pmatrix} -3.2674 \\ -3.3881 \\ -3.2103 \\ -3.3250 \end{pmatrix} \\[2ex]
&=\; \begin{pmatrix} -3.2977 \\ -0.0300 \\ 0.0589 \\ 0.0015 \end{pmatrix} = \begin{pmatrix} \hat{\mu} \\ \hat{\lambda}_1^A \\ \hat{\lambda}_1^B \\ \hat{\lambda}_{11}^{AB} \end{pmatrix}
\end{aligned}
\tag{7.57}
$$

Zur Kontrolle können wir wieder die Relation (7.16) in der Tafel 7.10 der Originalrisiken überprüfen:

$$
\widehat{OR}_{(Tabelle\ 7.10)} = \frac{62 \cdot 30}{70 \cdot 23} \Big/ \frac{1627 \cdot 834}{681 \cdot 1735} = 1.0060 = \exp(4 \cdot 0.0015) .
$$

Wir berechnen $s^2 = \mathrm{Var}(\hat{\lambda}_{11}^{AB}) = 0.0819^2$. Für die standardisierte Parameterschätzung

$$
\frac{\hat{\lambda}_{11}^{AB}}{s} = \frac{0.0015}{0.0819} = 0.0183
$$

gilt

$$
\left(\frac{\hat{\lambda}_{11}^{AB}}{s} \right)^2 = \chi_1^2 = 0.000335 < 3.84 .
$$

Damit ist $H_0 : \lambda_{11}^{AB} = 0$ (deutlich) nicht abzulehnen (2.5%–Niveau einseitig bzw. 5%–Niveau zweiseitig). Der Testwert G^2 für $H_0 :$ "A,B unabhängig" berechnet sich aus der Tabelle

	H	B
< 60	62 (61.945)	23 (23.055)
≥ 60	70 (70.055)	30 (29.945)

als $G^2 = 0.0003 < 3.84$, so daß H_0 deutlich nicht abgelehnt wird. Die Nullhypothese lautet, präziser formuliert: das Alter und die Konstruktionsform haben keinen gemeinsamen Einfluß auf die nach den Verweildauern adjustierten Besetzungen.

Fassen wir unsere bisherigen Testergebnisse zusammen, so bleibt als einfachstes Modell

$$\ln(r_{ij}) = \mu + \varepsilon_{ij} \quad (i = 1, 2) , \qquad (7.58)$$

das die Variation der r_{ij} als zufällige Abweichungen vom Gesamtmittel μ erklärt. Als erschöpfende Statistik haben wir hier $n_{++} = n = 185$.

Der IPA–Algorithmus startet mit

$$\hat{m}_{ij}^{(0)} = E_{ij} \qquad \text{und} \qquad \hat{m}_{++}^{(0)} = \sum E_{ij} = 4877 ,$$

also wird

$$\hat{m}_{ij}^{(1)} = \frac{E_{ij}}{\sum E_{ij}} \cdot n = \frac{E_{ij}}{4877} \cdot 185 . \qquad (7.59)$$

Wir erhalten folgende Tabelle

	H		B	
< 60	$\hat{m}_{11} =$	61.717	$\hat{m}_{12} =$	25.833
	$\hat{r}_{11} =$	0.0379	$\hat{r}_{12} =$	0.0379
≥ 60	$\hat{m}_{21} =$	65.814	$\hat{m}_{22} =$	31.636
	$\hat{r}_{21} =$	0.0379	$\hat{r}_{22} =$	0.0379

mit dem zugehörigen Wert von $G^2 = 0.6709$ (df $= 3$). Damit wird das Model (7.58) nicht abgelehnt. Als Schätzung erhalten wir

$$\hat{\mu} = \exp(\hat{r}_{ij}) = \exp(0.0379) = -3.2728 , \qquad (7.60)$$

$$\text{Var}(\hat{\mu}) = \frac{1}{n} = \frac{1}{185} = 0.0735^2 ,$$

so daß der standardisierte Testwert mit $\left| \dfrac{\hat{\mu}}{\hat{\sigma}} \right| = 44.53 > 1.96$ signifikant ist, $H_0 : \mu = 0$ also deutlich abgelehnt wird.

Würde man andererseits die Altersgruppeneinteilung in Tabelle 7.10 vernachlässigen, also den separaten Einfluß der Konstruktionsform auf das Risiko der endodontischen Behandlung untersuchen:

	H	B
Behandlungen	132	53
Risikozeit	3062	1515
Risiko	0.0431	0.0350

,

so bestätigt sich die bisherige Analyse — innerhalb der nichtzensierten Patientengruppe ist die Konstruktionsform ohne signifikanten Einfluß auf das zeitadjustierte grobe Risiko der endodontischen Behandlung (vgl. Abbildung 7.1). Bei Berücksichtigung der exakten Verweildauern ergibt sich jedoch ein signifikanter Effekt (vgl. Abbildung 7.3).

Die Modellbildung mit den nach IPA bezüglich der kumulierten Verweildauer adjustierten Ereignissen liefert also eine Basis zum Auffinden signifikanter Haupt- und Wechselwirkungseffekte bei Langzeitbeobachtungen, bei denen die Verweildauer nicht exakt, sondern nur kumuliert für Gruppen bekannt sind. Voraussetzung ist allerdings, daß die Hazardrate (nahezu konstant) bleibt.

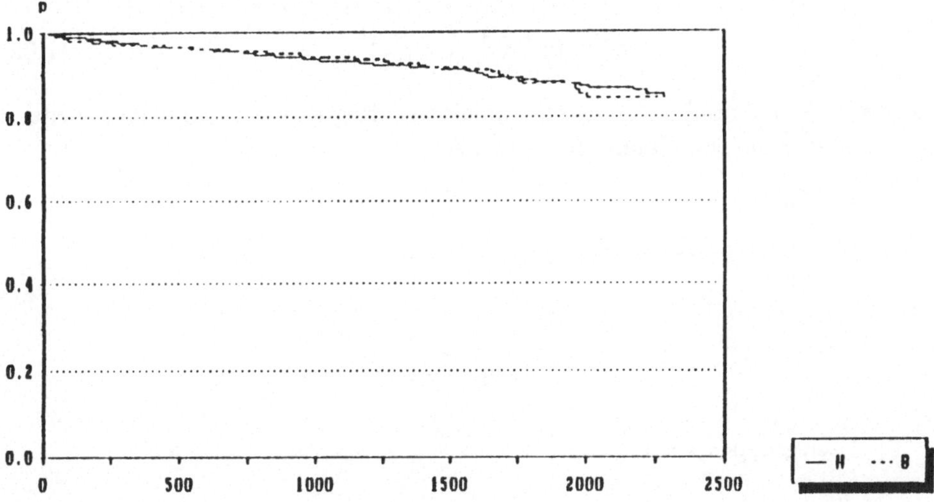

Abbildung 7.1: Kaplan–Meier–Schätzung der Lebenszeit (= Zeit bis zur endodontischen Behandlung) der beiden Konstruktionsformen Hufeisen (H) und Transversalbügel (B)) (nichtzensierte Patientengruppe)

7.5   Kodierung kategorialer Einflußvariablen

7.5.1   Dummy– und Effektkodierung

Wir haben bereits mehrfach festgestellt, daß die numerischen Werte der gewählten Scores von Kategorien einer Variable ohne Bedeutung sind. Verbindet man eine bivariate Responsevariable Y durch einen geeigneten Link mit einem linearen Modell $x'\beta$ in kategorialen Variablen x, so sind die Parameter β immer in Abhängigkeit der x–Scores zu interpretieren. Um diese Willkürlichkeit auszuschalten, wählt man eine passende Kodierung von x. Hier haben sich (z.T. in Analogie zur Varianzanalyse) zwei Arten der Kodierung durchgesetzt.

Dummy–Kodierung:

Sei A ein Merkmal mit I Kategorien, so definiert man $I-1$ Dummy–Variablen gemäß

$$x_i^A = \begin{cases} 1 & \text{falls Kategorie } i \text{ von A vorliegt} \\ 0 & \text{sonst,} \end{cases} \tag{7.61}$$

wobei $i = 1, \ldots, I - 1$ ist.

Die I–te Kategorie wird implizit durch $x_1^A = \ldots = x_{I-1}^A = 0$ erfaßt. Der zum Merkmal A gehörende Vektor von Einflußgrößen hat also die Gestalt

$$x^A = (x_1^A, x_2^A, \ldots x_{I-1}^A)' . \tag{7.62}$$

Die mit dem Anteil $x'^A \beta$ in das endgültige Regressionsmodell eingehenden Parameter β_i heißen Haupteffekte von A.

Beispiel 7.3:

a) Geschlechtsausprägung m/w (m: Kategorie 1, w: Kategorie 2)

$$\begin{aligned} x_1^{Geschl} = (1) &\implies \text{Person ist m} \\ x_2^{Geschl} = (0) &\implies \text{Person ist w} \end{aligned}$$

b) Altersgruppen $i = 1, \ldots 5$

$$\begin{aligned} x^{Alter} = (1,0,0,0) &\implies \text{Altersgruppe 1} \\ x^{Alter} = (0,0,0,0) &\implies \text{Altersgruppe 5.} \end{aligned}$$

Sei y eine bivariate Responsevariable, so läßt sich die Wahrscheinlichkeit für $y = 1$ (Response) in Abhängigkeit von z.B. einer kategorialen Variablen A mit I Kategorien modellieren gemäß

$$P(y = 1 \mid x^A) = \beta_0 + \beta_1 x_1^A + \cdots + \beta_{I-1} x_{I-1}^A . \tag{7.63}$$

Liegt die Kategorie i (z.B. Altersgruppe i) vor, so folgt

$$P(y = 1 \mid x^A) = \beta_0 + \beta_i .$$

β_i mißt also den Einfluß der Kategorie i auf den Response. Falls die implizit kodierte Kategorie I vorliegt, folgt

$$P(y = 1 \mid x^A) = \beta_0 . \tag{7.64}$$

Damit ist für jede Kategorie i eine differenzierte Responsewahrscheinlichkeit $P(y = 1 \mid x^A)$ möglich.

Effektkodierung:

Für eine Einflußgröße A mit I Kategorien lautet die Effektkodierung

$$x_i^A = \begin{cases} 1 & \text{für Kategorie } i \ (i = 1, \dots I - 1) \\ -1 & \text{für Kategorie I} \\ 0 & \text{sonst.} \end{cases} \qquad (7.65)$$

Damit wird

$$\beta_I = -\sum_{i=1}^{I-1} \beta_i \qquad (7.66)$$

oder, anders ausgedrückt,

$$\sum_{i=1}^{I} \beta_i = 0 \ . \qquad (7.67)$$

In Analogie zur Varianzanalyse hat das Modell für die Responsewahrscheinlichkeit die Gestalt

$$P(y = 1 \mid x^A) = \beta_0 + \beta_i \qquad (i = 1, \dots, I) \qquad (7.68)$$

mit der Reparametrisierungsbedingung (7.67).

Beispiel 7.4: $I = 3$ Altersgruppen A1,A2,A3
1. Person aus A1: $(1,0)$ } Dummy– und
2. Person aus A2: $(0,1)$ } Effektkodierung
3. Person aus A3: $(0,0)$ Dummy-Kodierung
      : $(-1,-1)$ Effektkodierung

Damit unterscheiden sich beide Kodierungen nur bezüglich Kategorie I.

Einbeziehung mehrerer Merkmale

Falls mehr als eine Einflußgröße einbezogen wird, erfaßt man die Kategorien von z.B. A,B,C (I, J bzw. K Kategorien) in einem gemeinsamen Merkmalsvektor

$$x' = (x_1^A, \dots, x_{I-1}^A, x_1^B, \dots, x_{J-1}^B, x_1^C, \dots, x_{K-1}^C) \ . \qquad (7.69)$$

Zusätzlich zu diesen Haupteffekten lassen sich dann Wechselwirkungseffekte $x_{ij}^{AB}, \dots, x_{ijk}^{ABC}$ einbringen. Unter Beachtung der Reparametrisierungsbedingungen (7.24) werden die Kodierungen der $x_{ij}^{AB}, \dots, x_{ijk}^{ABC}$ gewählt.

Beispiel 7.5:
Im Modell (7.52) erhalten wir folgende Werte für x_{ij}^{AB}, jeweils auf den Parameter λ_{11}^{AB} umkodiert:

(i,j)		Parameter	Reparame-trisierungs-bedingung	Umkodie-rung auf λ_{11}^{AB}
$(1,1)$	$x_{11}^{AB} = 1$	λ_{11}^{AB}	—	—
$(1,2)$	$x_{12}^{AB} = 1$	λ_{12}^{AB}	$\lambda_{12}^{AB} = -\lambda_{11}^{AB}$	$x_{12}^{AB} = -1$
$(2,1)$	$x_{21}^{AB} = 1$	λ_{21}^{AB}	$\lambda_{21}^{AB} = \lambda_{12}^{AB} = -\lambda_{11}^{AB}$	$x_{21}^{AB} = -1$
$(2,2)$	$x_{22}^{AB} = 1$	λ_{22}^{AB}	$\lambda_{22}^{AB} = -\lambda_{21}^{AB} = \lambda_{11}^{AB}$	—

Die Wechselwirkungen entstehen also de facto durch Multiplikation der Haupt-effekte.

Sei L die Anzahl aller möglichen (verschiedenen) Merkmalskombinationen. Bei z.B. 3 Merkmalen A,B,C mit I, J, K Kategorien ist $L = IJK$.

Liegt ein vollständig gekreuzter Versuchsplan (wie in einer $I \times J \times K$-Kontingenztafel) vor, ist also L bekannt, so läßt sich die Designmatrix X (in Effekt– oder Dummy–Kodierung) für die Haupteffekte angeben (Unabhängigkeitsmodell).

Beispiel 7.6: (Fahrmeir und Hamerle, 1984, S.507) Lesegewohnheiten von Frauen (Präferenz für eine bestimmte Zeitschrift: ja/nein) werden in Abhängigkeit von Berufstätigkeit (B: ja/nein), Altersgruppe (A: 3 Kategorien) und Schulbildung (S: 4 Kategorien) untersucht. Die vollständige Designmatrix X (Tabelle 7.12) ist vom Typ $IJK \times \{1 + (I-1) + (J-1) + (K-1)\}$, also $(2 \cdot 3 \cdot 4) \times (1 + 1 + 2 + 3) = 24 \times 7$. Die Zahl der Spalten m ist in diesem Fall gleich der Zahl der Parameter im Unabhängigkeitsmodell (vgl. Abschnitt 7.3).

7.5.2 Kodierung von Responsemodellen

Bezeichnen wir mit

$$\pi_i = P(y = 1 \mid x_i) \qquad i = 1, \ldots L$$

die von der Ausprägung x_i des Merkmalsvektors x abhängende Responsewahrscheinlichkeit, so gilt nach Zusammenfassung in Matrixschreibweise

$$\begin{array}{cccc} \pi & = & X & \beta \\ L,1 & & L,m & m,1 \end{array} \qquad (7.70)$$

Für die durch x_i kodierte Merkmalskombination werden N_i Beobachtungen durchgeführt, d.h. der Vektor $\{y_i^{(j)}\}$, $j = 1, \ldots N_i$, realisiert, so daß wir die ML–Schätzung

$$\hat{\pi}_i = \hat{P}(y = 1 \mid x_i) = \frac{1}{N_i} \sum_{j=1}^{N_i} y_i^{(j)} \qquad (7.71)$$

Parameter:

$$X = \begin{pmatrix}
\beta_0 & x_1^B & x_1^A & x_2^A & x_1^S & x_2^S & x_3^S \\
1 & 1 & 1 & 0 & 1 & 0 & 0 \\
1 & 1 & 1 & 0 & 0 & 1 & 0 \\
1 & 1 & 1 & 0 & 0 & 0 & 1 \\
1 & 1 & 1 & 0 & -1 & -1 & -1 \\
1 & 1 & 0 & 1 & 1 & 0 & 0 \\
1 & 1 & 0 & 1 & 0 & 1 & 0 \\
1 & 1 & 0 & 1 & 0 & 0 & 1 \\
1 & 1 & 0 & 1 & -1 & -1 & -1 \\
1 & 1 & -1 & -1 & 1 & 0 & 0 \\
1 & 1 & -1 & -1 & 0 & 1 & 0 \\
1 & 1 & -1 & -1 & 0 & 0 & 1 \\
1 & 1 & -1 & -1 & -1 & -1 & -1 \\
1 & -1 & 1 & 0 & 1 & 0 & 0 \\
1 & -1 & 1 & 0 & 0 & 1 & 0 \\
1 & -1 & 1 & 0 & 0 & 0 & 1 \\
1 & -1 & 1 & 0 & -1 & -1 & -1 \\
1 & -1 & 0 & 1 & 1 & 0 & 0 \\
1 & -1 & 0 & 1 & 0 & 1 & 0 \\
1 & -1 & 0 & 1 & 0 & 0 & 1 \\
1 & -1 & 0 & 1 & -1 & -1 & -1 \\
1 & -1 & -1 & -1 & 1 & 0 & 0 \\
1 & -1 & -1 & -1 & 0 & 1 & 0 \\
1 & -1 & -1 & -1 & 0 & 0 & 1 \\
1 & -1 & -1 & -1 & -1 & -1 & -1
\end{pmatrix}$$

Tabelle 7.12: Designmatrix für die Haupteffekte einer $2 \times 3 \times 4$–Kontingenztafel.

für π_i $(i = 1, \ldots, L)$ erhalten. Bei Kontingenztafeln sind die Zellbesetzungen mit binären Response $N_i^{(1)}$ und $N_i^{(0)}$ gegeben. Es wird $\hat{\pi}_i = \dfrac{N_i^{(1)}}{N_i^{(1)} + N_i^{(0)}}$ berechnet.

Das Problem, eine geeignete Link–Funktion $h(\hat{\pi})$ zur Schätzung von

$$h(\hat{\pi}) = X\beta + \varepsilon \tag{7.72}$$

zu finden, wurde bereits in mehreren Abschnitten diskutiert. Bei Wahl des Modells (7.70), also des identischen Links, sind die Parameter β_i als die prozentualen Anteile zu interpretieren, mit denen die Faktorstufen zu den bedingten Wahrscheinlichkeiten beitragen.

Dem Logit–Link

$$h(\hat{\pi}_i) = \ln\left(\frac{\hat{\pi}_i}{1 - \hat{\pi}_i}\right) = x_i'\beta \tag{7.73}$$

entspricht wieder das logistische Modell für $\hat{\pi}_i$:

$$\hat{\pi}_i = \frac{\exp(x_i'\beta)}{1 + \exp(x_i'\beta)} \; . \tag{7.74}$$

Die Designmatrizen unter Einbeziehung verschiedener Wechselwirkungen (bis hin zum saturierten Modell) werden als Erweiterung des Designs für effektkodierte Haupteffekte gewonnen.

7.5.3 Kodierung von Modellen für die Hazardrate

Als semiparametrisches Modell für den Ein–Episoden–Fall haben wir in Abschnitt 6.11.1 das Cox–Modell kennengelernt, das sich unter Einbeziehung eines Kovariablenvektors x schreiben läßt als

$$\lambda(t \mid x) = \lambda_0(t)\exp(x'\beta) \; . \tag{7.75}$$

Werden die Hazardraten zu zwei Kovariablenvektoren x_1, x_2 (z.B. Schichtung nach Therapien x_1, x_2) verglichen, so gilt die Proportionalität

$$\frac{\lambda(t \mid x_1)}{\lambda(t \mid x_2)} = \exp((x_1 - x_2)'\beta) \; . \tag{7.76}$$

Um Tests auf quantitative bzw. qualitative Wechselwirkungen zwischen Therapieformen und Patientengruppen durchführen zu können, definiert man J Untergruppen von Patienten (z.B. Schichtung nach prognostischen Faktoren). Die Therapie Z sei bivariat, d.h. $Z = 1$ (Therapie A) bzw. $Z = 0$ (Therapie B). Für feste Patientengruppen bestimmt man die Hazardraten $\lambda_j(t \mid Z)$ $j = 1, \ldots, J$, z.B. nach dem Cox–Ansatz als

$$\lambda_j(t \mid Z) = \lambda_{0j}(t)\exp(\beta_j Z) \; . \tag{7.77}$$

Falls $\hat{\beta}_j > 0$ ausfällt, so ist das Risiko bei $Z = 1$ höher als bei $Z = 0$ (j–te Schicht).

Test auf quantitative Wechselwirkung

Wir prüfen H_0 : Therapieeffekte gleich über die J Schichten, d.h. $H_0 : \beta_1 = \ldots = \beta_J = \beta$ gegen die Alternative $H_1 : \beta_i \underset{>}{\overset{<}{}} \beta_j$ für mindestens ein Paar (i, j). Die Testgröße

$$\chi^2_{J-1} = \sum_{j=1}^{J} \frac{\left(\hat{\beta}_j - \overline{\hat{\beta}}\right)^2}{\operatorname{Var}\hat{\beta}_j} \tag{7.78}$$

mit

$$\overline{\hat{\beta}} = \sum \left[\frac{\hat{\beta}_j}{\operatorname{Var}\hat{\beta}_j}\right] \Big/ \sum \left[\frac{1}{\operatorname{Var}\hat{\beta}_j}\right] \tag{7.79}$$

ist unter H_0 nach χ^2_{J-1} verteilt.

Test auf qualitative Unterschiede

Die Nullhypothese H_0 : Therapie B ($Z = 0$) ist besser als Therapie A ($Z = 1$) bedeutet H_0 : $\beta_j \leq 0 \quad \forall j$.
Wir definieren die Quadratsummen der standardisierten Schätzungen

$$Q^- = \sum_{j:\beta_j<0} \left[\frac{\hat{\beta}_j}{\text{Var}\hat{\beta}_j}\right]^2 \tag{7.80}$$

und

$$Q^+ = \sum_{j:\beta_j>0} \left[\frac{\hat{\beta}_j}{\text{Var}\hat{\beta}_j}\right]^2 \tag{7.81}$$

sowie die Teststatistik

$$Q = \min(Q^-, Q^+) \, . \tag{7.82}$$

H_0 ist abzulehnen für $Q > c$ (Tabelle 7.13).

J	2	3	4	5
c	2.71	4.23	5.43	6.50

$(\alpha = 0.05)$

Tabelle 7.13: Kritische Werte zum Q-Test (Gail/Simon (1985))

Ausgehend vom logistischen Modell für die Responsewahrscheinlichkeit

$$P(Y = 1 \mid x) = \frac{\exp(\theta + x'\beta)}{1 + \exp(\theta + x'\beta)} \, , \tag{7.83}$$

und

$$P(Y = 0 \mid x) = 1 - P(Y = 1 \mid x) = \frac{1}{1 + \exp(\theta + x'\beta)} \tag{7.84}$$

erhalten wir durch Betrachtung der binären Variablen

$$
\begin{aligned}
Y = 1: \quad &\{T = t \mid T \geq t, x\} \quad \Longrightarrow \text{Ereignis zum Zeitpunkt } t \\
Y = 0: \quad &\{T > t \mid T \geq t, x\} \quad \Longrightarrow \text{kein Ereignis}
\end{aligned}
$$

das Modell für die Hazardfunktion

$$\lambda(t \mid x) = \frac{\exp(\theta + x'\beta)}{1 + \exp(\theta + x'\beta)} \qquad \text{für } t = t_1, \ldots, t_T \tag{7.85}$$

(Cox (1972), vgl. auch Doksum und Gasko (1990), Lawless (1982), Hamerle
und Tutz (1988)).

Damit wird der Likelihoodanteil eines Patienten (x fest) mit Ereigniszeitpunkt
t

$$P(T = t \mid x) = \frac{\exp(\theta_t + x'\beta)}{\prod\limits_{i=1}^{t}(1 + \exp(\theta_i + x'\beta))} . \qquad (7.86)$$

Beispiel 7.7: Nehmen wir an, der Patient hat im 4.Zeitpunkt ein Ereignis (z.B.
Pfeilerverlust durch Extraktion). Der Patient habe die Kovariablenausprägung Ge-
schlecht=1 und die Altersgruppe 5 (60–70 Jahre). Dann lautet das Modell
$l = \theta + x'\beta$:

$$
\begin{pmatrix} 0 \\ 0 \\ 0 \\ 1 \end{pmatrix} =
\begin{pmatrix}
1 & 0 & 0 & 0 & 1 & 5 \\
0 & 1 & 0 & 0 & 1 & 5 \\
0 & 0 & 1 & 0 & 1 & 5 \\
0 & 0 & 0 & 1 & 1 & 5
\end{pmatrix}
\begin{pmatrix} \theta_1 \\ \theta_2 \\ \theta_3 \\ \theta_4 \\ \beta_{11} \\ \beta_{12} \end{pmatrix}
\qquad (7.87)
$$

Für N Patienten erhalten wir das Modell

$$
\begin{pmatrix} l_1 \\ l_2 \\ \vdots \\ l_N \end{pmatrix} =
\begin{pmatrix} I_1 & x_1 \\ I_2 & x_2 \\ \vdots & \\ I_N & x_N \end{pmatrix}
\begin{pmatrix} \theta \\ \beta \end{pmatrix} ,
$$

wobei die Einheitsmatrizen I_j (Patient j) als Dimension die Anzahl der überlebten Ereigniszeitpunkte plus 1 (Ereigniszeitpunkt des j-ten Patienten) haben. Die
Vektoren l_j für den j-ten Patienten enthalten Nullen entsprechend der Anzahl der
überlebten Ereigniszeitpunkte der anderen Patienten und den Wert 1 zum Ereigniszeitpunkt des j-ten Patienten.

Aus dem Produkt der Likelihood–Funktionen (7.86) für alle Patienten erhalten wir
die numerische Lösung (z.B. nach Newton–Raphson) für die ML–Schätzungen $\hat{\theta}$ und
$\hat{\beta}$.

Beispiel 7.8: Analyse der Lebensdauer von Konuskronen unter Einbeziehung von
Kovariablen (Walther, 1991).

Als prognostische Faktoren wurden einbezogen:

— Alter des Patienten (A) (∗)

— Zahl der Konuskronen (Z) (∗)

— Restzähne (nicht überkront) (R) (∗)

— Geschlecht

— Kiefer (Ober–, Unterkiefer)

— Form (F) (Bügel (B), Hufeisen (H)) (∗)

— Konstante (∗).

Die Signifikanz (∗) wurde nach Parameterschätzung mit dem System GLAMOUR festgestellt. Wir wollen nun überprüfen, ob ein Therapieeffekt (H/B) bezüglich der Lebensdauer der Konuskronen besteht.

Das Programmsystem GLAMOUR definiert eine mittlere (repräsentative) Ausprägung der Stichprobenpopulation für die prognostischen Faktoren A, Z und R und modelliert die Hazardrate gemäß

$$\lambda(t \mid Z) = \lambda_0(t)\exp(\alpha + \beta Z) \ ,$$

wobei die Kodierung der Therapie lautet: $Z = 1$ (Hufeisenform (H)),
$Z = 0$ (Bügelform (B)).

Als Schätzung ergab sich $\hat{\beta} = 0.34$, das Risiko des Pfeilerverlustes ist also bei der Hufeisenform höher als bei der Bügelform (zusätzliche Stabilisierung der Rekonstruktion durch Anpassen eines Transversalbügels). Die graphische Darstellung der Hazardraten (Abbildung 7.2) und der Survivorfunktion (Abbildung 7.3) verdeutlicht diesen Therapieeffekt.

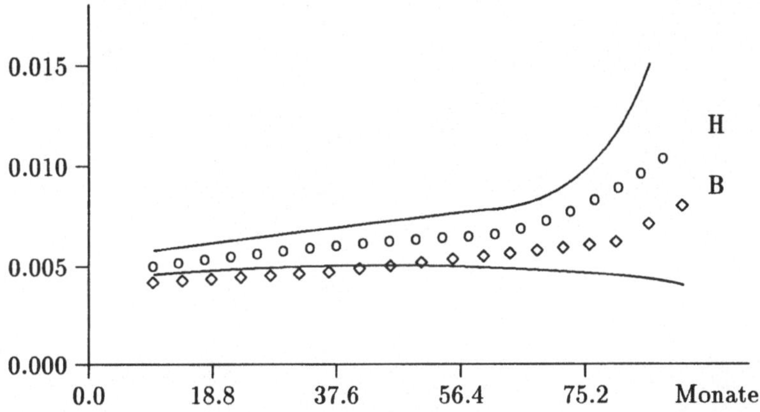

Abbildung 7.2: Therapieeffekt, dargestellt an den Hazardraten (◇ mit Bügel: $Z = 0$; o ohne Bügel: $Z = 1$)

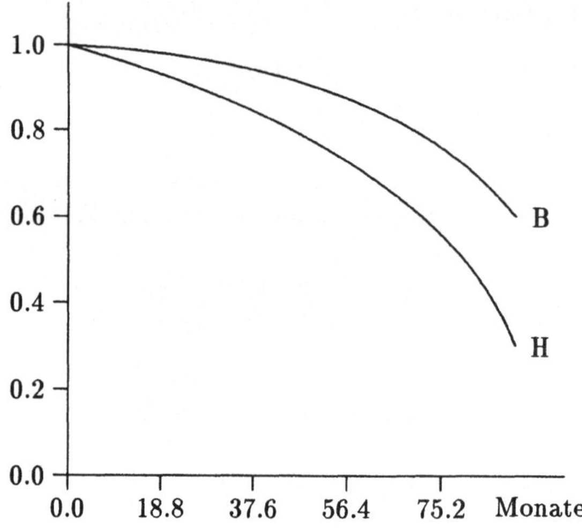

7.3: Vergleich der Survivorfunktionen der Therapien B/H

Anhang: χ^2–Verteilung

	Irrtumswahrscheinlichkeit α					
df	0.99	0.975	0.95	0.05	0.025	0.01
1	0.0001	0.001	0.004	3.84	5.02	6.02
2	0.020	0.051	0.103	5.99	7.38	9.21
3	0.115	0.216	0.352	7.81	9.35	11.3
4	0.297	0.484	0.711	9.49	11.1	13.3
5	0.554	0.831	1.15	11.1	12.8	15.1
6	0.872	1.24	1.64	12.6	14.4	16.8
7	1.24	1.69	2.17	14.1	16.0	18.5
8	1.65	2.18	2.73	15.5	17.5	20.1
9	2.09	2.70	3.33	16.9	19.0	21.7
10	2.56	3.25	3.94	18.3	20.5	23.2
11	3.05	3.82	4.57	19.7	21.9	24.7
12	3.57	4.40	5.23	21.0	23.3	26.2
13	4.11	5.01	5.89	22.4	24.7	27.7
14	4.66	5.63	6.57	23.7	26.1	29.1
15	5.23	6.26	7.26	25.0	27.5	30.6
16	5.81	6.91	7.96	26.3	28.8	32.0
17	6.41	7.56	8.67	27.6	30.2	33.4
18	7.01	8.23	9.39	28.9	31.5	34.4
19	7.63	8.91	10.1	30.1	32.9	36.6
20	8.26	9.59	10.9	31.4	34.2	37.6
25	11.5	13.1	14.6	37.7	40.6	44.3
30	15.0	16.8	18.5	43.8	47.0	50.9
40	22.2	24.4	26.5	55.8	59.3	63.7
50	29.7	32.4	34.8	67.5	71.4	76.2
60	37.5	40.5	43.2	79.1	83.3	88.4
70	45.4	48.8	51.7	90.5	95.0	100.4
80	53.5	57.2	60.4	101.9	106.6	112.3
90	61.8	65.6	69.1	113.1	118.1	124.1
100	70.1	74.2	77.9	124.3	129.6	135.8

Tabelle: Quantile der χ^2–Verteilung

Literaturverzeichnis

Ackermann–Liebrich,U.,F.Gutzwiller, U.Keil und M.Kunze (1986): *Epidemiologie*. Meducation Foundation, Wien.

Agresti, A. (1990): *Categorical Data Analysis*. Wiley, New York.

Akritas, M.G. (1986): Bootstrapping the Kaplan–Meier estimator. *Amer. Statist. Assoc. 81*, 1032–1038.

Armitage, P. (1955): Tests for linear trends in proportions and frequencies. *Biometrics 11*, 375–386.

Berkson, J. and R.P. Gage (1950): Calculation of survival rates for cancer. *Proc. Staff Meet., Mayo Clin. 25*, 270–286.

Bishop, Y.M.M., S.E. Fienberg and P.W. Holland (1975): *Discrete multivariate analysis: theory and practice*. MIT Press, Cambridge.

Blossfeld, H.P., A. Hamerle und K.U. Mayer (1986): *Ereignisanalyse*. Campus, Frankfurt/M.

Büning, H. und G. Trenkler (1978): *Nichtparametrische Statistische Methoden*. de Gruyter, Berlin.

Chiang, C.L. (1958): *The Life Table and its Applications*. Krieger, Malabar, Fl.

Cochran, W.G. (1954): Some methods for strengthening the common χ^2-test. *Biometrics 10*, 417–451.

Cornfield, J. (1962): Joint dependence of risk of coronary heart desease on serum cholesterol and systolic blood pressure: a discriminant function analysis. *Fed. Proc. 21, Suppl. No. 11*, 58–61.

Cox, D.R. (1972): Regression models and life–tables (with discussion). *J. Roy. Stat. Soc., Ser.B 34*, 187–202.

Cox, D.R. (1975): Partial likelihood. *Biometrika 62*, 269–276.

Cutler, S.J. and F. Ederer (1958): Maximum utilization of the life table method in analyzing survival. *J. Chron. Dis. 8*, 699–712.

Das Gupta, S. and M.D. Perlman (1974): Power of the noncentral F-test: Effect of addictional variates on Hotelling's T^2-test. *J. Amer. Statist. Assoc. 69*, 174–180.

Deming, W.E. and F.F. Stephan (1940): On a least squares adjustment of sampled frequency table when the expected marginal totals are known. *Am. Math. Statist. 11*, 427–444.

Dixon, W. and Massey, F. (1983): *Introduction to Statistical Analysis.* McGraw Hill, New York.

Doksum, K.A. and M. Gasko (1990): On a correspondence between models in binary regression analysis and in survival analysis. *Int. Stat. Review 58*, 243–252.

Efron, B. (1979): Bootstrap methods: another look at the jackknife. *Ann. Statist. 7*, 1–26.

Efron, B. (1981): Censored data and the bootstrap. *J. Amer. Statist. Assoc. 76*, 312–319.

Efron, B. (1988): Logistic regression, survival analysis, and the Kaplan–Meier curve. *J. Amer. Statist. Assoc. 83*, 414–425.

Elandt–Johnson, R.C. and N.L. Johnson (1980): *Survival Models and Data Analysis.* Wiley, New York.

Elveback, L. (1958): Estimation of survivorship in chronic desease: the "actuarial method". *J. Amer. Statist. Assoc. 53*, 420–440.

Fahrmeir, L. und A. Hamerle (1984): *Multivariate statistische Verfahren.* de Gruyter, Berlin.

Fisz, M. (1962): *Wahrscheinlichkeitsrechnung und Mathematische Statistik.* Deutscher Verlag der Wissenschaften, Berlin.

Gail, M. and R. Simon (1985): Testing for Qualitative Interactions Between Treatment Effects and Patient Subsets. *Biometrics 41*, 361–372.

Glasser, G.J. and R.F. Winter (1961): Critical values of rank correlation for testing the hypothesis of independence. *Biometrika 48*, 444–448.

Glasser, M. (1967): Exponential survival with covariance. *J. Amer. Statist. Assoc. 62*, 561–568.

Goodman, L.A. (1971). The analysis of multidimensional contingency tables: stepwise procedures and direct estimation methods for building models for multiple classifications. *Technometrics, 13*, 33–61.

Greenwood, M. (1926): A report on the natural duration of cancer. *Reports on Public Health and Medical Subjects 33*, 1–26, H.M. Stationary Office, London.

Hall, W.J. and J.A. Wellner (1980): Confidence bands for a survival curve from censored data. *Biometrika 67*, 133–143.

Hamerle, A. und G. Tutz (1988): *Diskrete Modelle zur Analyse von Verweildauern und Lebenszeiten.* Campus, Frankfurt/M.

Harris, E.K. and A. Albert (1991): *Survivorship Analysis for Clinical Studies.*, Dekker, New York.

Heners, M., W. Walther und H. Toutenburg (1990): *Risiko des Pfeilerverlustes bei herausnehmbarem Zahnersatz.* (zur Veröffentlichung eingereicht)

Holford, T.R. (1976): Life tables with concomitant information. *Biometrics 32*, 587–597.

Holford, T.R. (1980): The analysis of rates and of survivorship using log–linear models. *Biometrics 36*, 299–305.

Kalbfleisch, J.D. and R.L. Prentice (1980): *The Statistical Analysis of Failure Time Data.* Wiley, New York.

Kaplan, E.L. and P. Meier (1958): Nonparametric estimation from incomplete observations. *J. Amer. Statist. Assoc. 53*, 457–481.

Laird, N.M. and D. Olivier (1981): Covariance analysis of censored survival data using log–linear analysis techniques. *J. Amer. Statist. Assoc. 76*, 231–240.

Lancaster, H.O. (1949): The derivation and partition of χ^2 in certain discrete distributions. *Biometrika 36*, 117-129.

Lawless, J.F. (1982): *Statistical Models and Methods for Lifetime Data.* Wiley, New York.

Lee, L.S. (1977): A computer program for linear logistic regression analysis. *Computer Prog. Biomed. 4*, 80–92.

Lee, E.T. (1990): *Statistical Methods for Survival Data Analysis.* Wadsworth, Belmont, Calif.

Little, R.J.A. and D.B. Rubin (1987): *Statistical Analysis with Missing Data.* Wiley, New York.

Mantel, N. and W. Haenszel (1959): Statistical aspects of the analysis of data from retrospective studies of disease. *J. Natl. Cancer Inst. 22*, 719–748.

Mc Fadden, D. (1974): Conditional logit analysis of qualitative choice behaviour. pp.105–142. *in Frontiers in Econometrics, ed. by P.Zarembka,* Academic Press, New York.

Miettinen, O.S. (1972): Standardization of risk ratios. *Am. J. Epidemiol.* *96*, 383–388.

Miller, R.G.Jr. (1983): What price Kaplan–Meier? *Biometrics 39*, 1077–1081.

Milton, R.C. (1964): An extended table of critical values for the Mann–Whitney (Wilcoxon) two–sample statistic. *J. Amer. Statist. Assoc. 59*, 925–934.

Nair, V.N. (1984). Confidence bands for survival functions with censored data: a comparative study. *Technometrics 26*, 265–275.

Nelder. J. and R.W.M. Wedderburn (1972). Generalized linear models. *J. Roy. Stat. Soc. A, 135*, 370–384.

Peto, R. and M.C. Pike (1973): Conservatism of the approximation $\sum[(O-E)^2/E]$ in the logrank test for survival data or tumor incidence data. *Biometrics 29*, 579–584.

Peto, R., M.C. Pike, P. Armitage, N.E. Breslow, D.R. Cox, S.V. Howard, N. Mantel, K. McPherson, J. Peto and P.G. Smith (1977): Design and analysis of randomized clinical trials requiring prolonged observation of each patient. II.Analysis and examples. *Br. J. Cancer 35*, 1–39.

Rubin, D.B. (1987): *Multiple imputation for nonresponse in surveys.* Wiley, New York.

Rüger, B. (1988): *Induktive Statistik.* Oldenbourg, München.

Sachs, L. (1974): *Angewandte Statistik.* Springer, Berlin.

Theil, H. (1970): On the estimation of relationships involving qualitative variables. *Amer. J. Sociol. 76*, 103–154.

Toutenburg, H. (1982): *Prior information in linear models.* Wiley, New York.

Toutenburg, H., S. Toutenburg und W. Walther (1991): *Datenanalyse und Statistik für Zahnmediziner.* Hanser, München.

Toutenburg, H. und W. Walther (1991): Statistische Behandlung unvollständiger Datensätze. Grundgedanken und ein klinisches Beispiel. *Dtsch. Zahnärztl. Z. 46.*

Toutenburg, S. (1977): Med. Diss, Berlin.

Walther, W. (1990): Optimierung der Mundhygiene bei Patienten mit herausnehmbarem Zahnersatz und stark reduziertem Parodont. *Zahnärztliche Welt*.

Walther, W. (1991): Überlebensanalyse von Pfeilerzähnen von herausnehmbarem Zahnersatz bei reduzierter Restbezahnung. *Akademie für Zahnärztliche Forbildung, Karlsruhe, Studie*.

Walther, W. und H. Toutenburg (1991): Datenverlust bei klinischen Studien. *Dtsch Zahnärztl. Z. 46*, 219–222.

Wedderburn, R.W.M. (1967): On the existence and uniqueness of the maximum likelihood estimates for certain generalized linear models. *Biometrics 63*, 27–32.

Wilks, S.S. (1938): The large–sample distribution of the likelihood ratio for testing composite hypotheses. *Ann. Math. Statist. 9*, 60–62.

Wolf, G.K. (1980): *Klinische Forschung mittels verteilungsunabhängiger Methoden*, Springer, Berlin.

Woolson, R.F. (1987): *Statistical Methods for the Analysis of Biomedical Data*. Wiley, New York.

Sachregister